交叉学科研究生高水平课程系列教材

纳米材料化学与器件

NAMI CAILIAO HUAXUE YU QIJIAN

主　编／ 刘宏芳　王　帅

副主编／ 肖　菲

编　委／ (以姓氏笔画为序)

王　帅 (华中科技大学化学与化工学院)

王　锋 (华中科技大学化学与化工学院)

王正运 (华中科技大学化学与化工学院)

王得丽 (华中科技大学化学与化工学院)

刘宏芳 (华中科技大学化学与化工学院)

齐　锴 (华中科技大学化学与化工学院)

许　云 (华中科技大学化学与化工学院)

肖　菲 (华中科技大学化学与化工学院)

邱于兵 (华中科技大学化学与化工学院)

佘　俊 (华中科技大学化学与化工学院)

张国安 (华中科技大学化学与化工学院)

陆　赟 (华中科技大学化学与化工学院)

易征然 (华中科技大学化学与化工学院)

胡俊超 (华中科技大学化学与化工学院)

姜　丹 (华中科技大学化学与化工学院)

夏宝玉 (华中科技大学化学与化工学院)

徐洋洋 (华中科技大学化学与化工学院)

梁嘉宁 (华中科技大学化学与化工学院)

董泽华 (华中科技大学化学与化工学院)

蔡光义 (华中科技大学化学与化工学院)

华中科技大学出版社

http://www.hustp.com

中国·武汉

内 容 简 介

本书是交叉学科研究生高水平课程系列教材。全书分为 9 章,包括绪论、锂离子电池、锌空气电池与空气电极、导电高分子超级电容器、生物电化学传感器、金属有机框架材料及传感器应用、有机场效应晶体管、可见光催化制氢、新型纳米功能涂层等内容。

本书将课堂讲座和实验课程融为一体,使化学、材料与光电子的理论和技术交叉渗透,理论联系实际,内容紧跟当前科技发展的最新动态。

本书可供材料化学、物理化学、能源工程化学、电化学、生物传感器、能源转换与存储化学器件等专业和研究领域的硕士生、博士生,以及高年级拔尖本科生使用。

图书在版编目(CIP)数据

纳米材料化学与器件/刘宏芳,王帅主编. —武汉:华中科技大学出版社,2019.7(2024.12重印)
交叉学科研究生高水平课程系列教材
ISBN 978-7-5680-5359-4

Ⅰ.①纳⋯ Ⅱ.①刘⋯ ②王⋯ Ⅲ.①纳米材料-应用化学-研究生-教材 ②纳米材料-光电器件-研究生-教材 Ⅳ.①TB383

中国版本图书馆 CIP 数据核字(2019)第 147424 号

纳米材料化学与器件　　　　　　　　　　　　　　　　刘宏芳　王　帅　主编
Nami Cailiao Huaxue yu Qijian

策划编辑:周　琳
责任编辑:李　佩
封面设计:杨玉凡
责任校对:刘　竣
责任监印:周治超
出版发行:华中科技大学出版社(中国·武汉)　　　电话:(027)81321913
　　　　　武汉市东湖新技术开发区华工科技园　　　邮编:430223
录　排:华中科技大学惠友文印中心
印　刷:广东虎彩云印刷有限公司
开　本:787mm×1092mm　1/16
印　张:17.25
字　数:426 千字
版　次:2024 年 12 月第 1 版第 3 次印刷
定　价:82.00 元

交叉学科研究生高水平课程系列教材
编委会

总序

2015 年 10 月,国务院印发《统筹推进世界一流大学和一流学科建设总体方案》;2017 年 1 月,教育部、财政部、国家发展改革委印发《统筹推进世界一流大学和一流学科建设实施办法(暂行)》。此后,坚持中国特色、世界一流,以立德树人为根本,建设世界一流大学和一流学科成为大学发展的重要途径。

当代科技的发展呈现出多学科相互交叉、相互渗透、高度综合以及系统化、整体化的趋势,构建多学科交叉的培养环境,培养复合创新型人才已经成为研究生教育发展的共识和趋势,也是研究生培养模式改革的重要课题。华中科技大学"交叉学科研究生高水平课程"建设项目是华中科技大学"双一流"建设项目"拔尖创新人才培养计划"中的子项目,用于支持跨院(系)、跨一级学科的研究生高水平课程建设,这些课程作为选修课对学术型硕士生和博士生开放。与之配套,华中科技大学与华中科技大学出版社组织撰写了本套交叉学科研究生高水平课程系列教材。

研究生掌握知识从教材的感知开始,感知越丰富,观念越清晰,优秀教材使学生在学习过程中获得的知识更加系统化、规范化。本套丛书是华中科技大学交叉学科研究生高水平课程建设的重要探索。不同学科交叉融合有不同特点,教学规律不尽相同,因此每本教材各有侧重,如:《学习记忆与机器学习实验原理》旨在提高学生在课程教学中的实践能力和自主创新能力;《代谢与疾病基础研究实验技术》旨在将基础研究与临床应用紧密结合,使研究生的培养模式更符合未来转化医学的模式;《高分子材料 3D 打印成形原理与实验》旨在将实验与成形原理呼应并形成有机整体,实现基础原理和实际应用的具体结合,有助于提升教学质量。本套丛书凝聚着编者的心血,熠熠生辉,此处不一一列举。

本套丛书的编撰得到了各方的支持和帮助,我校 100 余位师生参与其中,涉及基础医学院、机械科学与工程学院、环境科学与工程学院、化学与化工学院、药学院、生命科学与技术学院、同济医院、人工智能与自动化学院、计算机科学与技术学院、光学与电子信息学院、船舶与海洋工程学院以及材料科学与工程学院 12 个单位的 24 个一级学科,华中科技大学出版社承担了编校出版任务，在此一并向所有辛勤付出的老师、同学和编辑们表示感谢！衷心期望本套丛书能为提高我校交叉学科研究生的培养质量发挥重要作用，诚恳期待兄弟高校师生的关注和指正。

解孝林

2019 年 3 月于喻园

前言

Qianyan

在国家大力发展双一流的背景下，为了满足新工科创新型人才培养的需求，要提升研究生教育质量，构建创新思维和途径。

由于科学、技术、工程研究方法的不同，创新途径也存在显著差异，学科交叉是产生创新思维和途径的源泉。本教材旨在培养研究生对科学和工程的研究兴趣，通过关注科学研究热点，培养其静心思考、大胆设想、小心求证的科学作风，使其懂得科学研究来不得半点马虎，越是基础的理论和方法，越需要耐心求证、关注细节，而且需要坚持不懈的努力。而对于工程和应用基础研究领域，创新途径来源于理论指导、技术集成、重视实践、经验传承。很多工科的研究生，即使以后从事工程应用研究，也必须以理论作为指导，理论基础越扎实，越有利于在工程应用中灵活施展创新思维；其次，工程的目的很明确，就是解决实际问题，因此技术集成是创新，从简单到复杂也是创新；最后，必须重视实践和经验的传承，因为很多情况下理论不完善、技术不到位，工程却仍然在运行。

本教材是交叉学科研究生高水平课程系列教材，包含理论知识和实验课程两部分。理论知识包括纳米材料化学的基础知识、光电器件发展的前沿动态，以及纳米材料在电子器件中的应用研究等。本教材将课堂讲座和实验课程融为一体，使化学、材料与光电子的理论和技术交叉渗透。通过对本教材的学习，能从化学的角度出发研究功能材料的设计和制备的最新方法以及其组成、结构和应用于柔性电子器件的性能之间的相互关系，从基础理论出发，密切联系实际，紧跟当前科技发展的最新动态。本教材第 1 章绪论由张国安教授编写，第 2 章锂离子电池由王得丽教授等编写，第 3 章锌空气电池与空气电极由夏宝玉教授等编写，第 4 章导电高分子超级电容器由邱于兵教授与齐锴副教授共同编写，第 5 章生物电化学传感器由肖菲副教授等编写，第 6 章金属有机框架材料及传感器应用由刘宏芳教授等编写，第 7 章有机场效应晶体管由王帅教授等编写，第 8 章可见光催化制氢由王锋副教授等编写，第 9 章新型纳米功能涂层由董泽华教授等编写。本教材既可供研究生系统掌握国内外最新的纳米材料及柔性光电器件的应用技术，又能将理论研究和实验紧密结合，使研究生的培养模式趋于国际化和前沿化，同时也可作为选修教材供高年级本科生使用。

本教材在编写过程中得到了华中科技大学出版社的大力支持，在此表示衷心的感谢。

鉴于编者的经验和水平有限,书中缺漏和错误之处在所难免,恳请广大专家和读者提出批评和建议,并致以谢意。

编者

目录

Mulu

第 1 章
绪论

　　"十三五"规划强调增强改革创新精神,依靠改革为科学发展提供持续动力。为贯彻落实《"十三五"国家科技创新规划》,推动我国材料领域科技创新和产业化发展,"十三五"规划重点凝练了七个任务方向,纳米材料与器件是其中之一。《2016—2021 年纳米材料行业发展机遇及"十三五"战略规划指导报告》提出了纳米材料"十三五"整体规划建议,报告中指出:"十三五"规划重点发展纳米材料与器件,研发新型纳米功能材料、纳米光电器件及集成系统、纳米生物医用材料、纳米药物、纳米能源材料与器件、纳米环境材料、纳米安全与检测技术等,突破纳米材料宏量制备及器件加工的关键技术与标准,加强示范应用。本书基于纳米材料的特殊性能(如力学性能、电磁学性能、热学性能、光学性能等),介绍了纳米材料在能源工程、精细化工、医药卫生、环境保护等方面的应用。

1.1　纳米材料研究现状

　　"纳米"一词最早是在 1974 年底日本首先提出的,但是直到 20 世纪 80 年代,才以"纳米"来命名材料。其实,人们认为中国古代字画之所以历经千年而不褪色,是因为所用的墨是由纳米级的炭黑组成的。中国古代铜镜表面的防锈层也被证明是由纳米氧化锡颗粒构成的薄膜。纳米在发展的初始阶段,指的是纳米颗粒和由它们构成的纳米薄膜和固体。纳米材料是指在三维空间中至少有一维处于纳米尺度范围或由它们作为基本单元构成的材料,现代的纳米材料是近一二十年才发展起来的。1982 年,科学家发明研究纳米的重要工具——扫描隧道显微镜,为我们揭示了一个可见的原子、分子世界,对纳米科技发展产生了很大的促进作用。1984 年,德国物理学家得到了只有几个纳米大的超细粉末,同时发现无论是金属还是陶瓷,一旦变成纳米粉末,颜色几乎为黑色,其性能也发生了"翻天覆地"的变化。1991 年,碳纳米管被科学家们所发现,它的质量是相同体积钢的六分之一,强度却是钢的 10 倍,成为纳米技术研究的热点,被广泛应用于超微导线、超微开关以及纳米级电子线路等;1997 年,美国科学家首次成功地用单电子移动单电子,利用这种技术可望在 20 年后研制成功速度和存储容量比现在提高成千上万倍的量子计算机。纳米材料作为 21 世纪的新材料之一,在当前的市场中具有较大的应用前景。

1.1.1 纳米材料的结构、性质、特殊效应及制备技术

1. 纳米材料的结构

所谓纳米结构是指以纳米尺度的物质单元为基础,按一定规律构筑或组装的一种新的体系,包括一维、二维、三维体系。如:一维纳米材料是指在两维方向上为纳米尺度、另一维度方向为宏观尺度的新型纳米结构材料,通常包括纳米管、纳米棒、纳米线、纳米纤维、纳米带以及同轴纳米电缆等;二维纳米材料是指有一维在纳米尺度的材料,一般指纳米层,典型代表为石墨烯;三维纳米材料是指在空间中三维方向上都属于宏观尺寸的纳米材料,如纳米花、纳米球等。纳米材料主要是由纳米晶粒和晶界两部分组成的,纳米晶粒内部的微观结构与块材基本相同,纳米材料突出的结构特征是晶界原子的比例很大,有时与晶内的原子数相等。这表明纳米微晶内界面很多,平均晶粒直径越小,晶界越多,在晶界面上的原子也越多;此外,晶粒越小,比表面积越大,表面能也越高。晶界上原子的排列结构相当复杂,类似于气态而不同于晶态或玻璃态,对于纳米材料的界面结构有 3 种不同的理论,即:leiter 的完全无序模型,有序结构模型和有序无序模型。

2. 纳米材料的性质

正是由于纳米微晶在结构上与组成上的特殊性,纳米材料具有许多与众不同的特殊性能,主要表现在以下几方面。

(1) 特殊的热学性质。

材料到纳米级以后性质都将发生变化,其中一项就是材料越小熔点越低。例如,金的熔点是 1064 ℃,但制成 10 nm 的金粉末后,熔点就会降至 940 ℃,而 2 nm 的金粉末,熔点和室温差不多,只有 33 ℃。

(2) 特殊的光学性质。

各种纳米微粒几乎呈黑色,它们对可见光的反射率显著降低,一般低于 1%。粒度越细,光的吸收越强烈,利用这一特性,纳米金属可用于制作红外线检测元件、隐身飞机上的雷达波吸收材料。

(3) 特殊的电磁学性质。

电导率低,纳米固体中的量子隧道效应使电子运输表现出反常现象,纳米材料的电导率随颗粒尺寸的减小而降低。当晶粒尺寸减小到纳米级时,晶粒之间的铁磁相互作用开始对材料的宏观磁性产生重要影响,使得纳米材料具有高磁化率和高矫顽力。低饱和磁矩和低磁耗纳米磁性金属的磁化率是普通金属的 20 倍,而饱和磁矩是普通金属的 1/2。

(4) 特殊的力学性能。

陶瓷材料在通常情况下呈脆性,然而由纳米超微颗粒压制成的纳米陶瓷材料却具有良好的韧性。因为纳米材料具有较大的界面,界面的原子排列是相当混乱的,原子在外力变形的条件下很容易迁移,因此表现出较好的韧性与一定的延展性,使陶瓷材料具有新奇的力学性质。美国学者报道氟化钙纳米材料在室温下可以大幅度弯曲而不断裂。研究表明,人的牙齿之所以具有很高的强度,是因为它是由磷酸钙等纳米材料构成的。纳米晶粒的金属要比传统的粗晶粒金属硬 3～5 倍。金属-陶瓷等复合纳米材料则可在更大的范围内改变材料的力学性质,其应用前景十分宽广。

3. 纳米材料的特殊效应

(1) 体积效应。

纳米材料是由有限个原子或分子组成的,改变了原来由无数个原子或分子组成的集体属性。当纳米材料的尺寸与传导电子的德布罗意波长相当或更小时,周期性的边界条件将被破坏,磁性、内压、光吸收、热阻、化学活性、催化性及熔点等与普通晶粒相比都有很大变化,这就是纳米材料的体积效应。这种特殊效应为纳米材料的应用开拓了广阔的新领域,例如,随着纳米材料粒径的变小,其熔点不断降低,烧结温度也显著下降,从而为粉末冶金工业提供了新工艺;利用等离子共振频移随晶粒尺寸变化的性质,可通过改变晶粒尺寸来控制吸收边的位移,从而制造出具有一定频宽的微波吸收纳米材料,用于电磁波屏蔽、隐形飞机等。

（2）量子尺寸效应。

从能带理论出发,对介于原子、分子与大块固体之间的超微颗粒而言,大块材料中连续的能带将分裂为分立的能级;能级间的间距随颗粒尺寸的减小而增大。当热能、电场能或者磁场能比平均的能级间距小时,微粒就会呈现一系列与宏观物体截然不同的反常特性,称为量子尺寸效应。例如,导电的金属在超微颗粒时可以变成绝缘体,磁矩的大小与颗粒中电子数是奇数还是偶数有关,比热亦会反常变化,光谱线会向短波长方向移动,这就是量子尺寸效应的宏观表现。

（3）宏观量子隧道效应。

近年来,人们发现一些宏观物理量,如微颗粒的磁化强度、量子相干器件中的磁通量等亦显示出隧道效应,称为宏观量子隧道效应。量子尺寸效应、宏观量子隧道效应将会是未来微电子、光电子器件的基础,当微电子器件进一步微型化时必须要考虑上述的量子效应,例如,在制造半导体集成电路时,当电路的尺寸接近电子波长时,电子就通过隧道效应而溢出器件,使器件无法正常工作。目前研制的量子共振隧道晶管就是利用量子效应制成的新一代器件。

（4）表面效应。

纳米材料的表面效应是指纳米粒子的表面原子数与总原子数之比随粒径的变小而急剧增大后所引起的性质上的变化。由于纳米粒子表面原子数增多,表面原子配位数不足和高的表面能,使这些原子易与其他原子相结合而稳定下来,故具有很高的化学活性。

4. 纳米材料的制备方法

现在已经成功发展的纳米材料合成方法有:机械球磨法、蒸发冷凝法、溶胶凝胶法、气相沉积法（CVD）、辐射法、模板法、热分解法、超声波法、化学还原法、化学沉淀法、微乳液法、有机金属/有机非金属前驱体法、水（溶剂）热法、电解法以及微生物法等。对于合成特定的纳米材料,常常需要多种方法的有机组合。某一类合成方法也有许多分支,使得各种方法相互渗透。目前应用较广的制备方法主要有以下几种。

（1）反相胶束微乳液法。

该法是液相化学制备法中最新颖的一种。微乳液通常由表面活性剂、助表面活性剂（通常为醇类）、油（通常为烃类）和水（或水溶液）组成,它是各向同性的、透明或半透明的热力学稳定体系。反相胶束微乳液又称油包水（W/O）型微乳液,在 W/O 型微乳液中,"水核"被主要由表面活性剂和助表面活性剂组成的界面膜所包围,其尺寸往往在 5～100 nm 之间,是很好的反应介质。颗粒的成核、晶体生长、聚结团聚等过程就是在水核中进行的。颗粒的大小、形态和化学组成受到微乳液组成和结构的显著影响。因此,通过调整微乳液的组成和结构等因素,可以实现对微粒尺寸、形态、结构乃至物性的人为调控。

（2）水热法。

水热法是利用水热反应制备粉体的一种方法。水热反应是高温高压下在水溶液或水蒸气等流体中进行有关化学反应的总称。水热反应包括水热氧化、水热沉淀、水热合成、水热还原、水热分解、水热结晶等类型。水热法为各种前驱物的反应和结晶提供了一个在常压条件下无法得到的、特殊的物理和化学环境。粉体的形成经历了溶解、结晶过程，相对于其他制备方法具有晶粒发育完整、粒度小、分布均匀、颗粒团聚较轻、可使用较为便宜的原料、易得到合适的化学计量物和晶形等优点。

（3）溶胶-凝胶法。

溶胶-凝胶法是制备材料的湿化学方法中的一种，将易于水解的金属化合物（无机盐或金属醇盐）在某种溶剂中与水发生反应，经过水解与缩聚过程而逐渐凝胶化，再经干燥、烧结等后处理，制得所需的纳米材料，其基本反应有水解反应和聚合反应。

1.1.2 纳米材料的研究现状、应用前景

由于纳米技术对国家未来经济、社会发展及国防安全具有重要意义，世界各国相继制定了发展战略和计划，以指导和推进其纳米科技的发展。

从纳米研究论文来说，美国以较大的优势领先于其他国家，日本、德国、中国和法国位居其后。在纳米技术的研发上，日本最重视的是应用研究，尤其是纳米新材料研究。除了碳纳米管外，日本开发出多种不同结构的纳米材料，如纳米链、中空微粒、多层螺旋状结构、富勒结构套富勒结构、酒杯叠酒杯状结构等。在制造方法上，日本不断改进现有的方法，同时还积极开发新的制造技术，特别是批量生产技术。

中国在纳米材料及其应用、扫描隧道显微镜分析和单原子操纵等方面研究较多，主要以金属和无机非金属纳米材料为主，约占80%，高分子和化学合成材料也是一个重要方面，而在纳米电子学、纳米器件和纳米生物医学研究方面与发达国家有明显差距。在合成与组装方面，美国领先，其次是欧洲国家，然后是日本。在生物方法及应用方面，美国与欧洲国家的水平大致相当，日本位于二者之后，在纳米器件领域，日本独占鳌头，欧洲国家和美国位居其后。

近年来，一维和二维尺度的纳米材料研究较多。一维纳米材料主要包括纳米线、纳米棒、纳米带、纳米管、纳米电缆等，其不仅具有纳米材料通常所具有的体积效应、量子尺寸效应和宏观量子隧道效应等，还具有其独特的热稳定性、机械性、电子传输和光子传输性、光学性质、光电导和场发射效应等，使其有广泛的应用前景。比如高比表面积使其电学性质对表面吸附非常敏感，外界环境变化会迅速引起电阻显著变化，使其可作为高灵敏、实时、选择性优良的传感器，而在医药、环境的检测等中得到应用，如生物医学传感器、葡萄糖检测传感器。一些纳米管和纳米线等具有优异的场发射性能，使其成为优良的电子场发射、冷阴极材料，而独特非线性光学性质使其可制备成纳米级频率转换器和光电电路。

二维纳米材料在两个维度上的原子排布和键作用力相似并远远强于第三个维度。由于极薄的厚度和二维结构，二维纳米材料也具备许多奇特而有用的性质，如极大的比表面积、丰富的化学反应位点、特殊的光电特性等。石墨烯作为二维纳米材料的典型代表，已经成为研究最为热门的固态材料之一。由于其具有众多优异的物理特性，比如高电子迁移率、高透光度、优异的力学性能、大比表面积等优点，石墨烯以及石墨烯基材料在新能源、吸附、催化、

传感、光电等领域展现出巨大的应用潜力。此外,由于其高电导率和超大比表面积,零维粉体、一维纤维、二维薄膜以及三维宏观体结构形式的石墨烯基电极材料在新型储能器件(比如:锂离子电池、超级电容器、石墨烯场效应晶体管)中表现出巨大的实用前景。

1.2　纳米材料在各个领域中的应用研究

1.2.1　纳米材料在能源存储与转换领域中的应用

随着电动汽车、便携式电子设备的迅速发展,大容量、可快速充电的储能技术需求日益迫切。因此,设计高性能的复合纳米材料应用于锂离子电池、锌空气电池、超级电容器等,是目前科学家们的研究方向。自 20 世纪六七十年代开始,第一次能源危机的爆发及不断增大的能源设备需求促使人们对二次锂离子电池进行不断的探索。其发展经历了三个阶段:锂原电池的开发,锂二次电池的研发,锂离子电池的研发。随着纳米科学的发展,针对锂离子电极材料在微米尺度上存在的问题,纳米电极材料展现出更多结构优点:①改善材料的比表面积,增强了储锂的活性位点,增大了比容量;②一些电化学反应在块体中很难进行,但在纳米结构中可以发生;③缩短了离子扩散路径,提高了材料的倍率性能。近年来,为了更好地解决材料的循环寿命差、一级导电性差等问题,人们不断对纳米材料进行修饰改善。如将碳纳米材料与非碳纳米材料进行复合,研究碳纳米材料、碳基金属氧化物材料、碳基金属碳化物材料这三类前沿材料的制备以及储能性能。另外,无机中空纳米材料能够为锂离子的嵌入和脱嵌提供足够的空间,随着非模板法合成无机中空纳米材料的发展,锂离子电池的发展具有较高的规模化生产空间。值得注意的是,寻找高比容量、高电压、高倍率性能的正极材料,仍是目前锂离子电池领域的巨大挑战。

可充电锂离子电池的能量密度不足($200\sim250$ W · h · kg^{-1}),限制了其进一步的发展和应用。金属-空气电池,特别是锌空气电池,因其环境友好型、成本效益低、安全性、可再充电性以及优异的耐久性,被认为是锂离子电池的潜在替代品。其原理类似于燃料电池,阳极上的金属和多孔阴极处之间发生氧化还原反应。阴极的开孔结构是金属-空气电池最重要的特征,它允许空气中的氧气持续供应,这一特征可提高理论比能量密度。此外,开放式结构还赋予了金属-空气电池许多优点,如紧凑、质量小、成本低,因为这种阴极取代了锂离子电池中使用的重而昂贵的成分。日益增长的对能源的需求引起了人们对锌空气电池的极大兴趣。但作为能源转换和储存技术的替代品之一,锌空气电池仍处于起步阶段。

此外,另一储能元件——超级电容器,与锂离子电池相比,其具有更高的循环稳定性以及更高的能量密度。提高超级电容器电极材料化学稳定性,增大离子吸附比表面积,以获得更好的电化学性能,成为超级电容器研究领域的热点。目前,超级电容器已经广泛用于消费类电子产品、电动汽车、绿色能源开发、国防科技和航空等领域,有潜力成为未来可持续发展社会重要的能源存储设备。

1.2.2　纳米材料在生物医药领域中的应用

随着纳米技术的不断发展,现有的研究结果已经表明,碳纳米材料能够用在组织工程、药物/基因载体、生物成像、肿瘤治疗、抗病毒、抗菌以及生物传感等生物医学领域。目前,生物传感器主要有酶生物传感器、免疫传感器和 DNA 生物传感器。近年来,石墨烯在生物传感器上的研究也取得了一定的进展。据报道,以石墨烯为基底的生物传感器可以用于细菌分析、蛋白质及 DNA 检测。如在玻碳电极表面修饰一层氧化石墨烯-硫堇薄膜,并且将纳米金和葡萄糖氧化酶通过层层组装固定在玻碳电极表面,制备成的电流型葡萄糖传感器具有制备方法简单、灵敏度高以及稳定性好的特点。可以相信,随着科学技术的进一步发展,以及人们对微观世界的进一步认识,越来越多的性能优越的新型功能化纳米材料将用于生物医药领域,为生物医药的发展带来广阔的前景。

1.2.3 纳米材料在光催化领域中的应用

1972 年科学家们发现水可以在 TiO_2 作为光电极的条件下产生氢气,半导体光催化技术被认为是可以解决环境污染与纯化问题的一个富有前景的科学技术。TiO_2 固有的可见光低利用率和光生电子-空穴的高重合率等弊端使其应用受限,为了克服这些问题,科学家们致力于修饰 TiO_2 以挖掘新型的光催化剂。到目前为止,突破口主要体现在两个方面:一是通过对半导体的能带结构进行调控,以主要突破热力学上的限制;二是通过构建复合材料(如半导体异质结构和助催化剂的负载)来加速半导体上光生载流子的转移和分离,以主要突破动力学上的限制。光解水制氢的最终目的是实现太阳能到氢能的转化,但光解水制氢过程受制于低能量转化效率这个瓶颈问题,而突破的关键是开发具有可见光响应、高效的光催化材料体系。

1.2.4 纳米材料在表面涂层中的应用

纳米技术的不断发展,推动了传统的表面技术进入纳米表面工程时代,使得纳米涂层在精细化工领域具有很大的发展潜力。纳米涂层是在表面涂层中添加纳米材料,获得的纳米复合体系涂层。纳米涂层的实施对象既可以是传统材料基体,也可以是粉末颗粒或纤维。纳米涂层的制备方法,一方面是常规表面涂层技术,另一方面是溶胶-凝胶、自组装、热喷涂等新的制备方法。纳米涂层可应用于许多方面,如在油漆或涂料中加入纳米颗粒,可提高其防护能力;还可以在建材产品,如卫生洁具、室内空间、用具等中运用纳米涂层,产生杀菌、保洁效果;纳米涂层具有良好的吸波能力,能用于隐身涂层如隐形飞机等。此外,在涂料中加入纳米材料,能够起到阻燃、隔热、防火的作用。目前,纳米涂层及其制备技术正随着纳米材料的开发而发展。在纳米材料的制备技术不断取得进展和基础理论研究日益深入的基础上,纳米功能涂层将会有更快、更全面的发展。

随着纳米材料的迅速发展,科学研究已经取得了重大成果,尤其在能源存储与转换、生物医药、光解水制氢、精细化工等领域。人们有理由相信,在不久的将来,以纳米材料为基础的各种产品将走向实用化、工业化,从而极大地改变人类社会的生活。

参 考 文 献

[1] 赵心莹. 纳米材料的分类及其物理性能研究[J]. 信息记录材料,2018,19(2):20-21.

[2] Xia Y N. One-dimensional nanostructures: synthesis, characterization, and

applications [J]. Adv Mate, 2003, 15(5): 353-389.

[3] Law M, Kind H, Messer B, et al. Photochemical sensing of NO₂ with SnO_2 nanoribbon nanosensors at room temperature [J]. Angew Chem Int Ed Engl, 2002, 114 (13): 2511-2514.

[4] 王冬华. 周期性孪晶结构碳化硅纳米线改性环氧树脂的性能[J]. 工程塑料应用, 2017, 45(10): 24-29.

[5] 刘腾, 程亮, 刘庄. 二维过渡金属硫族化合物在生物医学中的应用[J]. 化学学报, 2015, 73: 902-912.

[6] Shao J J, Lv W, Yang Q H. Self-assembly of graphene oxide at interface [J]. Adv Mater, 2014, 26(32): 5586-5612.

[7] Xu Z, Sun H, Zhao X, et al. Ultrastrong fibers assembled from giant graphene oxide sheets[J]. Adv Mater, 2013, 25(2): 188-193.

[8] Xu Z, Gao C. Graphene chiral liquid crystals and macroscopic assembled fibres [J]. Nat Commum, 2011, 2: 571.

[9] 朱国银. 新型碳基纳米电极材料的设计、制备及电化学储能性质研究[D]. 南京: 南京大学化学与化工学院, 2018.

[10] Bryantes V S, Uddin J, Giordani V. The identification of stable solvents for nonaqueous rechargeable Li-air batteries [J]. J Electrochemical Society, 2012, 160(1): A160-A171.

[11] Li L, Chang Z W, Zhang X B. Recent progress on the development of metal-air batteries [J]. Acs Energy Letters, 2017, 2: 1370-1377.

[12] Balaish M, Kraytsberg A, Eineli Y. A critical review on lithium-air battery electrolytes [J]. Physical Chemistry Chemical Physics, 2014, 16(7): 2801-2822.

[13] Cong H P, Ren X C, Wang S H. Flexible grapheme-polyaniline composite paper for high-performance supercapacitor [J]. Energ Environ Sci, 2013, 6: 1185-1191.

[14] Liu T, Finn L, Yu M, et al. Polyaniline and polypyrrole pseudocapacitor electrodes with excellent cycling stability [J]. Nano Lett, 2014, 14: 2522-2527.

[15] Mohanty N, Berry V. Graphene-based single-bacterium resolution biodevice and DNA transistor: interfacing graphene derivatives with nanoscale and microscale biocomponents [J]. Nano letters, 2008, 8(12): 4469-4476.

[16] Hu R. Nucleic acid-functionalized nanomaterials for bioimaging applications [J]. J Mater Chem, 2011, 21(41): 16323-16334.

[17] 李岩, 唐点平. 氧化石墨烯-硫堇及纳米金修饰玻碳电极电流型葡萄糖生物传感器的研究[J]. 福州大学学报(自然科学版), 2011, 5: 781-785.

[18] Holubar P, Jilek M, Sima M. Present and possible future applications of superhard nanocomposite coatings [J]. Surface and Coatings Technology, 2000, 133: 145-151.

（张国安）

第 2 章
锂离子电池

2.1 锂离子电池概述

2.1.1 锂离子电池的发展

随着经济的快速发展,化石能源(石油、煤炭、天然气等)被大量使用,带来越来越多的环境污染问题,如水污染、大气污染、空气污染等。由于环境污染和化石能源的枯竭,寻找新的可再生清洁能源刻不容缓。我国在"十三五"规划中明确指出,将进一步控制化石能源的使用,加大对新能源产业的投入,特别是对于储能产业的开发要进一步加强。可以看出,我国对储能产业的发展十分关注,储能产业的发展潜力巨大,因此寻找高性能的储能材料成为当下重要的课题。锂离子电池具有工作电压高、质量轻、体积小、高比能量、无记忆效应、自放电较小、长循环寿命等特点,已经在便携式电子产品中广泛应用,并逐步推广到电动工具和电动交通工具。

锂离子电池是以锂电池的发展为基础的。锂离子电池是指锂一次电池,由于充放电时负极金属锂上容易产生锂枝晶而出现安全问题,通常不能进行充放电。采用金属锂制成的锂电池,其安全隐患备受关注,因此人们尝试利用锂离子嵌入石墨的特性制作充电电池,首个可用的锂离子石墨电极由贝尔实验室试制成功。1983 年 Thackeray、Goodenough 等发现锰尖晶石是优良的正极材料,具有低价、稳定和优良的导电、导锂性能;其分解温度高,且氧化性远低于钴酸锂,即使出现短路、过充电,也能够避免燃烧、爆炸的危险。1989 年,Manthiram 和 Goodenough 发现采用聚合阴离子的正极将产生更高的电压。1991 年索尼公司发布首个商用锂离子电池,锂离子电池技术得到了长足的发展。

锂离子电池革新了消费电子产品的面貌。锂离子电池的性能主要取决于其正极材料的性能。钴酸锂是第一代正极材料的锂离子电池,但是钴资源有限且对环境有害,钴酸锂价格较高,热稳定性和安全性能较差,不适于动力电池的应用领域。但是,以钴酸锂作为正极材料的电池,至今仍是便携电子器件的主要电源。1996 年 Padhi 和 Goodenough 发现具有橄榄石结构的磷酸盐,如磷酸铁(Ⅱ)锂($LiFePO_4$)比传统的正极材料更具安全性,尤其耐高温,耐过充电性能远超过传统锂离子电池材料,因此已成为当前主流的大电流放电的动力锂电池的正极材料。不过磷酸铁（Ⅱ）锂放电电位低、能量密度较小、合成工艺条件较为苛刻、工业化生产成本较高等比例因素限制了其广泛应用。在电极材料方面,研究开发工业化生产成本低廉、环境友好、具备较高能量密度和高安全性的新型锂离子电池正极材料成为研究热点。

2.1.2　锂离子电池的分类

锂离子电池实际上是一个锂离子浓差电池。在充放电过程中,锂离子在两个电极之间往返嵌入和脱嵌。充电时,锂离子从正极脱嵌经过电解质嵌入负极,负极处于富锂态,正极处于贫锂态,同时电子的补偿电荷从外电路供给到碳负极;放电过程和上述充电过程相反。

根据锂离子电池所用电解质材料不同,锂离子电池可以分为液态锂离子电池(liquid lithium ion battery,简称为 LIB)和聚合物锂离子电池(polymer lithium ion battery,简称为 LIP)两大类。液态锂离子电池和聚合物锂离子电池所用的正、负极材料都是相同的,电池的工作原理也基本一致。一般正极使用 $LiCoO_2$,负极使用各种碳材料如石墨,同时使用铝、铜做集流体。

它们的主要区别在于电解质不同,锂离子电池使用的是液体电解质,而聚合物锂离子电池则以聚合物电解质来代替,这种聚合物可以是"干态"的,也可以是"胶态"的,目前大部分采用聚合物胶体电解质,二者的比较见表 2-1。

表 2-1　液态锂离子电池、聚合物锂离子电池的组成

	电解质	壳体/包装	隔膜	集流体
液态锂离子电池	液体	不锈钢、铝	25 μm PE	铜箔和铝箔
聚合物锂离子电池	胶体聚合物	铝/PP 复合膜	无隔膜或 25 μm PE	铜箔和铝箔

液态锂离子电池由于工艺的原因,厚度很难降低,一般只能达到 5～6 mm,而聚合物锂离子电池能够做到薄形化(0.5 mm)、任意面积化和形状化,提高了电池造型设计的灵活性。与液态锂离子电池比较,聚合物锂离子电池使用了胶体电解质而不会出现液体电解液泄漏,因而装配很容易,使得电池整体很轻、很薄,也不会产生漏液与燃烧爆炸等安全上的问题,因此可以用铝塑复合薄膜制造电池外壳,从而可以提高整个电池的比容量;聚合物锂离子电池还可以采用高分子作为正极材料,其质量比能量将会比目前的液态锂离子电池提高 50% 以上。此外,聚合物锂离子电池在工作电压、充放电循环寿命等方面都比液态锂离子电池有所提高。基于以上优点,聚合物锂离子电池被誉为下一代锂离子电池。

根据锂离子电池所用正极材料的不同,锂离子电池可以分为钴酸锂电池、镍酸锂电池、锰酸锂电池、磷酸铁锂电池以及二元/三元聚合物锂电池。各种电池性能不同,其中镍酸锂电池由于制备难度大且存在安全隐患只能用作一种过渡电池。在小型锂离子电池中目前占市场主导地位的仍然是钴酸锂电池,但是随着技术和材料的发展,其将来会逐渐被二元/三元聚合物电池代替,在高倍率动力锂离子电池领域,目前以锰酸锂电池为主,而代表未来发展方向的是磷酸铁锂电池。

2.2 锂离子电池的特性

2.2.1 锂离子电池的结构与工作原理

锂离子电池由集流体(分别用铜箔和铝箔作负极和正极集流体)、负极材料、正极材料、隔膜、电解质和电池壳组装而成。电池内部采用螺旋绕制结构,用聚乙烯薄膜隔离材料在正、负极间间隔而成。正极为钴酸锂(或镍钴锰酸锂、锰酸锂、磷酸铁(Ⅱ)锂等),负极为石墨化碳材料,电池内充有有机电解质。图 2-1 为锂离子电池的组成示意图。

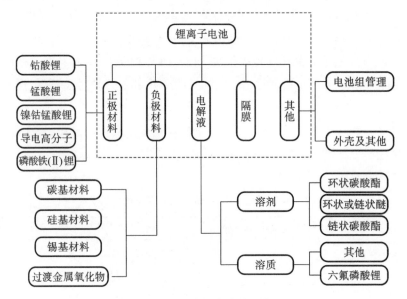

图 2-1　锂离子电池的组成

(1) 正极(或阴极):一般情况下,其工作电压比较高,接收外电路的电子,在充电时被氧化,放电时被还原。

活性物质一般为锰酸锂($LiMn_2O_4$)、钴酸锂($LiCoO_2$)或者磷酸铁(Ⅱ)锂($LiFePO_4$),现在又出现了镍钴锰酸锂材料。电动自行车普遍用镍钴锰酸锂(俗称三元)或者三元加少量锰酸锂,纯的锰酸锂和磷酸铁(Ⅱ)锂则由于体积大、性能不好或成本高而逐渐淡出。导电集流体使用厚度为 $10\sim20~\mu m$ 的电解铝箔。

(2) 负极(或阳极):是与正极相关联的电极,通常材料的工作电压比较低,为外电路提供电子,在充电时被还原,放电时被氧化。活性物质为石墨,或近似石墨结构的碳,导电集流体使用厚度为 $7\sim15~\mu m$ 的电解铜箔。如石墨、$Li_4Ti_5O_{12}$ 等。

(3) 电解质:在电池的正负极之间充当电荷转移的介质。电解质一般为溶解有 $LiPF_6$、$LiClO_4$ 和 $LiAsF_6$ 等锂盐的碳酸酯类溶剂,聚合物锂离子电池则使用凝胶状电解质。

(4) 隔膜:一种经特殊成型的高分子薄膜,薄膜有微孔结构,可以让锂离子自由通过,而电子不能通过,如聚偏氟乙烯-六氟丙烯(PVDF-HFP)。

(5) 电池外壳:分为钢壳(现在方形很少使用)、铝壳、镀镍铁壳(圆柱电池使用)、铝塑膜(软包装)、盖帽等,电池外壳也是电池的正负极引出端。

　　按照锂离子二次电池的外观分类,目前市场锂离子电池主要可分为圆柱体锂离子电池、方形锂离子电池、纽扣形锂离子电池等。各种结构的锂离子电池见图 2-2。圆柱体结构一般为液态锂离子电池采用,也是最古老的结构之一,目前大多被应用在笔记本电脑的电池组里面。方形锂离子电池现在越来越普遍,被广泛应用在各个移动电子设备及动力系统的电池组里面。纽扣形可充电的锂离子电池不常见,容量不大,在几个到几十个 mA·h 之间,其应用领域也不广泛。

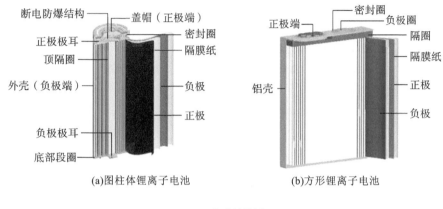

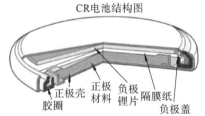

图 2-2　锂离子电池结构图

锂离子电池的工作原理如图 2-3 所示。在充电过程期间,锂离子从正极材料中脱出,迁

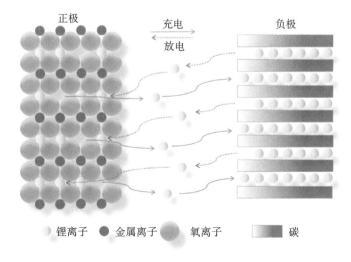

图 2-3　锂离子电池的工作原理

移经过电解质,然后插入到石墨的层间,同时电子会由外电路从正极流向负极。放电过程中,锂离子从石墨负极脱出,电子同时从负极由外电路流向正极。由于在充放电过程中锂离子在正负极之间双向流动,处于从正极→负极→正极的运动状态,因此,锂离子电池也被称作"摇椅式"电池或"摇摆式"电池。

2.2.2 锂离子电池的优点

与其他二次电池(如镉镍电池、镍氢电池和铅酸电池等)相比(表2-2),锂离子电池不但能量更高、放电能力更强、循环寿命更长,而且其储能效率超过90%,以上特点决定了锂离子电池在电动汽车、存储电源等方面极具发展前景。

表2-2 锂离子电池与其他二次电池的性能比较

参　数	锂离子电池	镍氢电池	镉镍电池	铅酸电池
平均工作电压/V	3.6	1.2	1.2	2
质量比能量/(W·h/kg)	150	80	70	30~50
体积比能量/(W·h/L)	240~260	190~197	134~150	50~80
循环寿命/次	500~1000	500	500	500
自放电率/月	<10%	20%~30%	20%	5%
工作环境温度范围/℃	−20~60	−20~65	−20~65	−20~60
安全性能	安全	安全	安全	不安全
是否环境友好型	是	否	否	否
记忆效应	无	无	有	无

(1)体积比能量高。

同体积的锂离子电池提供的能量比其他二次电池都高。2009年日本松下公司生产出的锂离子电池体积比能量就已经达到675 W·h/L,容量为3.1 A·h,电量为11.2 W·h,远远高于铅酸电池、镉镍电池和镍氢电池。

(2)质量比能量高。

同质量的锂离子电池提供的能量比其他二次电池都高。锂离子电池的质量比能量一般为150 W·h/kg,为镍镉电池、镍氢电池或铅酸电池的2~3倍。因此同容量的电池,锂离子电池更轻。电动自行车用锂离子电池质量为2.2~4 kg,铅酸电池的质量为12~20 kg,锂离子电池质量为铅酸电池的1/4~1/3,比铅酸电池轻10 kg(36 V,10 A·h电池),电池质量减轻70%,整车质量减轻20%。

(3)平均工作电压高。

锂离子电池的平均工作电压高(3.6~3.9 V),是镍氢和镉镍体系电池(1.2 V)的3倍,是铅酸电池的1.8倍,因此组合使用的锂离子电池容易获得更高的电压。组成相同电压的动力电池组,使用的串联的锂离子电池的数目会大大少于铅酸电池和镍氢电池,见表2-3。

表 2-3　各种电池组成比较

	锂离子电池		铅酸电池	镍氢电池
	$LiMn_2O_4$、三元 材料、$LiCoO_2$	$LiFePO_4$		
单体电池 标称电压/V	3.7	3.2	2	1.2
24 V 所需 单体电池数	7 串 (25.9 V)	8 串 (25.6 V)	12 串	20 串
36 V 所需 单体电池数	10 串 (37 V)	12 串 (38.4 V)	18 串	30 串
48 V 所需 单体电池数	13 串 (48.1 V)	15 串 (48 V)	24 串	40 串

（铅酸电池列说明：一般用 12 V、10 A·h 的铅酸电池串联，而每个 12 V、10 A·h 的电池中有 6 个单格组成，即 6 节单体电池组成）

（4）安全性能好，循环寿命长。

锂离子电池中不含金属锂，仅存在锂的嵌入化合物，从动力学观点来看，锂的化合物比金属锂稳定得多，循环次数可达 1000 次。以容量保持 60% 计算，电池组 100% 充放电循环次数可以达到 600 次以上，使用年限为 3～5 年，寿命为铅酸电池的 2～3 倍。

（5）自放电率低。

自放电又称荷电保持能力，它是指在开路状态下，电池储存的电量在一定环境条件下的保持能力。锂离子电池的月自放电率为 3%～9%，镍镉电池为 20% 左右，镍氢电池为 20%～30%。因此同样环境下锂离子电池保持电荷的时间长。

（6）工作环境温度范围宽。

锂离子电池的工作环境温度一般在 −20～60 ℃ 之间，具有良好的高温和低温工作性能，尤其是在 −20 ℃ 下工作仍能保持 90% 的容量。

（7）可安全快速充放电、充电效率高、平均输出功率大。

（8）无污染，无记忆效应。

锂离子电池中不含有镉、铅、汞等有毒重金属，同时电池处于密封状态，在使用过程中极少有气体放出，是一种洁净的"绿色"化学能源。

2.2.3　锂离子电池的缺点

（1）锂离子电池的内部阻抗高。

因为锂离子电池的电解质为有机溶剂，其导电率比镍镉电池、镍氢电池的水溶液电解质要低得多，所以，锂离子电池的内部阻抗比镍氢电池和镍镉电池约高 10 倍。

（2）工作电压变化较大。

电池放电到额定容量的 80% 时，镍镉电池的电压变化很小（约 20%），锂离子电池的电压变化较大（约 40%）。这对电池供电大的设备来说是一个严重的缺陷。但是由于锂离子电池放电电压变化较大,也容易据此检测电池的剩余电量。

(3) 电极材料的成本比较高。

相同电压和相同容量的锂离子电池价格是铅酸电池的 3～4 倍。按一辆铅酸电池自行车价格为 1500 元左右计算,一组 36 V、12 A·h 的铅酸电池价格在 400～500 元,若换成同样电压及容量的锂离子电池,其电池价格在 1000 元左右。此外,锂离子电池要求的保护电路板价格也不低。

(4) 锂离子电池对组装环境的要求比较苛刻,需要在干燥条件下完成,电池结构较复杂,需要特殊的保护电路。

过充保护:电池过充将破坏正极结构而影响性能和寿命,同时,过充会使电解液分解,内部压力过高而导致漏液的问题,必须在 4.1～4.2 V 的恒压下充电。

过放保护:过放会导致活性物质的恢复困难,需要有保护线路控制。

(5) 锂离子电池采用有机电解质,使电池存在一定的安全隐患。

目前世界上知名的手机和笔记本电脑电池(正极材料为钴酸锂和三元材料)生产企业,日本三洋、索尼等公司要求电池的爆喷率控制在 40 ppb(十亿分之一)以下,但国内公司只能够做到 ppm(百万分之一)。

同优点相比,锂离子电池的这些缺点都不是重要问题。目前,锂离子电池已成为综合性能最好的电池体系,自其商品化以来发展十分迅速,逐渐取代了传统的镍镉电池、镍氢电池和铅酸电池等二次电池,目前已经在我们的日常生活中随处可见。但是随着社会需求的不断发展,人们对锂离子电池的要求也越来越高,既要具有高容量、长寿命,又要求安全、环保无污染。这对现有的锂离子电池材料提出了新的挑战和要求。

2.2.4 锂离子电池的应用

据中国化学与物理电源行业协会提供的资料显示,目前我国内地的电池产量达 100 亿只,已成为世界顶级电池制造国。随着近几年技术的进步、人们生活水平的提高,人们对手机、数码相机和电脑的需求及质量要求将会不断提高,这会促使锂离子电池的用量进一步扩大。从应用领域来看,锂离子电池应用领域将由目前传统的消费电子产品扩张到功率/能量型系统领域。

电动工具、新能源汽车和能源存储系统将是未来锂离子电池的重点应用领域。2014 年全球共消耗锂离子电池 6646.47 万 kW·h,同比增长 29.06%,其中电动汽车市场消耗锂离子电池 1110.16 万 kW·h,占比 16.70%,仅次于手机市场,成为第二大锂离子电池应用市场。而在中国,2014 年的电动汽车市场已经超越了手机市场,成为最大的锂离子电池的应用市场。

2.3 锂离子电池的正极材料

2.3.1 正极材料简介

目前,市场上锂离子电池生产企业都是通过购买原材料组装电池的。锂离子电池主要由 4 部分构成,即电极(正级和负极)、电解质、隔膜和包装材料。其中,包装材料和石墨负极技术相对成熟,成本占比不高。锂离子电池的核心材料主要是正极材料、电解质和隔膜。其中,正极材料是锂离子电池电化学性能的决定性因素。

锂离子电池正极材料在锂离子电池中占据着重要地位,正极材料的好坏直接决定最终二次电池产品的性能指标,正极材料在电池成本中比例高达 40% 左右。

锂离子电池正极材料的研究开始于 20 世纪 80 年代初。Goodenough 课题组最早申请钴酸锂($LiCoO_2$)、镍酸锂($LiNiO_2$)和锰酸锂($LiMn_2O_4$)的基本专利,奠定了正极材料的研究基础。镍酸锂尽管具有超过 $200\ mA \cdot h/g$ 的放电比容量,但由于其结构稳定性和热稳定性差,没有在实际锂离子电池中得到应用。目前,锰酸锂在中国主要用于中低端电子产品中,通常和钴酸锂或者镍钴锰酸锂三元材料混合使用。在国际上,特别是日本和韩国,锰酸锂主要用于动力型锂离子电池中,通常和镍钴锰酸锂三元材料混合使用。到目前为止,钴酸锂仍在高端电子产品小型高能量密度锂离子电池领域占据正极材料主流位置,尽管其被镍钴锰酸锂三元材料取代的趋势不可逆转。

2.3.2 正极材料的分类

锂离子电池的正极材料一般为嵌入化合物,但是其用作可充电锂离子电池的正极材料还需要满足一定的条件。

(1)开路电压高。嵌入化合物 $Li_xM_yX_z$(X 为阴离子),其中 M^{n+} 的氧化态越高,其锂的化学势($\mu_{Li(c)}$)就越高,就能产生高的电池开路电压。

(2)容量大。嵌入化合物 $Li_xM_yX_z$ 只有具有大量的供锂离子嵌入/脱嵌的位置才能实现大容量。另外,过渡金属 M 要具有可变的氧化态,以保证锂离子嵌入/脱嵌时的电荷平衡。大容量和高电池电压将产生高的能量密度。

(3)循环性能好。嵌入化合物 $Li_xM_yX_z$ 在锂离子的嵌入/脱嵌过程中结构不变或变化较小。这就要求嵌入化合物结构稳定,M—X 键稳定不易破坏。

(4)速率容量高。速率容量由传导电子和锂离子的能力决定。这就要求嵌入化合物具有良好的电子和锂离子传导性。

(5)化学稳定性好。在锂离子嵌入和脱嵌过程中,正极材料不能与电解质发生任何反应。

(6)成本低,环境友好。

综上所述,能满足以上条件的嵌入化合物 $Li_xM_yX_z$ 为含锂过渡金属氧化物。目前,锂离子电池正极材料的主要研究对象就是含锂的过渡金属氧化物。根据正极材料结构不同可将其分为三类:层状结构化合物 $LiMO_2$(M=Co、Ni、Mn 等)、尖晶石结构化合物 LiM_2O_4(M=Mn 等)和橄榄石结构化合物 $LiMPO_4$(M=Fe、Mn、Ni、Co 等)。目前,大多数研究集中在这些材料及其衍生物上。最近几年,一些新型结构的插入型材料(例如硅酸盐、硼酸盐和氟化物)也受到研究人员的关注。表 2-4 对比了目前研究的正极材料的质量比能量。

表 2-4 不同正极材料的理论和实际的质量比能量对比

参　　数	钴酸锂	镍钴锰酸锂	镍钴铝酸锂	锰酸锂	磷酸铁(Ⅱ)锂
化学式	$LiCoO_2$	$LiNi_xCo_yMn_{1-x-y}O_2$	$LiNi_{0.8}Co_{0.15}Al_{0.05}O_2$	$LiMn_2O_4$	$LiFePO_4$

参　　数	钴酸锂	镍钴锰酸锂	镍钴铝酸锂	锰酸锂	磷酸铁（Ⅱ）锂
理论质量比能量/ (mA·h/g)	274	275	275	148	170
实际质量比能量/ (mA·h/g)	140	160~220	180	120	150
电压平台/V	3.7	3.5	3.5	4.0	3.3
循环能力	较好	一般	一般	较差	好

常规锂离子电池中的正极材料不但是锂离子源，而且作为电极材料参与电化学反应，根据正极材料的物质类型主要分为以下三种。

（1）过渡金属氧化物型正极材料。

如 $LiCoO_2$、$LiMnO_2$、$LiNiO_2$、$LiFeO_2$ 等，其通式为 $LiMO_y$（其中 M 为过渡金属的一种或多种）。

（2）聚阴离子型正极材料。

一系列含有四面体或者八面体阴离子结构单元 XO_m^{n-} 的正极材料，如 $LiFe(Co,Mn,Ni,V)PO_4$、$Li_2Fe(Mn)SiO_4$、$LiFeAsO_4$ 等，其通式为 $LiMX_mO_n$（其中 M 为一种或多种过渡金属，X 为可形成聚阴离子的金属或非金属，如 Mo、As、P、S、V、Mn、W 等）。

（3）聚合物正极材料。

其主要包括导电性高分子和有机硫系化合物。

导电性高分子正极材料主要有聚乙炔（polyacetylene）、聚吡咯（polypyrrole）、聚噻吩（polythiophene）、聚苯胺（polyaniline）及其衍生物等，它们作为锂离子电池正极材料的电极反应是利用阴离子 A^-（如 ClO_4^-、BF_4^-、PF_6^-、AsF_6^- 等）的可逆掺杂/脱掺杂过程。

有机硫系化合物主要有聚二硫基噻二唑、聚二硫代二苯胺、三聚硫氰酸等，它们作为正极材料的电极反应则是利用硫的氧化还原反应。

这三类正极材料都有各自的特点，前两者也称无机锂离子电池正极材料，是目前主要研究和应用的正极材料。

正极材料按照锂离子嵌入和脱嵌的通道亦可以分为三类：一维隧道结构正极材料，如 $LiFePO_4$；二维层状结构正极材料，如 $LiMO_2$（$M=Co$，Ni，Mn）、$Li_{1+x}V_3O_8$ 和 Li_2MSiO_4（$M=Fe$，Mn）；三维框架结构正极材料，如 $LiMn_2O_4$ 和 $Li_3V_2(PO_4)_3$，其晶体结构如图2-4所示。

2.3.3　几种典型的正极材料

（1）$LiCoO_2$ 正极材料。

目前商业化的锂离子电池基本选用层状结构的 $LiCoO_2$ 作为正极材料。理想的层状 $LiCoO_2$ 结构，锂离子和钴离子各自位于立方紧密堆积氧层中交替的八面体位置，在充电和放电过程中，锂离子可以从所在的平面发生可逆脱嵌/嵌入反应。钴离子能够从所在的平台迁移到锂离子所在的平面，导致结构不稳定，并且使钴离子易通过锂离子层扩散到电解质中而导致容量损失。其理论容量为 274 mA·h·g^{-1}，实际容量为 140 mA·h·g^{-1}（也有报道称为 155 mA·h·g^{-1}）。在循环过程中 $LiCoO_2$ 电池容量降低的主要原因如下：一是在充

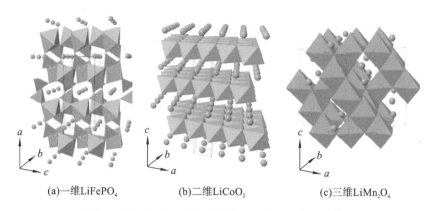

(a)一维LiFePO$_4$ (b)二维LiCoO$_2$ (c)三维LiMn$_2$O$_4$

图 2-4 不同维数锂离子通道的正极材料的晶体结构图

电过程中,钴离子被溶解到电解质中,从而减少了锂离子在放电过程中再次嵌入到正极的数量,导致容量降低;二是在充电完全脱锂后,在电极表面形成了 CoO_2 包覆层,阻隔了锂离子向电极的正常嵌入,从而使容量下降;三是在充放电过程中,电极中锂含量变化对其晶格参数影响较大,导致正极材料产生应力和微裂痕,破坏了晶体结构的完整性,从而降低了材料的容量。

LiCoO$_2$ 材料的合成方法有高温固相合成法、低温固相合成法、溶胶凝胶法和喷雾干燥法等。为提高 LiCoO$_2$ 的容量,改善其循环性能,通常采用以下方法进行改性:①掺杂铝、铟、镍、锰、锡等元素,改善其稳定性,延长循环寿命;②引入磷、钒等杂质原子,使 LiCoO$_2$ 的晶体结构部分变化,提高电极结构变化的可逆性;③在电极材料中加入 Ca^{2+} 或 H^+,提高电极导电性,有利于电极活性物质利用率和快速充放电性能的提高。

LiCoO$_2$ 材料的主要优点:工作电压高(平均工作电压为 3.7 V)、充放电电压平稳、适合大电流充放电、比能量高、循环性能好、电导率高、生产工艺高、制备简单等。其缺点是价格昂贵、抗过充性能较差。

(2)LiNiO$_2$ 正极材料。

LiNiO$_2$ 与 LiCoO$_2$ 一样,为层状结构。尽管 LiNiO$_2$ 材料价格便宜,但是其中的 Ni 较难氧化为 +4 价;另外,高温热处理过程中温度不宜过高,否则 LiNiO$_2$ 会发生分解。因此,理想的 LiNiO$_2$ 材料很难制备。

LiNiO$_2$ 的容量高于当前广泛应用的电极材料 LiCoO$_2$,实际容量达 190~210 mA·h·g^{-1}(工作电压范围为 2.5~4.2 V)。但当锂离子的脱嵌过多时,Ni^{4+} 较 Co^{4+} 易在有机电解质中发生还原,导致该电极材料在电压达到 4.2 V 时稳定性降低。不过,通过元素掺杂替代可以提高材料的稳定性,降低不可逆容量。例如:溶胶-凝胶法制备掺杂有 Zn、Al 的 LiNiO$_2$,可逆容量可高达 245 mA·h·g^{-1},而且十次循环后容量基本没有衰减。

LiNiO$_2$ 作为锂离子电池正极材料的工作电压范围为 2.5~4.2 V,自放电率低,无污染,没有过充电和过放电的限制,非常具有应用前景。但是,LiNiO$_2$ 本身存在一些无法克服的缺点:①合成条件苛刻。由于 Ni^{3+} 很容易被还原为 Ni^{2+},全部为 Ni^{3+} 的 LiNiO$_2$ 难以合成。其次,Ni^{2+} 和 Li^+ 的半径相近,容易发生阳离子的混排现象(Ni^{2+} 占据 Li^+ 的位置),阻碍 Li^+ 扩散,从而使材料的电化学性能变差。②在充放电的过程中 LiNiO$_2$ 容易发生 Jahn-Teller 畸变,导致其电化学性能迅速变差。③充放电过程中,LiNiO$_2$ 会发生不可逆的相变,造成其容量的衰减。④$LiNiO_2$ 在高温下不稳定,分解释放 O_2,并伴随放出大量的热,造成热失控,导致安全问题严重。

(3)$LiMn_2O_4$ 正极材料。

用于锂离子电池正极材料的 $LiMn_2O_4$ 具有尖晶石结构。其理论容量为 148 mA·h·g^{-1},实际容量为 90~120 mA·h·g^{-1},工作电压范围为 3~4 V。该材料的主要优点:锰资源丰富、价格便宜、安全性高、制备容易。缺点是容量衰减严重。这主要有以下几个方面的原因:①Mn^{3+} 不稳定,容易发生歧化反应 $2Mn^{3+} \rightleftharpoons Mn^{4+} + Mn^{2+}$,生成的 Mn^{2+} 能够溶解在电解质中;②在充放电循环过程中,Mn^{3+} 将会发生 Jahn-Teller 畸变。充放电过程中,$Li_xMn_2O_4$($1 < x < 2$)将会从立方尖晶石相转变为四方相,引起体积变化产生微应力,使材料的稳定性降低,容量减小;③电解质在尖晶石结构的 $LiMn_2O_4$ 电极表面发生分解。$LiMn_2O_4$ 中 Mn^{4+} 具有较强的氧化性,使电解质与电极材料接触时发生分解,造成容量的衰减。

为克服上述缺点,近年来开发了一种层状结构的三价锰化合物 $LiMnO_2$。该材料理论容量为 286 mA·h·g^{-1},实际容量约为 200 mA·h·g^{-1},工作电压为 3~4.5 V。与尖晶石结构的 $LiMn_2O_4$ 相比,虽然 $LiMnO_2$ 在理论容量和实际容量两个方面均有大幅度的提高,但是仍存在着充放电过程中结构不稳定的问题。

(4)$LiFePO_4$ 正极材料。

$LiFePO_4$ 材料是近年来研究的热门锂离子电池正极材料之一,其理论容量为 170 mA·h·g^{-1},在无掺杂改性时的实际容量可达 110 mA·h·g^{-1},而通过表面修饰处理,实际容量高达 165 mA·h·g^{-1},接近理论容量。

与传统的层状和尖晶石结构正极材料相比,$LiFePO_4$ 具有无毒、对环境友好、安全性能高、价格低廉、原料来源广泛、热稳定性好和循环性能优良等诸多优点。但是作为正极材料,$LiFePO_4$ 存在电子导电性差、锂离子传导性差、理论容量不高等缺点。

为了提高 $LiFePO_4$ 的电子导电性和大电流充放电的性能,人们提出了不同的改性方法,主要有:①Li 或 Fe 位的金属离子掺杂,通过掺杂其他金属离子,产生晶格缺陷,促进 Li^+ 的扩散,提高倍率放电性能。②表面修饰,例如,在 $LiFePO_4$ 颗粒表面包覆一层导电膜,用来提高材料的导电性能;③减小颗粒尺寸,减小离子和电子的扩散距离,提高大电流放电性能。

$LiFePO_4$ 在大型锂离子电池方面有很好的应用前景,但是在整个锂离子电池领域,$LiFePO_4$ 面临着以下不利因素:①$LiMn_2O_4$、$LiMnO_2$、$LiNiO_2$ 等正极材料的成本低;②在不同应用领域人们会优先选择更合适的电池材料;③在高技术领域人们关心的可能不是成本而是性能;④在安全性能方面,$LiCoO_2$ 代表着安全标准,而且 $LiNiO_2$ 的安全性也有了较大的提高,$LiFePO_4$ 只有表现出更高的安全性能,尤其是在电动汽车方面的应用,才能保证其在安全方面的竞争优势。

几种常见正极材料的性能见表 2-5。

表 2-5　几种常见正极材料的性能比较

性　能	$LiNi_xCo_{1-x}O_2$	$LiCoO_2$	$LiNiO_2$	$LiMn_2O_4$	$LiFePO_4$
振实密度/(g/cm³)	2.6~2.8	2.8	2.1	1.8	1.1
理论密度/(g/cm³)	/	5.1	4.8	4.2	3.6

性　　能	$LiNi_xCo_{1-x}O_2$	$LiCoO_2$	$LiNiO_2$	$LiMn_2O_4$	$LiFePO_4$
Li^+ 扩散系数 $D_{Li^+}/(cm^2/s)$	2.6×10^{-8}	10^{-9}	$10^{-1}\sim10^{-12}$	$<10^{-12}$	1.8×10^{-14}
理论容量/($mA \cdot h \cdot g^{-1}$)	274	274	273	148	170
常温衰减率/(%)	0.028	0.07	0.125	0.083	
高温衰减率/(%)	1	0.137	0.65	0.14	0

2.3.4　正极材料的制备方法

材料合成时,选择不同的原料、使用不同的合成方法,所得材料的晶体结构参数、形貌、粒径分布均有明显不同,各项性能也会有很大差别。目前制备正极材料的方法有:共沉淀法、溶胶凝胶法、喷雾干燥法制备前驱体,继而通过高温固相法烧成或水热法获得产品等。

1. 水热法

水热法采用水作为反应介质,反应物在高温、高压反应环境中生成产物。水热技术具有两个特点:一是其相对低的温度,二是在封闭容器中进行,避免了组分挥发。水热法合成反应温度较固相法低,但需要在高温、高压下进行,条件苛刻且对反应设备的材质要求较高,不利于工业化生产。直接用水热法所得材料的结晶性比较差、放电比容量也很低,通常需要进一步热处理后才可以得到电化学性能很好的正极材料。这种方法虽然可以得到具有球形形貌、电化学性能较好的三元材料,但大规模生产有些困难,因此难以实现工业化。

2. 共沉淀法

共沉淀法是在含有多种阳离子的溶液中加入适当的沉淀剂,使金属离子完全沉淀。应用于 $Li(Ni,Co,Mn)O_2$ 材料合成的共沉淀法常见的有间接共沉淀法和直接共沉淀法。间接共沉淀法是先合成镍钴锰三元混合共沉淀,经过滤洗涤干燥后,与锂盐混合烧结,或者生成镍钴锰三元共沉淀后,不经过过滤而将包含锂盐和混合共沉淀的溶液蒸发或冷冻干燥,然后再对干燥物进行高温烧结。

3. 高温固相法

高温固相法即反应物进行固相反应,是合成粉体材料的一种常用方法,也是目前制备各种正极材料比较成熟的方法。传统的固相法是将锂源、镍源、钴源一起研磨混合,在 1000 ℃高温下煅烧合成。按化学计量比称好 Li、Ni、Co、Mn 的氧化物、氢氧化物或碳酸盐,在球磨机中进行球磨混合,使原料混合均匀后,再经过高温处理得到性能良好的镍钴锰酸锂。

高温固相法工艺简单,但存在以下缺点:粉体原料需要长时间的研磨混合,且混合均匀程度有限;产物的组成、结构、粒度分布等方面存在较大的差异,有批次性问题,导致材料电化学性能不易控制。目前工业生产仍以高温固相法为主,上述缺点将主要通过改进研磨方法、改善烧结条件、掺杂手段来完善。国内天津斯特兰、北大先行等企业均采用这一制备方法。

4. 溶胶-凝胶法

该方法是将有机物或无机化合物经过溶液、溶胶、凝胶等过程,通过热处理形成固体氧化物。同高温固相法相比,溶胶-凝胶法制备材料具有以下优点:原料各组分可达原子级水平的均匀混合;产品的质量均一;后续热处理的温度可以显著降低,反应时间缩短。

5. 微波高温法

微波高温法是近来发展起来的新型陶瓷材料的制备方法,微波加热是利用微波的穿透能力进行加热,可以在极短的时间里实现微波均匀深入样品的内部,使加热的样品中心温度迅速升高,整个样品几乎同时被均匀加热,可以大大缩短加热时间,样品的烧结过程需数十分钟。常规加热是从外部热源通过由表及里的热传导方式传热。因此,与传统的固相加热所需的数十小时相比,微波合成具有反应时间极短、效率高、能耗低等优点。

6. 配合物法

用有机配合物先制备含锂离子和钴或钒离子的配合物前驱体,再烧结制备。该方法的优点是分子规模混合,材料均匀性和性能稳定性好,正极材料电容量比固相法高。国外已实验用作锂离子电池的工业化方法,技术并未成熟,目前国内还鲜有报道。

2.4 锂离子电池的负极材料

2.4.1 负极材料概述

负极材料作为重要的锂离子电池材料,其性能直接影响着锂离子电池的能量密度和功率密度,因此开发出高比容量的、稳定的负极材料十分重要。发展高比容量锂离子电池的关键在于制备能够可逆嵌入和脱嵌锂离子的负极材料,这类材料应满足以下要求。

(1)锂离子在负极材料中的嵌入氧化还原电位尽可能低,接近金属锂的电位,从而使电池的输出电压高。

(2)在锂离子电池负极材料中大量的锂能够尽可能多地在主体材料中可逆地脱嵌,以得到高能量密度负极材料。

(3)在整个嵌入/脱嵌过程中,主体结构没有或很少发生变化,以确保良好的循环性能。

(4)氧化还原电位随锂离子嵌入量的变化应该尽可能低,这样电池的电压不会发生显著变化,可保持较平稳的充电和放电。

(5)嵌入化合物应有良好的电子电导率和离子电导率以及较大的锂离子扩散系数,这样可以减少极化,并能进行大电流充放电。

(6)主体材料具有良好的热力学稳定性和表面结构,能够与液体电解质形成良好的固体电解质界面(solid electrolyte interface,SEI)膜,在形成 SEI 膜后应具有良好的化学稳定性,在整个电压范围内不与电解质等发生反应。

(7)从实用角度来看,负极材料应该具有价格便宜、资源丰富、对环境无污染、制备工艺尽可能简单等特点。

目前商业化的负极材料为石墨,但石墨的理论比容量只有 372 mA·h/g,这严重影响锂离子电池的能量密度,因此开发新的负极材料受到越来越多的关注。研究较多的锂离子电池负极材料主要有碳负极材料、硅基负极材料、锡基负极材料以及过渡金属氧化物负极材料。

2.4.2 负极材料分类

1. 碳负极材料

碳是研究和使用最为广泛的锂离子电池负极材料。碳负极材料可以分为石墨化碳(天然石墨、人工石墨)、非石墨化碳(硬碳、软碳)和新型碳材料(碳纳米管、石墨烯、多孔碳)。碳负极材料锂离子嵌入电位低、循环性能好、电导性好、资源丰富、价格便宜,已经实现商业化生产并得到广泛应用。

(1)石墨化碳。

石墨化碳具有规整的层状结构,碳层内部的碳原子以 sp^2 杂化形式排列,碳层之间以范德华力结合,碳层间的间隙为 0.354 nm。石墨作为负极材料具有导电性好、结晶度高、充放电电压较低(0~0.25 V)、充放电平台稳定等优点。但是石墨的理论比容量不高(372 mA·h·g^{-1}),由于首次充电形成的 SEI 膜不稳定,石墨容易逐层脱落,从而影响电池的性能。

为了克服上述问题,需要对石墨进行人工改性。人工石墨是将石墨在氮气下经过1900~2800 ℃高温处理,最常用的人工石墨是中间相碳微球(MCMB)。MCMB 为球形,比表面积小,能够减少首次充电的容量损失。Li$^+$ 可以从各个方向嵌入,提高了 Li$^+$ 的传导性能,在一定程度上减少了片层脱落的问题。MCMB 的循环性能好,但比容量低(300 mA·h·g^{-1}),生产成本高。

(2)非石墨化碳。

非石墨化碳因为其材料内部呈现出短程有序、长程无序,整体上没有规整的晶格结构,其碳原子既存在 sp^2 杂化,也存在 sp^3 杂化,所以又称为无定形碳。根据材料的石墨化温度可分为软碳和硬碳。在 2500 ℃以下能够石墨化的无定形碳是软碳;在 2500 ℃以上仍不能够石墨化的无定形碳是硬碳。

锂离子电池负极材料中常用的软碳主要有焦炭、碳纤维和石油焦等。石墨化软碳的结构也呈现层状晶面,但是结晶化程度低,晶面存在缺陷且晶面间距大,晶体粒子的尺寸较小。软碳的嵌锂比容量较高、充放电曲线平台电位较低且明显、与电解质相容性好。但是其输出电压低,首次充放电不可逆容量大。

相较于软碳,硬碳的结晶化程度更低,晶面结构上存在大量的缺陷。充电过程中,除了碳层间可以储存 Li$^+$ 外,缺陷空位也可以储存 Li$^+$,因此硬碳的容量要大于石墨的理论比容量。此外,大量缺陷空位的存在为 Li$^+$ 的扩散提供了很好的通道,所以硬碳材料的 Li$^+$ 扩散性好。如华中科技大学王得丽课题组以细菌纤维素为碳源前驱体,原位生长聚吡咯合成的三维网络结构碳纳米纤维作为锂离子电池负极材料表现出良好的储锂性能。硬碳作为负极材料具有比容量高、与电解质相容性好、Li$^+$ 传导速度快、适合大电流充放电的特性,但充放电平台不明显,存在电压滞后现象、不可逆容量大等问题。

(3)新型碳材料。

碳纳米管作为负极材料具有理论比容量高、电导率高、Li$^+$ 传导率高的优点,但形成的 SEI 膜较厚,存在首次充放电的库伦效率低、能量密度低等问题。

石墨烯作为锂离子电池负极材料具有高的导电性能、良好的导热性能以及优异的储锂性能,在锂离子电池研究和开发领域具有非常大的潜力。但石墨烯的不可逆容量大、库伦效率低,限制了其作为锂离子电池负极材料的商业化生产。

由于碳纳米管、石墨烯作为锂离子电池负极材料还存在一些问题,所以目前碳纳米管、石墨烯主要用作负极材料的导电添加剂、金属氧化物的载体形成复合材料以获得电化学性能更好的负极材料。

2. 硅基负极材料

硅基负极材料是以单质硅及硅氧化物为主体,通过金属掺杂或碳元素包裹等方法对其进行改性的一类复合材料。由于硅与锂可以形成多种化学计量比的化合物(如 Li_7Si_3、Li_2Si_7、Li_3Si_4 和 $Li_{22}Si_5$),因此用硅作为锂离子电池负极材料,其理论比容量非常大(4200 $mA \cdot h \cdot g^{-1}$)。

此外,在充放电过程中,硅基负极材料很少团聚,不易形成晶枝,电池安全性高。与碳负极材料相比,其放电平台较高。因此在锂离子电池负极材料领域,硅基负极材料可能取代碳负极材料成为主要的负极材料,有着广阔的市场前景。

然而硅基负极材料存在的主要问题是:单质硅嵌入 Li^+ 后体积会膨胀,极易致使硅晶体脆性粉化,硅的晶体结构坍塌而导致电池循环性能低,限制了硅基负极材料的发展。为了提高硅基负极材料的导电性和循环稳定性,通常采用纳米化、掺杂、表面包覆等措施合成硅基复合材料,以改善硅基负极材料的电化学性能。

3. 锡基负极材料

与硅处于同一主族的锡也能够通过合金化反应,形成 Li_xSn_y 合金达到储锂的效果。锡的最高比容量为 994 $mA \cdot h \cdot g^{-1}$,即一个 Sn 与 4.4 个 Li 结合形成 $Li_{4.4}Sn$。除了单质金属锡外,锡氧化物也有储锂的功能。锡氧化物主要是 SnO 和 SnO_2,理论比容量分别为 875 $mA \cdot h \cdot g^{-1}$ 和 782 $mA \cdot h \cdot g^{-1}$,也是比较有前景的锂离子电池负极材料之一。

锡基负极材料与硅基负极材料面临同样的问题,在 Li^+ 的嵌入/脱嵌过程中,锡基负极材料也会发生巨大的体积变化。同时 Li_xSn_y 合金的脆性非常大,这在充放电过程中极易造成粉末化。体积膨胀和材料粉末化都会给锡基负极材料的结构造成严重的损坏,最终结果是锂离子电池容量的迅速衰减,电池循环性能差。因此保持锡的结构稳定、减缓体积膨胀为提高锡基负极材料电化学性能的关键环节。

改善锡基负极材料的主要措施如下。

(1)合成纳米级的锡基负极材料能够有效降低材料在充放电过程中的体积膨胀。

(2)对锡基负极材料进行金属掺杂形成锡基合金或锡复合氧化物。合金中的掺杂金属是非活性成分,起到分散 Sn、减少团聚和减缓体积膨胀的作用,从而提高电池的循环性能。通常与 Sn 单质掺杂的金属元素有 Fe、Cu、Ni、Co、Sb、Se 等;与锡氧化物掺杂的元素有 Fe、Al、Ti、Mn、Ge 等。

(3)锡基负极材料中掺杂碳元素形成 Sn-C 复合材料。锡基材料表面包覆形成 Sn/CNT 核壳结构材料。碳的引入能够有效地将锡基负极材料分散开,减小材料的体积膨胀,提高循环性能,还能够提高材料的电子传导性能。

4. 过渡金属氧化物

过渡金属氧化物具有理论比能量高、充放电功率大、易制备合成、资源丰富、价格低廉等优势,被认为是重要的新型电极材料。

根据 Li^+ 嵌入的机理不同,过渡金属氧化物主要分为两类。

(1) 嵌入反应材料。

这类氧化物的晶体结构中有较多的储锂空位,在充电时 Li^+ 能够嵌入过渡金属氧化物的晶格间隙,Li^+ 不与金属氧化物发生氧化还原反应,在充放电过程中没有生成 Li_2O。这类氧化物有 $Li_4Ti_5O_{12}$、TiO_2、VO_2、MoO_2、WO_2、Nb_2O_5 等。这些氧化物框架只能容纳一个 Li^+,反应中只涉及一个电子的得失,比容量相对较低。

(2) 转换反应材料。

氧化还原型氧化物的结构中无储锂空位,Li^+ 难以嵌入空隙且无法发生可逆的合金化反应。充电时,Li^+ 进入过渡金属氧化物中,与氧化物发生反应生成具有活性的 Li_2O,放电时,活性 Li_2O 又会被还原为金属锂。这类氧化物有 FeO、CuO、NiO、CoO 等。其中的金属具有高氧化态,反应过程涉及多个电子的转移,显示出高的质量比容量和能量密度。

过渡金属氧化物作为锂离子电池负极材料存在着一些缺点:①过渡金属氧化物的导电性能较差,在充放电过程中,Li^+ 嵌入/脱嵌使得氧化物的导电性能进一步下降;②过渡金属氧化物材料首次嵌入 Li^+ 后,体积膨胀非常严重,产生的应力变化比较大,极易致使材料结构破坏,影响电极的循环稳定性;③在首次充放电后,材料表面的活性物质会与分解的电解质发生副反应,在材料表面形成一层致密的 SEI 膜,这种 SEI 膜不仅会消耗一定量的锂,还会有不可逆容量损失,从而降低电极材料的容量。

要使过渡金属氧化物在锂离子电池负极材料中发挥重要的作用,就必须对其进行改性,以减少其容量损失,提高其循环性能。过渡金属氧化物负极材料的改性方法主要有金属掺杂、碳掺杂、表面改性等,以提高材料的循环稳定性和导电性。由于过渡金属氧化物的形貌易于控制,因此在合成过程中生成特殊形貌的材料(如纳米棒、纳米管空心球、多孔结构、核-壳结构等),对过渡金属氧化物的改性也能够起到一定的作用。

王得丽课题组在中空过渡金属氧化物复合材料的制备及储锂性能研究方面做了大量的工作。例如,他们采用非模板和非表面活性剂的“浸渍—还原—氧化”法成功合成出了中空过渡金属氧化物 Co_3O_4 与 Vulcan XC-72 的复合材料。该材料在 50 mA·g^{-1} 电流密度下,充放电循环 50 圈后,仍然保留有 880 mA·h·g^{-1} 的高放电比容量,展现出了优异的储锂性能。该复合材料优异的性能归结于以下两点:①中空结构能够有效缓解充放电过程中材料的膨胀;②复合材料中的碳材料有效保护了过渡金属氧化物的结构,而且提供了更多的电子和离子通道,大大提升了复合材料的导电性能。

表 2-6 为锂离子电池负极材料的优缺点比较。目前,锂离子电池负极材料的研究工作主要集中在碳材料和具有特殊结构的其他金属氧化物。具有尖晶石结构的钛酸锂($Li_4Ti_5O_{12}$)在脱、嵌锂过程中体积基本无变化,为零应变材料,循环性能好,并且其电极电位较高,在充放电过程中不易形成锂枝晶,安全性高。此外,钛酸锂的锂离子扩散系数较高(2×10^{-8} cm²·s^{-1}),可快速进行充放电。然而,钛酸锂的电子电导率低,导电性很差,同时由于电极电位高带来比容量低的问题,这些缺点限制了钛酸锂材料在锂离子电池上的应用。通过改性来提高钛酸锂材料的电导率,降低钛酸锂的电极电位,已成为锂离子电池领域的研究热点之一。目前钛酸锂的改性研究主要有碳包覆/复合改性、离子掺杂改性及金属复合改性等。

表 2-6   锂离子电池负极材料优缺点的比较

负极材料	优　　点	缺　　点
碳	电化学储能优异,充电速度快	比容量低
合金材料 Si、Sn 等	比容量高	首效低,体积变化大
过渡金属氧化物	比容量高,廉价	首效低

2.5   锂离子电池隔膜材料

2.5.1   隔膜材料概述

锂离子电池的结构中,隔膜是关键的内层组件之一。隔膜的性能决定了电池的界面结构、内阻等,直接影响电池的容量、循环以及安全性能等特性,性能优异的隔膜对提高电池的综合性能具有重要的作用。

隔膜的主要作用是使电池的正、负极分隔开来,防止两极接触而短路,此外还具有能使电解质离子通过的功能。隔膜材质是不导电的,其物理化学性质对电池的性能有很大的影响。电池的种类不同,采用的隔膜也不同。对于锂离子电池系列,由于电解质为有机溶剂体系,因而需要能耐有机溶剂的隔膜材料,一般采用高强度薄膜化的聚烯烃多孔膜。

从作用出发看性能要求——锂离子电池隔膜一般需要满足如下要求:①隔断性:具有电子绝缘性,保证正、负极的有效隔离。②孔隙率:有一定的孔径和孔隙率,保证低的电阻和高的离子电导率,对锂离子有很好的透过性。③化学和电稳定性:由于电解质的溶剂为强极性的有机化合物,隔膜必须耐电解质腐蚀,有足够的化学和电化学稳定性。④浸润性:对电解质的浸润性好并具有足够的吸液保湿能力。⑤力学强度:具有足够的力学性能,包括穿刺强度、拉伸强度等,但厚度尽可能小。⑥平整性:空间稳定性和平整性好。⑦安全性:热稳定性和自动关断保护性能好。

根据不同的物理、化学特性,锂离子电池隔膜材料可以分为织造膜、非织造膜(无纺布)、微孔膜、复合膜、隔膜纸、碾压膜等类型。聚烯烃材料具有优异的力学性能、化学稳定性和相对低廉的特点。因此,聚乙烯、聚丙烯等聚烯烃微孔膜在锂离子电池研究开发初期便被用作锂离子电池的隔膜材料。目前,商品化的锂离子电池隔膜仍然是聚烯烃微孔膜。近年来,固体和凝胶电解质开始被用作一个特殊的组件,同时发挥电解质和电池隔膜的作用,是一项新兴的技术手段。

锂离子电池隔膜成本占电池成本的 1/3 左右。隔膜的性能决定了电池的界面结构、内阻等,直接影响电池的容量、循环性能以及安全性能等特性,性能优异的隔膜材料对提高电池的综合性能具有重要的作用。目前,60%～70%的隔膜市场主要采用湿法双向拉伸工艺,因为湿法双向拉伸纵向、横向更加均匀平衡,而且湿法主要用于高端隔膜,干法用于中低端产品。

2.5.2 隔膜的性能参数指标

理解隔膜的技术指标含义对于判断隔膜产品的性能优劣具有重要意义,下面对隔膜的主要性能参数指标进行简单的介绍,以使史直观地理解隔膜产品的优劣。

1. 厚度——需要在容量和安全性之间寻找平衡

同样大小的电池中,隔膜厚度越厚,能卷绕的层数就越少,相应容量也就越低;但是另一方面,较厚的产品抵抗穿刺的性能较好,安全性也较高,同时在同样孔隙率的情况下,越厚的产品,其透气率越差,使得电池的内阻增大。所以在考虑电池隔膜厚度的时候需要在容量指标和安全性之间寻找一个平衡。

隔膜厚度的发展趋势——消费类锂离子电池追求更薄的隔膜,动力电池则倾向于厚膜。对于手机、笔记本电脑、电子相框等消耗型锂离子电池,25 μm 的隔膜逐渐成为标准。然而,由于人们对便携式产品的使用日益增多,20 μm、18 μm、16 μm,甚至更薄的隔膜开始大范围的应用。对于动力电池来说,由于装配过程的机械要求,往往需要更厚的隔膜,同时较厚的隔膜往往意味着更高的安全性。

综上所述,隔膜的厚度直接影响电池的安全性、容量和内阻等指标,目前常用的隔膜厚度一般为 16~40 μm。

2. 孔径——在通透性和阻隔性之间寻找平衡

锂离子电池隔膜上面要求有微孔,便于锂离子通过。从现有的工艺水平来看,湿法隔膜的孔径为 0.01~0.1 μm,干法隔膜的孔径为 0.1~0.3 μm,孔径的大小决定隔膜的透气率,但是过大的孔径有可能导致隔膜穿孔形成电池微短路。总体来看,隔膜的孔径直接影响电池的内阻和短路率。

3. 透气率——影响锂离子电池的内阻

从定义来看,透气率又称 Gurley 值,反映隔膜的透过能力。即一定体积的气体,在一定压力条件下通过一定面积的隔膜所需要的时间。常用的气体体积量一般为 50 mL 或者 100 mL。透气率从一定意义上来讲与用此隔膜装配的电池的内阻成正比,即该数值越大,则内阻越大。需要指出的是,对于不同类型和厚度的隔膜,该数值的直接比较没有任何意义。因为锂离子电池中的内阻和离子传导有关,而透气率和气体传导有关,两种机理是不一样的。目前市场上产品的典型指标为 200~800 s/100 mL。

4. 吸液率——衡量隔膜对电解质的浸润程度,影响锂离子电池的内阻和容量

直观来看,为了保证电池的内阻不是太大,要求隔膜能够被电池所用电解质完全浸润,但是目前这方面没有一个公认的检测标准。当前市场上通用的衡量标准:取一定面积的隔膜完全浸泡在电解质中,看隔膜吸收电解质的质量(常用单位是 $g \cdot m^{-2}$),同样厚度的隔膜吸收的质量越大,浸润效果越好。浸润度一方面与隔膜材料本身和隔膜的表面及内部微观结构密切相关,另一方面与电解质的配方也有很大关系。

5. 穿刺强度——反映隔膜抗外力穿刺的能力,影响电池的短路率和安全性

电池生产和使用中都有可能产生外力穿刺。电池生产方面,受限于电极表面涂覆不够平整、电极边缘有毛刺等情况,以及装配过程中工艺水平有限等因素,有可能对隔膜产生穿刺作用;另一方面,电池使用过程中,电池内部会逐渐形成枝状晶体,也有可能刺破隔膜,造成内部微短路。在微结构一定的情况下,相对来说穿刺强度高的隔膜,其装配不良率较低。

但是单纯追求高穿刺强度,也必然导致隔膜的其他性能下降。一般对产品都会做穿刺实验验证隔膜的可靠性,对于湿法工艺一般要求穿刺强度大于 300 g/20 μm。

6. 热收缩率——反映隔膜高温环境下的尺寸稳定性

一方面,隔膜需要在电池使用的温度范围内(−20~60 ℃)保持尺寸稳定;另一方面,在电池生产过程中由于电解质对水分非常敏感,大多数厂家会在注液前进行 85 ℃左右的烘烤,要求在这个温度下隔膜的尺寸也应该稳定,否则会造成电池在烘烤时,隔膜收缩过大,极片外露造成短路。以湿法隔膜为例,一般要求 90 ℃条件下加热 2 h,纵向<5.0%,横向<3.0%。

7. 闭孔温度与破膜温度——反映隔膜耐热性能和热安全性能的最重要参数

闭孔温度是指达到这一温度后,隔膜能够在热作用下关闭孔隙,从而在电池内部形成断路,防止电池内部温度由于内部电流过大进一步上升,造成安全隐患。这一特性可以为锂离子电池提供一个额外的安全保护。需要指出的是:闭孔温度与材料本身的熔点密切相关,如 PE 为 128~135 ℃,PP 为 150~160 ℃。同时,不同的微结构对闭孔温度有一定的影响。

破膜温度是造成电池破坏的极限温度,在此温度下,隔膜完全融化收缩,电极内部短路产生高温直至电池解体或爆炸。破膜温度与闭孔温度反映了隔膜的温度安全区间,以单层 PE 膜为例,闭孔温度为 128~135 ℃,破膜温度一般大于 145 ℃,温度保护区间为 135~145 ℃。

8. 孔隙率——反映隔膜内部的微孔数量,影响电池内阻

孔隙率是材料中孔隙体积占总体积的比例,反映隔膜内部微孔体积占比多少。孔隙率的大小影响电池的内阻,但不同种隔膜之间的孔隙率的绝对值无法直接比较。孔隙率较大便于锂离子通过,但是孔隙率过大则影响机械强度和闭孔性能。目前商用隔膜孔隙率一般为 40%~60%。

2.5.3 隔膜生产工艺

目前市场化的锂离子电池隔膜材料主要是以聚乙烯、聚丙烯为主的聚烯烃隔膜,包括单层 PE、单层 PP、三层 PP/PE/PP 复合膜。目前市场上主流的锂离子电池隔膜生产工艺包括两种技术流派,即干法(熔融拉伸工艺)和湿法(热致相分离工艺),其中干法工艺又可细分为干法单向拉伸工艺和干法双向拉伸工艺。两种方法都包括至少一个取向步骤使薄膜产生孔隙并提高拉升强度。

1. 干法工艺(延伸造孔法)

图 2-5 为干法生产工艺的主要步骤。干法的制备原理是先将高聚物原料熔融,之后高聚物熔体挤出时在拉伸应力下结晶,形成垂直于挤出方向而又平行排列的片晶结构,并经过热处理得到硬弹性材料。具有硬弹性的聚合物膜经过拉伸环节后发生片晶之间的分离而形成狭缝状微孔,再经过热定型制得微孔膜。该工艺对过程精密控制要求高,尤其是拉伸温度高于聚合物的玻璃化温度而低于聚合物的结晶温度。目前主要包括干法单向拉伸和双向拉伸工艺。干法工艺的主要难点在于过程控制精度要求严格,孔隙率控制较难把握。

(1) 干法单向拉伸工艺。

从技术源头来看,干法单向拉伸工艺源自美国 Celgard 公司,该方法主要是在熔融挤出成膜后经退火结晶处理形成半结晶 PP/PE/PP,单向拉伸出微裂纹(银纹),孔隙率为 30%~

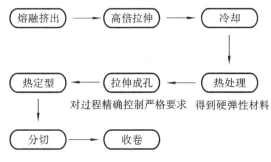

图 2-5 干法生产工艺的主要步骤

40％。该工艺经过几十年的发展在美国、日本已经非常成熟,美国 Celgard 公司拥有干法单向拉伸工艺的一系列专利,日本 UBE 公司则通过购买 Celgard 的相关专利使用权进行生产。采用干法单向拉伸方法生产的隔膜具有扁长的微孔结构。从性能上看,没有横向拉伸步骤有利有弊:由于只进行单向拉伸,隔膜的横向强度比较差,但正是由于没有进行横向拉伸,横向几乎没有热收缩。

（2）干法双向拉伸工艺。

干法双向拉伸技术源自中科院化学所,该所是我国最早从事锂离子电池隔膜研究的单位,后来又得到国家"863"计划的支持。该技术通过在聚丙烯中加入具有成核作用的 β 晶型改进剂,利用聚丙烯不同相态间密度的差异,在拉伸过程中发生晶型转变形成微孔,用于生产单层 PP 膜。尽管中国科学院化学研究所拥有专利技术,但是其集大成者却是美国 Celgard 公司。2001 年,化学所将其在美国、英国和日本申请的干法双向拉伸专利权转让给美国 Celgard 公司。国内的新乡格瑞恩公司以及新时科技的技术就来自于中科院化学所,采用干法双向拉伸技术生产单层 PP 膜,其中新乡格瑞恩公司已经成功实现产业化。

2. 湿法工艺(相分离法)

和干法相比,湿法需要有机溶剂,其基本过程是指在高温下将聚合物溶于高沸点、低挥发性的溶剂中形成均相溶液,然后降温冷却,导致溶液产生液-固相分离或液-液相分离,再选用挥发性试剂将高沸点溶剂萃取出来,经过干燥获得一定结构形状的高分子微孔膜。在隔膜用微孔膜制造过程中,可以在溶剂萃取前进行单向或双向拉伸,萃取后进行定型处理并收卷成膜,也可以在萃取后进行拉伸。用这种方法生产的超高分子量聚乙烯微孔膜具有良好的机械性能。图 2-6 为湿法生产工艺的主要步骤。

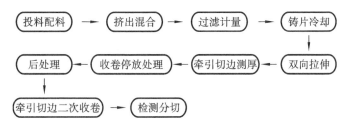

图 2-6 湿法生产工艺的主要步骤

和干法相比,湿法的制膜过程相对容易调控,可以较好地控制孔径、孔径分布和孔隙率。但制备过程中需要大量的溶剂,容易造成环境污染,而且与干法熔融拉伸法相比其工艺相对复杂。目前日韩厂商采用湿法工艺的公司较多,主要有日本旭化成、东燃化学、三菱化学及韩国 SK 化学和美国 Entek 等。

干、湿法工艺制备锂离子电池隔膜材料的特点比较见表 2-7。

表 2-7 各种生产工艺的特点比较

	干法单向拉伸	干法双向拉伸	湿法工艺
工艺原理	晶片分离	晶型转换	相分离
生产方式	单向拉伸	双向拉伸	溶剂萃取、双向拉伸
孔径大小	大	大	小
孔径均匀性	差	较差	较好
拉伸强度均匀性	差,各向异性	较好,各向同性	较好,各向同性
横向拉伸强度	低	较高	较高
横向收缩率	低	较高	较高
穿刺强度	低	较高	较高
产品线	可生产 PP 膜、PE 膜和多种复合膜	目前只能生产单层 PP 膜	适合生产较薄的产品,现在只能生产 PE 膜
代表厂商	美国 Celgard、日本 UBE、沧州明珠(干法拉伸 PP 膜)、佛山东航光电(两层复合膜)	美国 Celgard、新乡格瑞恩、大连新时代科技、常州迅腾电子	日本旭化成、日本东燃化学、佛塑科技(子公司金辉高科)、九九久(生产线在建)、云天化(子公司纽米科技实施)、天津东皋膜、上海恩捷新材料

2.6 锂离子电池的电解质

2.6.1 电解质概况

电解质是锂离子电池的重要组成部分之一,在电池正、负极之间起到传导离子的作用,对电池性能影响很大。传统电解质为水系电解液,但是水系电解质的分解电压低,考虑到极化电位电池的最高电压只有 2 V。锂离子电池工作电压为 3~4 V,因材料采取高电压的有机体系。电解质一般由高纯度的有机溶剂、电解质锂盐(六氟磷酸锂、高氯酸锂)和必要的添加剂等原料,在一定条件下,按照一定比例配制而成。电解质主要原材料为锂盐(六氟磷酸锂),占成本的 20% 左右。

2.6.2 电解质的分类

电解质分为液体电解质、固体电解质和熔融盐电解质三类(图 2-7)。

1. 液体电解质

电解质的选用对锂离子电池的性能影响非常大,它必须要化学稳定性能好,尤其在较高

图 2-7　锂离子电解质的分类

的电位下和较高温度环境中不易发生分解,具有较高的离子导电率($>10^{-3}$ S/cm),而且对正、负极材料是惰性的。由于锂离子电池充放电电位较高而且负极材料嵌有化学活性较大的锂,所以电解质必须采用有机化合物而不能含有水。但是有机物离子导电率都不好,所以要在有机溶剂中加入可溶解的导电盐以提高离子导电率。目前,锂离子电池使用液态电解质,其溶剂为无水有机物 EC、PC、DMC 及 DEC,多数采用混合溶剂,如 EC2DMC 和 PC2DMC 等。导电盐有 $LiClO_4$、$LiPF_6$、$LiBF_4$、$LiAsF_6$ 与 $LiCF_3SO_3$,其导电率大小依次为:$LiAsF_6 > LiPF_6 > LiClO_4 > LiBF_4 > LiCF_3SO_3$。液体电解质材料组成见表 2-8。

表 2-8　液体电解质材料组成

	碳酸丙烯酯 PC(propylene carbonate)			$LiPF_6$
	碳酸乙烯酯 EC(ethylene carbonate)			$LiBF_4$
溶剂	碳酸二甲酯 DEC(dimethyl carbonate)		溶质	$LiClO_4$
	丙炔酸甲酯			$LiAsF_6$
	1,4-丁丙酯 GBL(γ-butyrolactone)			$LiCF_3SO_3$

$LiClO_4$ 因具有较高的氧化性容易出现爆炸等安全性问题,一般只局限于实验研究中;$LiAsF_6$ 离子导电率较高、易纯化且稳定性较好,但含有有毒的 As,使用受到限制;$LiBF_4$ 化学及热稳定性不好且导电率不高;$LiCF_3SO_3$ 导电率差且对电极有腐蚀作用,较少使用;虽然 $LiPF_6$ 会发生分解反应,但其具有较高的离子导电率,因此目前锂离子电池基本上使用 $LiPF_6$。

目前商用锂离子电池所用的液体电解质大部分采用 $LiPF_6$ 的 EC＋DMC,它具有较高的离子导电率与较好的电化学稳定性。

2. 固体电解质

用金属锂直接用作负极材料具有很高的可逆容量,其理论容量高达 3862 mA·h·g^{-1},是石墨材料的十几倍,价格也较低,被看作新一代锂离子电池最有吸引力的负极材料,但会产生枝晶锂。采用固体电解质作为离子的传导介质可抑制枝晶锂的生长,使金属锂用作负极材料成为可能。此外,使用固体电解质可避免液态电解质漏液的缺点,还可把电池做成更薄(厚度仅为 0.1 mm)、能量密度更高、体积更小的高能电池。破坏性实验表明固态锂离子电池使用安全性能很高,经钉穿、加热(200 ℃)、短路和过充(600％)等破坏性实验,液态电解质锂离子电池会发生漏液、爆炸等安全性问题,而固态电池除内温略有升高外(<20 ℃),

并无任何其他安全性问题出现。固体聚合物电解质具有良好的柔韧性、成膜性、稳定性及成本低等特点,既可作为正、负电极间隔膜又可作为传递离子的电解质。

固体聚合物电解质一般可分为干形固体聚合物电解质(SPE)和凝胶聚合物电解质(GPE)。SPE 固体聚合物电解质主要还是基于聚氧化乙烯(PEO),其缺点是离子导电率较低。在 SPE 中离子传导主要是发生在无定形区,借助聚合物链的移动进行传递迁移。PEO容易结晶是由于其分子链的高规整性,而晶形化会降低离子导电率。因此要想提高离子导电率,一方面可通过降低聚合物的结晶度,提高链的可移动性,另一方面可通过提高导电盐在聚合物中的溶解度。利用接枝、嵌段、交联、共聚等手段来破坏高聚物的结晶性能,可明显提高其离子导电率。此外加入无机复合盐也能提高离子导电率。在固体聚合物电解质中加入高介电常数、低相对分子质量的液态有机溶剂如 PC,可大大提高导电盐的溶解度,所构成的电解质即为凝胶聚合物电解质,它在室温下具有很高的离子导电率,但在使用过程中会发生析液而失效。凝胶聚合物锂离子电池已经商品化。

2.6.3 电解质发展趋势

锂离子电池凭借其自身的综合优势正在走进一个更为庞大的产业群——汽车动力电池领域,该市场规模将达到 1000 亿美元。为了适应这个庞大的产业群,锂离子电池电解质材料未来的发展趋势将主要集中在新型溶剂、离子液体、添加剂、新型锂盐等方面,与新型正、负极材料相匹配,从而使锂离子电池更安全,具有更高的功率、更大的容量,最终安全方便地应用于电动车、储能、航天以及更广泛的领域。

为了满足锂离子电池产业未来发展的需要,必须开发出安全性高、环境适应性好的动力电池电解质材料,主要应从电解质的溶剂、溶质和添加剂的选择上进行考量。

(1)尽量选择工作温度范围宽的溶剂,溶剂的熔点最好能在 -40 ℃以下,沸点最好在150 ℃以上,电化学窗口宽的溶剂能更好地防止在荷电状态下的电解质的氧化还原反应,同时可以提高电池的循环稳定性。比如可以考虑使用离子液体、新型溶剂、多组分溶剂等,从而提高动力电池的安全性和环境适应性。

(2)选择合适的溶质,提高电池的环境适应性。目前通常所用的 $LiPF_6$,分解温度低,从60 ℃开始就有少量分解,在较高温度或恶劣的环境下,分解的比例大大增加,产生 HF 等游离酸,从而使电解质酸化,最终导致电极材料的损坏以及电池性能的急剧恶化。

(3)可以考虑添加适量的阻燃添加剂、氧化还原穿梭添加剂、保护正负极成膜添加剂等。采用阻燃添加剂可以确保电池内部热失控时,电解质不会燃烧起火,使电池安全性得以保证。采用氧化还原穿梭添加剂的作用是防止电池尤其是动力电池组由于在使用过程中出现异常的状况,单体电池会经常性过充或过放,从而导致电池性能的迅速恶化,进而影响整组电池的性能和使用,甚至带来安全隐患的发生。采用正负极成膜添加剂的作用是可以有效保护正负极材料在充电状态下与电解质的接触反应,通过成膜的形式,将高度活性的正负极与电解质隔离开来,从而防止电解质在电极表面的反应。

综上所述,锂离子电池电解质的发展必定促进锂离子电池的未来发展,最终为全球环保问题的解决做出应有的贡献。

2.7 实验：锂离子电池电极材料的制备 及储锂性能的测试

2.7.1 实验目的

(1) 熟悉锂离子电池的组成及工作原理；
(2) 掌握采用"浸渍—还原—氧化"法制备电极复合材料；
(3) 掌握纽扣形锂离子电池的电极制备工艺及电池组装工艺；
(4) 掌握锂离子电池电极材料电性能测试方法及原理；
(5) 学会分析锂离子电池性能测试结果。

2.7.2 实验原理

锂离子电池的组成：锂离子电池主要由正极材料、电解质、隔膜、负极材料和电池壳组成，正极材料和负极材料均可以进行锂离子可逆脱嵌，依靠锂离子在正极和负极之间的穿梭完成充放电。正极材料主要为电势较高的嵌锂金属氧化物和磷化物，如 $LiCoO_2$、$LiMn_2O_4$、$LiFePO_4$ 等。负极材料主要为石墨，其他的还有硅基、锡基和过渡金属氧化物如 NiO、CuO、Co_3O_4 等。电解质主要是溶有锂盐的有机溶剂，常用的锂盐有 $LiPF_6$、$LiClO_4$、$LiAsO_6$ 等，有机溶剂为碳酸二甲酯(DMC)、碳酸乙烯酯(EC)、碳酸丙烯酯(PC)等。隔膜材料主要是高强度薄膜化的聚乙烯和聚丙烯膜，起到隔绝正、负极材料的作用，但同时锂离子又可以自由穿梭。

可充锂离子电池工作原理：当电池充电时，电池内部锂离子从正极材料脱出，溶解到电解质中，穿过隔膜嵌入到负极材料中去；电池外部电子通过电路从正极流向负极以补偿电荷，电能转化为化学能。当电池放电时，锂离子从负极脱嵌，经过电解质和隔膜到达正极，同时电子在外电路从负极流向正极，化学能转化为电能。锂离子在正负极间嵌入/脱嵌往复运动犹如来回摆动的摇椅，因此这种电池又被称"摇椅式"电池(rocking chair batteries，RCB)。以石墨为负极、$LiCoO_2$ 为正极，其化学反应式为：

正极：$LiCoO_2 \longrightarrow Li_{1-x}CoO_2 + xLi^+ + xe^-$

负极：$6C + xLi^+ + xe^- \longrightarrow Li_xC_6$

锂离子电池作为纯电动汽车和混合电动汽车的动力时，需要更高的能量密度和更好的循环稳定性。传统商业化的负极材料石墨受限于其较低的理论比容量($372\ mA \cdot h \cdot g^{-1}$)和较差的锂离子传输速率($10^{-12} \sim 10^{-14}\ cm^2 \cdot s^{-1}$)，难以满足未来的需求，因此需要开发新的、稳定的、高比容量的负极材料。

在众多材料中，过渡金属氧化物具有高比容量、良好的循环稳定性和优异的倍率性能，成为具有巨大潜力的下一代锂离子电池负极材料。实验采用"浸渍—还原—氧化"法制备中空过渡金属氧化物，其制备原理是基于 Kirkendall 效应。Kirkendall 效应是两种或多种原子在一定的温度或其他条件下扩散速率不同，经过一段时间的扩散，原来为实心的颗粒形成了具有中空结构的纳米材料，并在各方面的应用中表现出显著的优势。

本实验以制备的中空过渡金属氧化物为负极材料、金属锂片为正极材料组装成半电池，通过测试循环伏安(CV)、充放电曲线等了解电池的工作原理。

2.7.3　实验装置及材料

1. 实验装置

新威电池测试仪、干燥箱、扣式电池封口机、电子天平、粉末压片机、切片机、玛瑙研钵、手套箱等。

2. 实验试剂

1 mol/L LiPF$_6$ EC/DEC 有机电解液、Celgard2325 隔膜、电池壳(CR2032)、金属锂片、乙炔黑、聚偏氟乙烯(PVDF)、N-甲基吡咯烷酮(NMP)、石墨等。

2.7.4　实验步骤

1. 材料制备

图 2-8 是合成中空过渡金属氧化物纳米材料的示意图，称取金属质量含量为 40％的 NiCl$_2$·6H$_2$O 与 60％的多壁碳纳米管(MWCNTs)的混合物于 25 mL 小烧杯中，加入适量超纯水，温度控制在 50 ℃至 60 ℃条件下磁力搅拌并超声分散均匀，直到水完全蒸发形成一层滤饼状混合物。将混合物置于真空干燥箱中 50 ℃真空干燥过夜，研磨，置于管式炉中通入 H$_2$ 在 400 ℃下还原 2 h，形成过渡金属氧化物纳米颗粒。得到的纳米颗粒随后在 370 ℃下空气氛围内氧化 10 h，得到无机中空过渡金属氧化物纳米颗粒。

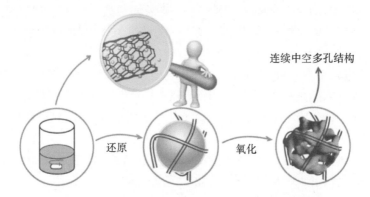

图 2-8　中空过渡金属氧化物纳米材料的制备示意图

2. 电极的制备

将石墨和导电剂乙炔黑混合研磨均匀，然后加入溶解有黏结剂 PVDF 的 NMP，使材料成糊状即可，其中石墨:乙炔黑:PVDF 的质量比为 8:1:1。将糊状材料均匀地涂在铜箔上，保证烘干后活性物质的质量满足 1.5～2 mg/cm^2。然后将铜箔放在 60 ℃烘箱中烘干 24 h 以上，干燥结束后趁热在对辊机中压片，最后将材料切成直径为 1 cm 的圆形极片，并计算电极片活性物质的质量。

3. 电池的组装

电池组装要在手套箱中进行，箱内氛围为氩气，其中氧含量和水含量低于 1 g/m^3。图 2-9为纽扣形电池示意图，具体组装方法如下。

（1）取正极壳口（正极壳一般较大，且朝外一面上面有"＋"）朝上，放入负极电极片，保证活性物质的面向上；然后滴加三滴电解液后放入隔膜，保证电解液浸湿极片和隔膜且无气泡；再滴加数滴电解液后将金属锂片放入；然后放入泡沫镍；盖上负极壳。

（2）用塑料镊子将电池壳小心放到封口机上，保证电池的正极壳在下面、负极壳朝上（一般负极上面为粗糙一面），调整至中心，关上封口机的油压阀门，反复压下手柄直至压力到 5 MPa 以上，将电池壳封住。

（3）取下电池，用纸巾将溢出的电解液擦干净，然后放置 10 h。

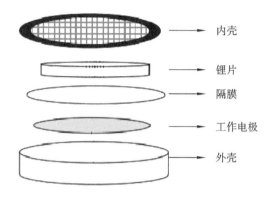

图 2-9　纽扣形电池示意图

4. 电池测试

恒流充放电测试：是对电极材料的电化学性能进行评估的重要手段之一，主要用于分析电极材料在循环过程中的比容量、稳定性、库伦效率以及在不同电流密度下的倍率性能等。

本实验采用新威电池测试仪进行恒流充放电测试，测试的温度为室温，测试的电压窗口为 0.05～3.0 V，测试电流密度为 200 mA/g，循环 100 圈。预先编好充放电程序，输入活性物质的量，电流强度为活性物质的量与测试倍率的乘积。

循环伏安测试：一种有效且重要的电化学研究方法，能够快速地探测较宽的电势范围内发生的电极反应，为电极过程研究提供丰富的电化学信息。对锂离子电池进行循环伏安测试，其目的在于通过循环伏安曲线分析某一电压下所发生的电极反应，并利用扫描速率、峰电流及峰电势的关系判断电极反应的可逆性。

本实验采用上海辰华仪器有限公司生产的 CHI760 型电化学工作站进行循环伏安测试，扫描速度为 0.1 mV/s，扫描电压范围为 0.05～3.0 V。

5. 注意事项

（1）电池组装、测试过程中不能短路；

（2）不可用手直接触摸电极片。

2.7.5　实验报告要求

（1）做出循环伏安曲线，并查阅文献找出氧化还原峰对应的反应；

（2）做出样品电压-比容量变化曲线；

（3）做出比容量-循环次数、库伦效率-循环次数曲线；

（4）根据上述数据分析锂离子电池的性能。

2.7.6 思考题

(1) 压片时要选择合适的压力,压片的目的是什么?

(2) 实验过程中检测电池的性能时,测试电压范围为什么限制在一定区间,不能超过太多?

(3) 对锂离子电池电极材料制备、表征和电池组装测试有什么建议?

参 考 文 献

[1]   闫金. 锂离子电池发展现状及其前景分析[J]. 航空学报,2014,35(10):2767-2775.

[2]   郭炳焜,徐徽,王先友,等. 锂离子电池[M]. 长沙:中南大学出版社,2002.

[3]   Thomas M,David W I F,Goodenough J B,et al. Synthesis and structural characterization of the normal spinel $Li[Ni_2]O_4$[J]. Materials Research Bulletin,1985,20(10):1137-1146.

[4]   Arai H,Okada S,Ohtsuka H,et al. Characterization and cathode performance of $Li_{1-x}Ni_{1+x}O_2$ prepared with the excess lithium method[J]. Solid State Ionics,1995,80(3-4):261-269.

[5]   Tarascon J M,Armand M. Issues and challenges facing rechargeable lithium batteries[J]. Nature, 2001, 414(6861):359-367.

[6]   Manthiram A,Knight J C,Myung S T,et al. Nickel-rich and lithium-rich layered oxide cathodes:progress and perspectives[J]. Advanced Energy Materials,2016,6(1):150-152.

[7]   Goodenough J B,Kim Y. Challenges for rechargeable Li batteries[J]. Chemistry of Materials,2009,22(3):587-603.

[8]   达索扬,寿松. 化学电源[M]. 北京:国防工业出版社,1965.

[9]   Berckmans G,Messagie M,Smekens J,et al. Cost projection of state of the art lithium-ion batteries for electric vehicles up to 2030[J]. Energies,2017,10(9):1314.

[10]   马璨,吕迎春,李泓. 锂离子电池基础科学问题(Ⅶ)——正极材料[J]. 储能科学与技术,2014(1):53-65.

[11]   郑子山,唐子龙,张中太,等. 锂离子电池正极材料 $LiMn_2O_4$ 的研究进展[J]. 无机材料学报,2003(2):257-263.

[12]   Chang K,Hallstedt B,Music D,et al. Thermodynamic description of the layered O_3 and O_2 structural $LiCoO_2$-CoO_2 pseudo-binary systems[J]. Calphad,2013,41:6-15.

[13]   王玲,高朋召,李冬云,等. 锂离子电池正极材料的研究进展[J]. 硅酸盐通报,2013,32(1):77-84.

[14]   Julien C M,Mauger A,Zaghib K,et al. Comparative issues of cathode materials for Li-ion batteries[J]. Inorganics,2014,2(1):132-154.

[15]   Dong J P,Yu X Q,Sun Y,et al. Triplite $LiFeSO_4F$ as cathode material for Li-ion batteries[J]. Journal of Power Sources,2013,244:716-720.

［16］ 刘培松,刘兴泉,李庆,等.液相法合成锂离子电池正极材料 $Li_{1+x}Mn_2O_4$［J］.电化学,2000,6(3):363-363.

［17］ 杨文胜,杨蕾玲.柠檬酸络合反应方法制备尖晶石型 $LiMn_2O_4$［J］.电源技术,1999,23(A03):49-52.

［18］ 罗飞,褚赓,黄杰,等.锂离子电池基础科学问题(Ⅷ)——负极材料［J］.储能科学与技术,2014,3(2):146-163.

［19］ Lei W,Han L,Xuan C,et al. Nitrogen-doped carbon nanofibers derived from polypyrrole coated bacterial cellulose as high-performance electrode materials for supercapacitors and Li-ion batteries［J］. Electrochemical Acta,2016,210:130-137.

［20］ Wang D,Yu Y,He H,et al. Template-free synthesis of hollow-structured Co_3O_4 nanoparticles as high-performance anodes for lithium-ion batteries［J］. ACS Nano,2015,9(2):1775-1781.

［21］ Wang D,He H,Han L,et al. Three-dimensional hollow-structured binary oxide particles as an advanced anode material for high-rate and long cycle life lithium-ion batteries［J］. Nano Energy,2016,20:212-220.

［22］ 陈德钧.锂离子电池的碳负极材料［J］.电池工业,1999,4(2):58-63.

［23］ 王杰,何欢,李龙林,等.用于锂离子电池的中空无机非金属纳米材料的研究进展［J］.中国科学:化学,2014,44(08):1313-1324.

［24］ 吴宇平,万春荣,姜长印,等.锂离子蓄电池锡基负极材料的研究［J］.电源技术,1999(3):39-41.

［25］ 高鹏飞,杨军.锂离子电池硅复合负极材料研究进展［J］.化学进展,2011,23(2/3):264-274.

［26］ 邱德瑜,成凤英,尹承滨,等.化学电源中的隔膜［J］.电池,1998,28(1):18-21.

［27］ 胡继文,许凯,沈家瑞.锂离子电池隔膜的研究与开发［J］.高分子材料科学与工程,2003(1):215-219.

［28］ 任旭梅,吴锋.用 PAN 作造孔剂制备聚合物锂离子电池隔膜［J］.电池,2002,32(S1):36-37.

［29］ 朱玉松.高性能锂离子电池聚合物电解质的制备及研究［D］.上海:复旦大学,2013.

［30］ 陈德钧.锂离子电池的有机电解液［J］.电池工业,1999,4(4):149-153.

［31］ 项宏发.高安全性锂离子电池电解质研究［D］.合肥:中国科学技术大学,2009.

［32］ 庄全超,武山,刘文元,等.锂离子电池有机电解液研究［J］.电化学,2001,7(4):403-412.

［33］ Zhang X,Kostecki R,Richardson T J,et al. Electrochemical and infrared studies of the reduction of organic carbonates［J］. Journal of the Electrochemical Society,2001,148(12):A1341-A1345.

［34］ Wang D,He H, Han L L,et al. Three-dimensional hollow-structured binary oxide particles as an advanced anode material for high-rate and long cycle life lithium-ion batteries［J］. Nano Energy,2016,20:212-220.

［35］ Wang D L，Yu Y C，He H，et al. Surfactant-free synthesis of hollow structured Co_3O_4 nanoparticles as high-performance anodes for lithium-ion batteries［J］. ACS Nano，2015，9：1775-1781.

（王得丽　梁嘉宁　陆　赟）

第 3 章
锌空气电池与空气电极

锌空气电池具有高能量密度和低成本的优点,正在成为下一代绿色、可持续发展的有前景的能源技术之一。其中,耦合氧电催化剂的空气电极是其最重要的组成部分,它决定了锌空气电池的性能和成本。本章将介绍近年来锌空气电池与空气电极的研究进展和仍然存在的挑战,首先对锌空气电池进行简要的介绍,重点介绍空气电极的结构和氧电催化剂以及相关电解质,对其他电极结构类型的锌空气电池也会做出说明。除此之外,柔性锌空气电池的设计、主要问题以及提高电池性能的方法也会被重点介绍。最后,我们提出一些对于锌空气电池的设计、制备、装配的建议,为进一步提高锌空气电池的性能奠定基础。

3.1 简　　介

近年来,可持续发展成为一个热门话题和社会的关注点,尤其是当前面对的严峻环境问题和巨大能源需求使其研究更为迫切。为了实现绿色经济和可持续发展社会,可再生能源包括太阳能、风能、潮汐能、水能等都成为替换传统石油的有前景的选择。但是,它们的能源产出通常不稳定,依赖于季节、气候、地域,难以匹配能源需求和能源网络建设。而针对这一问题,开发能源储存和转化技术已经成为科研界、商业公司和国家政府科研中的当务之急。作为最有前景的电化学能源技术之一,锂离子电池引领能源存储市场,特别是在混合动力或电动汽车以及固定的能源电站中储能电池上。但是,可充电锂离子电池的能源密度已经跟不上迅速发展的电池性能需求,因此其进一步发展和应用受到明显限制。

金属-空气电池,由于具有数倍于性能最好的锂离子电池的能量密度,因此有很大潜力成为下一代绿色能源存储设备,近来也受到了越来越多的关注。金属-空气电池产生的电能来自阳极的金属和多孔阴极间的氧气发生的氧化还原反应,其原理与燃料电池类似。其最重要的特征是为了持续供应空气中的氧气而设计的阴极开放结构。这种开放式结构直接导致锌空气电池的特殊性能,尤其是较高的理论能量密度。除此之外,开放式结构还给金属-空气电池带来了其他很多优势,例如更为紧凑、轻量的电池物理性质。而且,相对于锂离子电池中所需昂贵的活性成分和配套材料,这种电极使锌空气电池更为低廉高效。

使用不同的金属作为阳极,可以构成各种各样的金属-空气电池。其中,锂空气电池和锌空气电池最有发展前景。在所有金属-空气电池中,锂空气电池有高达 $5200\ \mathrm{W \cdot h \cdot kg^{-1}}$

的理论能量密度,远高于其他的金属-空气电池,但它同时也具有不可忽视的缺点,例如危险性。危险主要来自锂与空气或水接触可能产生的爆炸反应,以及通常使用的易燃的有机电解质。另一个不可忽视的缺点是高成本和有限的锂资源,天然锂矿只存在于澳大利亚和智利。上述的这些安全和经济问题限制了锂空气电池的大范围商业应用。

因为使用安全的水溶液电解质和丰富的锌矿产资源(锌是地壳中第四丰富的元素,大概是锂的 300 倍),锌空气电池有望取代锂空气电池。尽管锌空气电池的理论能量密度是 1084 $W \cdot h \cdot kg^{-1}$,少于锂空气电池,但是仍然是现用锂离子电池的四倍。除此之外,锌空气电池还具有其他的一些优点,例如低成本、低平衡电势、平稳的放电电压、使用寿命长、环境友好等,都更加保证锌空气电池蓬勃发展,以应对巨大的能源需求市场。在锌空气电池中,最重要和最复杂的部分是结合气体扩散层和氧电催化层的空气电极。它与电池性能和成本紧密相关,是应用市场需要解决的最突出的技术挑战。但是,空气电极的结构和组分的润湿性通常被忽视,即使使用高活性氧电催化剂,这也可能导致整个电池依然有糟糕的性能。

之前众多研究总结了金属-空气电池的材料和系统的发展,但主要针对锂空气电池,锌空气电池很少被提及。鉴于近年来对锌空气电池的研究兴趣日益增加,研究总结其当前进展和未来挑战变得非常重要。在本章中,我们总结了锌空气电池的持续发展,尤其是最近几十年空气电极的巨大进展。在简短的锌空气电池介绍之后,对其工作原理和相关电解质也做出说明。然后,分别对有关空气电极和可充电锌空气电池的主要问题进行详细讨论。鉴于柔性设备的快速发展和需求,柔性锌空气电池的一些技术问题包括空气电极、电解质和可装配技术也会提及。最后,对空气电极的当前趋势进行分析并对其未来发展提出挑战,以解决锌空气电池的高能量密度需求。希望本章能为科学家和工程师们提供有价值的观点,以推动高性能锌空气电池的持续革新和商业化。

3.2　锌空气电池

最初的锌空气电池于 1878 年被提出,其空气电极为银线。几年之后,气体扩散电极才被报道,它由多孔炭黑和镍集流体构成,被 Walker-Wilkins 电池使用。19 世纪 30 年代,一次锌空气电池开始商业化,并在 19 世纪 70 年代被应用于助听器。现在已经扩展到地震遥测、铁路信号、导航浮标、远程通信,甚至是电动汽车和电网等多个领域。但是,混合动力汽车和电动汽车及动力备份通常需要可充电电池而不是一次电池。

因为锌的不均匀沉积和缓慢的氧还原反应,可充电锌空气电池的发展仍然受到阻碍。从 1975 年到 2000 年,有很多关于锌空气电池的研究,但是进展缓慢,同时 20 世纪末锂离子电池的出现削弱了研究人员对锌空气电池的热情。但是近年来,锌空气二次电池的迅速发展和对能源的巨大需求重新使得锌空气电池成为研究热点。很多公司例如 EOS Energy Storage、Fluidic Energy 和 ZincNyx Energy Solutions 都针对锌空气电池的研发和推广做了很多出色的工作。尽管如此,作为一种很有前途的能量转换方法和存储技术,可充电锌空气电池的研究仍然在早期阶段。因此,广泛的研究仍致力于探索优良电化学性能的锌空气电池,以应用于柔性和可穿戴电子设备的消费级电池和对性能要求较高的动力电池。

3.2.1 锌空气电池的结构

锌空气电池由封装在一起的金属锌电极、隔膜、空气电极和电解质组成,如图 3-1 所示。电流通过锌阳极和空气阴极的氧化还原反应产生。电池的不同部分应该满足不同的要求。锌电极决定了电池的容量,故为了有效地充放电,它应该有较高的活性和容量,并且在经历几百次充放电之后能维持该容量。隔膜应该具有较低的电导率和较高的离子传导率。电解质应该能适当地活化锌电极,有良好的电导性,并且能与空气电极充分接触。本章重点在空气电极和电解质上,与空气电极有关的内容也将做简要介绍。有关锌电极和隔膜的介绍可以参考资料。

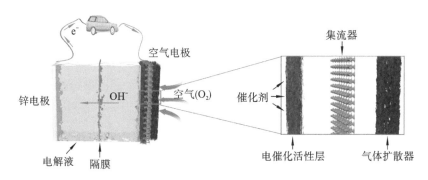

图 3-1 锌空气电池和空气电极原理图

3.2.2 锌空气电池的电解质

由于锌在酸性溶液中会剧烈反应并导致阳极严重腐蚀,故在锌空气电池中常采用碱性电解液。最常用的是 KOH 和 NaOH。相对于 NaOH,KOH 在锌空气电池中的表现更优,这是因为它具有更高的锌盐溶解度、氧扩散系数和更低的黏度。K^+ 的电导率也比 Na^+ 更高。不仅如此,利用铂电极进一步证实了使用 KOH 相对于 NaOH 更加有利于氧还原反应。在锌空气电池中,KOH 溶液浓度也值得关注。在一定程度上,较高的碱液浓度有利于提高离子的电导率,但浓度增加会同时增大电解质黏度而降低 OH^- 的转移速率。经证实,在室温下,质量分数为 30% KOH 溶液有最高的离子电导率。除此之外,KOH 电解质的浓度会直接影响氧气在电解质中的溶解度和扩散系数,因此影响催化剂的氧还原催化活性。氧的溶解度(S)和 KOH 的浓度(c)的关系满足关系式 $\lg S = -2.9 - 0.1746c$,而氧的扩散率随 KOH 浓度呈现负相关。使用铂碳催化剂也进一步证实了氧还原性能会随 KOH 浓度增大而受到不利影响。因此,在用旋转圆盘电极做电催化剂的氧还原性能测试时常常使用 0.1 mol/L 的 KOH 溶液。但是,对于装配的锌空气电池,更高浓度的 KOH 电解质通常被用于确保高的离子电导率和抑制金属锌表面析氢。由于氧在高浓度的 KOH 电解质中的低溶解度和扩散率,在实际应用过程中,使用开放电极来利用空气中的气态氧而不是电解质中的溶解氧。值得一提的是,近来,一些可溶性锌盐(如醋酸锌和氯化锌)也被添加到 KOH 电解质中,以提高锌空气电池的可充电性。

　　非质子电解质,尤其是离子液体,由于它具有不可燃性、低挥发性、高化学活性、电化学稳定性、热稳定性和内在的离子导电性,也成为一种很有前景的可代替水溶液的电解质。对于锌空气电池,它们可忽略不计的挥发性也非常有利,可以解决电解质在开放体系中快速干燥的问题。此外,离子液体有助于锌的可逆沉积和溶解,因此减少锌枝晶的形成,有利于延长二次锌空气电池的使用寿命。用合适的离子液体替代含水溶液电解质也会影响不同的电极和电解质界面上的电催化剂的性能。因为不反应的含氧物质在电催化剂表面不会被吸收,而同时又维持了反应物质流畅的物质传递。对于氧还原反应(ORR)过程,质子源是必需的,在某些情况下可以是离子液体的阳离子。因此,实验中常常添加给出质子的添加剂。对于电催化剂,ORR 的起始电位会被离子液体中是否有给质子的添加剂显著影响。利用含有适宜质子添加剂的离子液体,也能促进铂上发生的氧还原反应过程,从两电子还原路径变为四电子还原路径。但非质子电解质现在仍然处于初始阶段,其应用于锌空气电池还有很多工作要做。例如,虽然大多数的离子液体太黏稠而不能完全浸润空气电极,但是它们可以湿化聚四氟乙烯并且填充电极孔。尽管如此,非质子电解质的电催化活性还是比 KOH 电解质差,因为它们的离子传导率更低而且导致与水溶液状态下不同的电催化机制。

3.3　一次锌空气电池

3.3.1　锌空气电池的反应过程

　　锌空气电池的反应过程包括发生在阳极的锌氧化和发生在阴极的 ORR。作为完整的电池反应,氧气扩散进空气电极,然后在活性催化剂的催化下还原为氢氧根,生成的氢氧根移动到阳极结合锌离子,生成可溶性的 $[Zn(OH)_4]^{2-}$。当 $[Zn(OH)_4]^{2-}$ 达到饱和浓度时,便分解为 ZnO。反应过程如下:

阳极:$Zn \longrightarrow Zn^{2+} + 2e^-$

$Zn^{2+} + 4OH^- \longrightarrow [Zn(OH)_4]^{2-}$

$[Zn(OH)_4]^{2-} \longrightarrow ZnO + H_2O + 2OH^-$

总反应:$Zn + 2OH^- \longrightarrow ZnO + H_2O + 2e^- (E^\ominus = -1.25 \text{ V})$

阴极:$O_2 + 2H_2O + 4e^- \longrightarrow 4OH^- (E^\ominus = 0.4 \text{ V})$

电池总反应:$2Zn + O_2 \longrightarrow 2ZnO (E^\ominus = 1.65 \text{ V})$

　　$E^\ominus$ 表示用标准氢电极的标准电极电势。但是,由于电池内部的损耗,即由活化作用、欧姆极化和浓差损失造成的损耗,实际工作输出电压通常小于 1.65 V。

3.3.2　锌空气电池的空气电极结构

　　传统的空气电极由三个主要部分构成:集流体、气体扩散层、活性催化剂层(简称活性层)。集流体通常是导电的金属网,如泡沫镍和不锈钢。气体扩散层是氧气的通道,应该有高效的表面积以有利于气体的传输,并且与空气接触部分必须具有疏水性以防止电解质泄露。在实际应用中,最常用的气体扩散层是多孔碳材料和聚四氟乙烯的混合物。而活性层是 ORR 发生的场所,对锌空气电池性能最为重要。通常,活性层覆盖在集流体表面并且和电解质接触,气体扩散层在相反面对空气,而集流体处于活性层和空气扩散层之间形成三明治结构。由于在多数电解质中氧气的溶解度和扩散率都较低,所以在 ORR 过程中氧气主要是气态,因此,在气(空气)、液(电解质)、固(催化剂)三相间有着高比表面积的界面对于空气电极很重要。这也是为何多孔结构对于空气电极来说是最好的结构。

除气体扩散层之外,活性层也应该包含一个多孔的基底以提供足够的空间让氧气在催化剂表面反应。支撑材料通常用来提高催化剂的利用率、活性和寿命。因此,为促进气体氧在电解质溶液中和催化剂表面的相互作用,高比表面积、多孔结构和足够好的活性面是必需的,而且对于支撑材料而言,良好的导电性、稳定性、耐腐蚀性和抗氧化性对其非常重要,因为电子的转移是缓慢的电化学过程。多孔的纳米碳由于独特的结构、丰富的自然资源与较低的生产成本,被广泛用作支撑材料。此外,为使催化剂和碳基板紧密结合,也常常使用一些聚合物黏合剂。

由于 ORR 过程主要发生在三相界面区,为了满足 ORR 过程的严格要求,在构建三相界面时让氧气和电解质在催化剂表面充分接触是非常必要的。而空气电极组件的润湿性(疏水性/亲水性)决定其能否与电解质充分接触。此外,锌空气电池对周围环境的湿度非常敏感,平衡好亲水性和疏水性可以减轻电解质的蒸发损失和抗浸润。为了实现最优化的润湿性,接触电解质的一面(活性催化面)是亲水的,面对空气的另一面(气体扩散面)是疏水的。空气电极的润湿性通常是通过使用疏水性的有机聚合物颗粒实现,例如 PTFE,有防水性和较高的化学稳定性。PTFE 是一种四氟乙烯聚合物,是杜邦公司注册的一种聚四氟乙烯材料(teflon)。Teflon 的出现促进了锌空气电池的商业化,并且使空气电极可以有效工作。事实上,teflon 还包括其他含氟乙烯丙烯材料,但是它们没有像 PTFE 一样广泛应用于锌空气电池。

对于锌空气电池,一个完整的空气电极非常复杂,因此,实际中常用简单配置。在大多数情况下,实际应用的空气电极中并没有使用扩散层,因为在活性层上的多孔碳基底具有较大比表面积,可以使外层空气有效地扩散进电极中。典型的做法是将催化剂、多孔碳材料和聚合物黏合剂混合,并将其压浆于选定的集流体中(泡沫镍或其他金属网)。在这一设计中,PTFE 不仅是疏水涂层,而且是黏合剂。空气电极的润湿性由在不同制造条件下使用的碳基底和 PTFE 的比例决定。合适的 PTFE 的比例是 30%~70%,所以活性层只有部分被电解质浸湿。但是,空气电极的不同润湿性非常重要,气体扩散层的缺失难以避免地会影响电池性能。

3.4 锌空气电池氧电催化剂

一次锌空气电池的工作主要依靠 ORR 过程,因此空气电极的关键组分是 ORR 电催化剂。但是,ORR 过程的缓慢动力学过程导致高的过电位,降低了能量效率,最终限制电池的性能。高效电催化剂所应具有的性能如下:为了 ORR 过程的高起始电位和高催化活性,要求其有高活性部位密度且均匀分布;为了有充分的物质传输路径和提高电极动力学性能,要求其有较大的表面积和足够的多孔面积;为了化学反应的稳定结构和机械稳定性,要求其有稳固的结构;其要有丰富的资源和低廉的成本以利于其实际应用。但是,大多数的电催化剂都远不能达到此要求,因此,现有的锌空气电池的实际能量密度只有理论密度的 40%~50%。

基本上,在碱性溶液中有两个标准的 ORR 路径,直接的四电子路径(OH$^-$)和间接的两电子路径(H$_2$O$_2$)。前者,氧气分子接受电子被还原为 OH$^-$($O_2 + 2H_2O + 4e^- \longrightarrow 4OH^-$,0.4 V)。后者,氧气分子首先被还原为中间产物 H$_2$O$_2$,再通过进一步反应生成 OH$^-$[$O_2 + H_2O + 2e^- \longrightarrow HO_2^- + OH^-$ (−0.07 V),$HO_2^- + H_2O + 2e^- \longrightarrow 3OH^-$ (0.87 V)]。很明显,四电子路径更有效率且更有利于锌空气电池,它可以避免由过氧化物腐蚀或氧化碳基底和其他材料而引起的电化学电池过早降解。在 ORR 电催化剂领域出现大量材料,包括贵金属及其合金、过渡金属、金属氧化物/硫属化合物/碳化物、氮化物、碳纳米材料及其复合材料。然而,在不同催化剂表面上会发生不同的反应机制。采用碳纳米材料一般发生两电子还原过程,而四电子还原过程多发生在贵金属基电催化剂上。而对于过渡金属基电催化剂,其表面发生的 ORR 过程还取决于分子组成、具体晶体结构、实验条件。

由于相似的反应原理,大多数应用于碱性燃料电池和其他碱性金属电池的氧催化剂也可以应用于锌空气电池。贵金属及其合金,尤其是铂,一直被认为是活性最高的 ORR 电催化剂。例如,PtCu 纳米笼作为高效的电催化剂被应用于一次锌空气电池。虽然将贵金属中掺杂其他金属或者负载于支撑材料之上,可以有效提高贵金属的利用率并减少其使用量,但是其有限的存储量、高昂的价格和不稳定性仍然限制它们在锌空气电池上的广泛使用。因此,很多研究人员都致力于探索、设计、制备高性能、低成本非贵金属的金属替代物。例如,在应用于助听器的锌空气电池中,常使用二氧化锰为 ORR 电催化剂,并能获得高达 400 W · h · kg^{-1} 的能量密度。

综上所述,碳基材料是常用的支撑材料。在掺杂杂原子(N/P/S/过渡金属原子)后,它们也可能作为 ORR 电催化剂。比如 N 掺杂碳纳米管,其具有优异 ORR 性能并激发了碳纳米基电催化剂的大量研究,促进了其作为电催化剂在锌空气电池的广泛应用。近年来,一种 N 掺杂碳纳米材料也被报道,其表现出甚至优于 Pt/C 的超高催化活性(图 3-2(a))。组装成锌空气电池之后,这种材料在 100 mA · cm^{-2} 的高电流密度下也能表现出优于 Pt/C 的电池性能(图 3-2(b))。此外,N 掺杂多孔纳米碳化物/石墨烯复合材料也表现出类似 Pt/C 的四电子 ORR 路径特征(图 3-2(c)、图 3-2(d))。图 3-2(e)中显示的是由 N 掺杂纳米纤维组成的气凝胶,在放电电流密度为 10 mA · cm^{-2} 时,比容量约为 615 mA · h · g^{-1}(图 3-2(f))。碳基催化剂的特性是比表面积高,例如 N 掺杂碳纤维为 1271 m^2 · g^{-1}(图 3-2(g)、图 3-2(h))。此外,由于丰富的成分和优良的多孔结构,源自 MOFs 的掺杂多孔碳材料近期吸引了大量关注。例如,使用 Cu 掺杂的 ZIF-8 合成了负载 Cu 纳米颗粒的 N 掺杂介孔碳多面体,用这种材料组装的锌空气电池最大功率密度可达 132 mW · cm^{-2}。

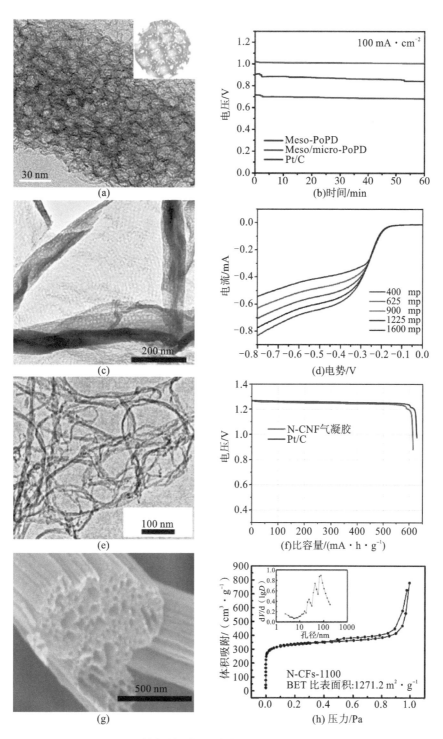

图 3-2 不同催化剂结构和对应物理化学性质及电池性能

3.5 可充电锌空气电池

3.5.1 可充电锌空气电池的反应过程

可充电锌空气电池的放电过程与一次锌空气电池一样,而其充电过程可以看作其放电过程的逆过程。充电过程中,发生在阴极上的反应是氧化锌通过反应还原成金属锌,即:

$$ZnO + H_2O + 2OH^- \longrightarrow [Zn(OH)_4]^{2-}$$
$$[Zn(OH)_4]^{2-} + 2e^- \longrightarrow Zn + 4OH^-$$

同时,阳极发生氧化反应,即:

$$2OH^- \longrightarrow \frac{1}{2}O_2 + H_2O + 2e^-$$

因此,充电的总反应是 $2ZnO \longrightarrow 2Zn + O_2$。对于锌空气电池,ORR 是放电过程中关键的速控反应。而对于充电过程,主要控制电池性能的反应是析氧反应(OER)。因此,放电和充电过程分别由 ORR 和 OER 所控制。

3.5.2 可充电锌空气电池的结构

可充电锌空气电池有两种,即机械电池和电力电池。其显著区别体现在机械电池的外部充电是通过更换放电的阳极或移除反应产物完成的,例如锌氧化物和锌酸盐,而电力可充电电池的充放电过程发生在电池内部。由于其成本高,所以机械可充电电池的应用不多,本章重点放在电力可充电电池上。

对于电力可充电电池,最基本和应用最广泛的结构是两电极系统。类似于基本的锌空气电池,只是 ORR 空气阴极被双功能氧催化剂或 ORR 和 OER 电催化剂混合物的双功能电极取代(图 3-3(a))。因此,在充放电过程中,ORR 和 OER 过程都发生在双功能空气电极上。但是,这种两电极系统通常具有很短的循环寿命,因为在放电过程中,锌空气电池的开路电压通常是 1.2 V。但是,由于 OER 反应具有较高的过电势,充电电压需要高达 2.0 V,甚至更高。而在充电过程的高电压下,ORR 电催化剂容易发生氧化和腐蚀,因而失活。此外,锌空气电池阴极的多孔结构通常太过脆弱而不能承受充电过程产生的气体,这将会导致电极的机械故障和催化剂的损失,从而引起电池失效。

从一次锌空气电池和两电极可充电电池的优势出发,三电极系统可以解决这个问题。三电极系统包括两个空气电极,分别对应于 ORR 过程和 OER 过程,锌电极放置在 ORR 电极和 OER 电极之间(图 3-3(b))。放电时 ORR 电极和锌电极相连,而充电时锌电极和 OER 电极相连。

Dai 等采用同样的催化剂组装了可充电两电极系统和三电极系统的锌空气电池。Co/碳纳米管(CNT)和 NiFe 双层氢氧化物(LDH)/CNT 复合物被分别用作 ORR 和 OER 电催化剂(图 3-4(a)至图 3-4(d))。把 ORR 和 OER 电催化剂混合物放置在聚四氟乙烯处理过的全氟磺酸碳纤维纸上,构成空气电极,形成两电极系统。两电极系统电池只有在低电流密度($5\sim10$ mA·cm^{-2})下充放电才有稳定的循环性能。但是,因为在第一次充电过程中部分氧电催化剂被氧化或失活,第二次循环后放电的过电势为 $200\sim250$ mV,明显大于第一次放

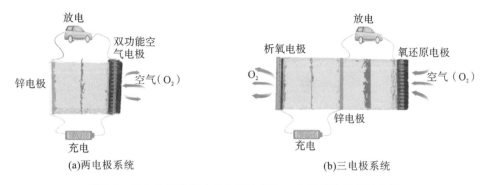

图 3-3　可充电锌空气电池的两电极和三电极系统原理示意图

电。而当 ORR 和 OER 电催化剂分别装载到分离的 ORR 和 OER 电极上形成三电极系统,并且采用多孔泡沫镍集流体时,锌空气电池电化学性质得到显著改善。特别是电池循环稳定性大幅提升,在 20 mA·cm^{-2} 下可重复充放电 200 h。其中,100 h 后过电势只升高 200 mV(图 3-4(e)、图 3-4(f))。

尽管三电极比两电极有更高的电池循环稳定性,但是不可避免地会增大电池的体积和质量,从而减小体积和功率密度。因此,设计简单的两电极系统应用更为广泛。为了克服两电极结构的缺点,研究人员致力于制备双功能氧电催化剂或双功能空气电极。但是直至现在,这仍然是一个巨大的挑战,因为现有氧电催化剂的活性或是不均匀或是稳定性有限。

3.5.3　可充电锌空气电池的空气电极

事实上,空气电极决定锌空气电池的类型和结构,更进一步地说,空气电极的结构影响最终电催化剂的性能。一个空气电极具有多种功能,包括氧气扩散、离子转移、电子转移、电催化活性和容纳形成的沉淀物。因此,类似于一次锌空气电池,可充电锌空气电池也需要有高比表面积以承载活性层的氧电催化剂,需要有多孔通道以确保有效物质转移和氧气扩散。因为氧电催化剂的作用是促进充放电过程中的 OER 过程或 ORR 过程,而电化学过程发生在气-液-固三相界面上,活性层只有具备足够的润湿性才能保证电化学过程在三相表面或界面区发生。Liu 等通过调整锌空气电池的双功能电催化剂的制备工艺来调节碳纳米管阵列的润湿性。由于没有添加聚合黏结剂,这种方法制备的空气电极的电化学性能较好。此外,基底电催化剂间良好的相互作用和整个电极优异的电导率也满足了电子快速转移和低界面阻力的要求。

与一次电池相比,两电极系统可充电锌空气电池的空气电极最重要的变化是 ORR 氧电催化剂被转化为双功能氧电催化剂,因此对其有着相同的要求但又不局限于这些。比如在充电过程中,广泛使用的碳支撑物在 OER 过程的高电压下会经历严重退化,不仅如此,OER 反应会析出氧气,因此稳固的结构比脆弱的结构更适合。此外,除了物理特性的要求外,其他属性例如机械、热、电化学性能和电化学稳定性对于电池的稳定运行也很重要。广泛使用的碳支撑物在经历高电势的 OER 过程下会严重退化。

除了电极上所要求的物理和化学性质外,控制电池的体积和质量对于电池在电子产品的有限空间中的应用也十分重要。传统的制备技术需要添加很多辅助性的非活性添加剂,包括聚合黏结剂和催化剂支撑物。这些添加剂不仅会占据最终电极的 40% 以上的质量,导致电池过重,而且会通过绝缘聚合物黏结剂带来界面阻力的增大和活性位点的减少,因此影

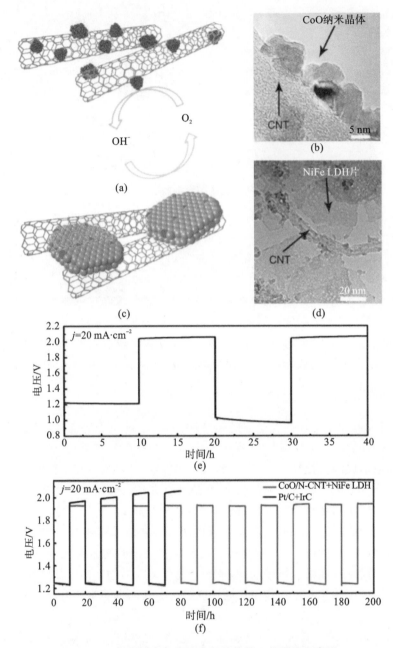

图 3-4 可充电锌空气电池电极结构及工作原理示意图

响电池性能。在反应过程中添加剂的降解还会导致催化剂从电极表面脱落。此外,PTFE
等添加剂经历很长的运行时间后也可能被氧化或失活。因此,空气电极中尽量少使用辅助
添加剂是很有必要的。

制备高活性无黏结剂空气电极的直接方法就是在导电集流体上直接生长氧电催化剂。
除了无黏结性,这种设计可以提高在活性层和集流体之间的电子转移。此外,如果金属材料
作为集流体,形成的无碳电极也能避免高电势下带来的碳腐蚀或氧化等后续问题。例如,
Jaramillo 团队应用不锈钢(SS)作为集流体、直接电沉积氧化锰(MnO$_x$)作为氧电催化剂(图
3-5),集成的 MnO$_x$/SS 空气电极对于 ORR 过程和 OER 过程显示出优良的氧电催化剂活性

和稳定性。Qiao 团队开发了一种在 3D 泡沫镍上生长 N 掺杂的 NiFe 双层氢氧化物的多功能电极(图 3-6)。这种电极显示出优异的 OER 催化活性,起始过电位仅有 0.21 V。另一个例子是碳包裹的 Mo_2C 纳米颗粒或碳纳米管支撑的泡沫镍混合电极。在这种复合材料中,多孔碳骨架和从材料中伸出的碳纳米管形成了一种特殊的 3D 结构,给析氧提供了一个很好的途径(图 3-7)。

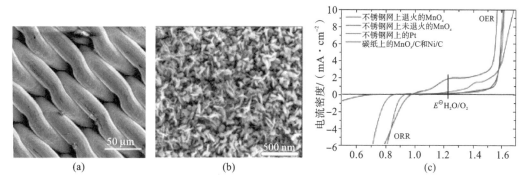

图 3-5　不锈钢网和沉积 MnO_x 不锈钢网的 SEM 图像以及其线性扫描伏安曲线图

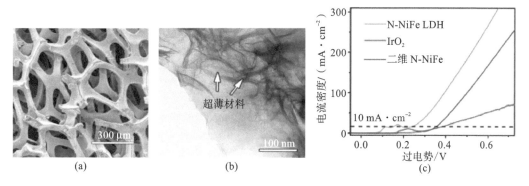

图 3-6　N-NiFe LDH 的 SEM 和 TEM 图以及 OER 催化性能的 LSV 图

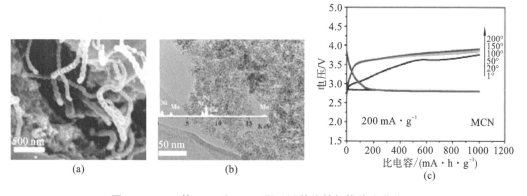

图 3-7　MCN 的 SEM 和 TEM 图以及其线性扫描伏安曲线图

事实上,金属网集流体仍然会大幅增加空气电极的质量。碳材料,例如碳纸和碳布,作为集流体可以显著降低电极质量,因此它们被广泛应用于其他能源设备,例如锂离子电池、超级电容器、锂硫电池。虽然碳材料容易在 OER 过程中被氧化而降低电池性能,但是现在的研究已经能大幅改善这一氧化过程。例如,一种由负载 Co_3O_4 纳米颗粒的碳纳米纤维组成的无黏结性空气电极(图 3-8),这种空气电极用于锌空气电池时充放电电势差为 0.7 V,在 10 mA·cm^{-2} 时,功率密度达到 125 mW·cm^{-2}(图 3-9),约为传统空气电极(29 mW·cm^{-2})组成的锌空气电池的 4 倍。此外,该电池比 Pt/C 催化剂组装成的锌空气电池具有更好的稳定性和循环性能。随着由 N 掺杂的石墨化碳材料作为 ORR 或 OER 电催化剂的引入,空气电极的结构可以被进一步简化。Peng 等发明了一种碳纳米管薄层作为空气电极的可伸缩纤维状锌空气电池,其中 CNT/RuO$_2$ 复合材料同时作为气体扩散层、活性层和集流体工作(图 3-10)。这种电池展示出较高的放电电压,特别是在高电流密度时。应用这种简单的空气电极,柔性纤维状锌空气电池可以在 1.0 V 和 1 A·g^{-1} 的高电流密度下充放电(图 3-11)。之后,这一设计方法更是被进一步应用到纤维状的铝空气电池上。此外,如果石墨烯基复合材料和导电 Ag 纳米线集成,也可以作为空气电极。例如,应用了三维 Ag 纳米线阴极的锌空气电池可以达到 300 mA·cm^{-2} 的超高放电电流密度。

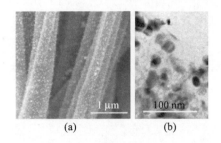

图 3-8　Co$_3$O$_4$-PAN900 的 SEM 与 TEM 图

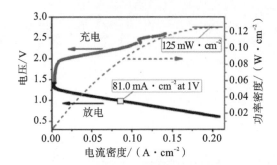

图 3-9　锌空气电池性能示意图

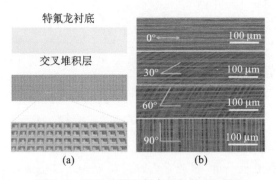

图 3-10　CNT 片基空气电极及其 SEM 图

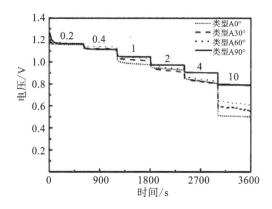

图 3-11　不同电流密度下的放电速率曲线

很明显,掺杂或修饰的多孔结构碳材料可以作为气体扩散层和电催化支撑物、双功能氧电催化剂、集流体,因此它们有很大潜力应用于空气电极并进一步简化空气电极的结构,如果它能够独立支撑,空气电极三部件可以简化为一个部件。Liu 等采用热处理聚酰亚胺薄膜制备了 N 掺杂纳米纤维薄膜(图 3-12)。这一自支撑薄膜显示出很多优势,包括高达 1249 $m^2 \cdot g^{-1}$ 的比表面积,电导率是 147 $S \cdot m^{-1}$,抗拉强度是 1.89 MPa,拉伸模量是 0.31 GPa。更重要的是,该薄膜对于 ORR(初始电势是 0.97 V,电流密度是 4.7 $mA \cdot cm^{-2}$)和 OER(初始电势是 1.43 V,电势是 1.84 V 时的电流密度是 10 $mA \cdot cm^{-2}$)也有双功能催化活性。以这种优异的薄膜为基础,空气电极可以被应用于多种锌空气电池。但是,这种简单的空气电极是很少见的。尽管垂直对齐的碳纳米管/石墨烯纸、三维碳管/石墨烯结构、碳纳米薄膜和 CNT/石墨烯薄膜都已经实现,但是很少能应用到可充电锌空气电池中。除此之外,石墨烯和 CNT 等纳米碳被证实既不疏水也不亲水。简化的纳米碳空气电极的润湿性很少在实际实验中被讨论。因此,它有望成为一种新的方法来提升这种简单空气电极的性能,锌空气电池的集成空气电极的电化学性能还有很大的进步空间。

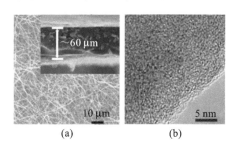

(a)　　　　　(b)

图 3-12　NCNF-1000 的 SEM 及 TEM 图

3.5.4　可充电锌空气电池的氧电催化剂

具有高活性的氧电催化剂对于提升锌空气电池的功率、能量密度、能量转换效率至关重要,是研发高性能的锌空气电池的重中之重。但是,ORR 过程和 OER 过程太过不同,以至于一种催化剂很难同时具有催化两个反应的活性。以 Pt 催化剂为例,主要氧化物 Pt—OH 和表面氧化物 Pt=O 的反应速率对 ORR 过程很重要,但是不可逆的 Pt=O 的形成降低了 OER 的催化活性。相反,IrO_2、RuO_2 对 OER 有效,但是对 ORR 无活性。尽管纳米技术和纳米材料显著增强了它们的催化剂活性,并减少了贵金属材料的使用量,但是由于缺少材料和成本高,它们的应用仍有限。因此,巨大的经济动力和研究热情刺激了对便宜、储藏丰富的非贵金属替代物的探索,以此也促进了锌空气电池进一步发展和商业化。

考虑到三电极系统在 ORR 和 OER 电极中的优势,在三电极系统中应用相同的碳电催化剂可以获得比两电极系统更好的循环性能。例如,由 N、P 掺杂的多孔碳组成的一次锌空气电池的开路电压是 1.48 V,能量密度是 835 W·h·kg^{-1}(图 3-13)。采用两电极系统时,这种二次锌空气电池在 2 mA·cm^{-2} 下可以循环 180 次(图 3-14)。当使用三电极系统组装二次锌空气电池时,电池的稳定性得到大幅度提升,可以稳定完成 600 次共 100 h 的充放电循环(图 3-15)。

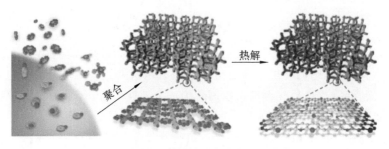

图 3-13 N、P 共掺杂介孔碳泡的 TEM 图

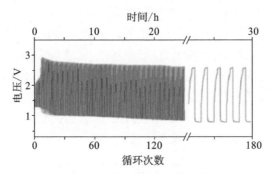

图 3-14 双电极循环性能示意图

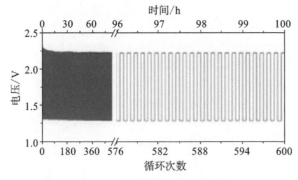

图 3-15 三电极循环性能示意图

尽管 ORR 和 OER 电催化剂的混合物应用于空气电极上有一定的可行性,但仍有很多研究在研发双功能氧电催化剂上投入了很大的精力。对于非贵金属氧催化剂,最值得关注的是过渡金属氧化物,例如 Co_3O_4。但是,它们大多数都对 OER 过程有很好的催化性能而

对 ORR 过程的催化活性较弱。例如,Manthira 及同事应用泡沫镍支撑的 Co_3O_4 作为 OER 催化剂,用 N 掺杂的碳作为 ORR 催化剂来组装锌空气电池。这种锌空气电池有着可达 200 次循环的长寿命,在 10 mA·cm^{-2} 的电流密度下充放电 800 h 的过程中过电势没有明显的改变。随着掺杂和与功能化碳材料复合的纳米材料的发展,Co_3O_4 的 ORR 催化活性也得到了明显提高。一个经典的例子是三维有序介孔 Co_3O_4。得益于高活性的表面和稳定的结构,这种三维有序介孔 Co_3O_4 被证实是一种有前景的双功能氧电催化剂(图 3-16)。结合了其他活性金属氧化物,例如 MnO_2 或碳材料后,这种复合物进一步显示出更高的氧化电化学的催化活性。例如,Xu 使用 Co_3O_4/MnO_2-CNTs 和 $La_2O_3/Co_3O_4/MnO_2$-CNTs 来组装锌空气电池(图 3-17)。对于使用了 Co_3O_4/MnO_2-CNTs 催化剂的锌空气电池,在 10 mA·cm^{-2} 下充放电 543 次后充放电势差值仅增大了 0.1 V。其他结合了纳米碳的双功能 Co 基电催化剂也被应用于锌空气电池,例如 $CoMn_2O_4$/N-rGO、MnCo 混合氧化物、由 B/N 掺杂介孔纳米碳支撑的 $Co(Ⅱ)_{1-x}Co(0)_{x/3}Mn(Ⅲ)_{2x/3}S$ 纳米颗粒、Co-PDA-C、$NiCo_2O_4$、$NiCo_2O_4$/NCNT、Co 掺杂 TiO_2 和 CoS_x/N、S 掺杂的石墨烯纳米片。

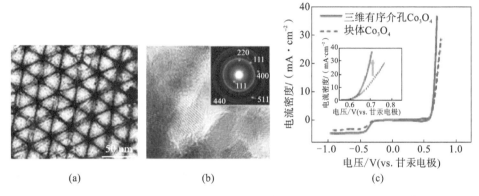

图 3-16 三维有序介孔 Co_3O_4 的 TEM 图及其 ORR、OER 电催化性能示意图

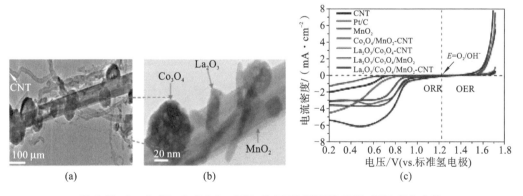

图 3-17 $La_2O_3/Co_3O_4/MnO_2$-CNTs 的 TEM 图及其 ORR、OER 极化曲线

钙钛矿结构的双金属氧化物是另一种有前景的双功能氧电催化剂,并且在锌空气电池中得到了广泛应用。其结构通常是 ABO_3 型(A:稀土或碱金属离子,B:过渡金属离子),其中 B 通常作为活性催化中心。钙钛矿氧化物的 ORR 和 OER 催化剂可以同时提升性能,通过填充接近 1 的 e_g 轨道的 B 表面的反键状态,通过增强 B—O 共价键也能进一步提升。例如,Cho 及其同事通过优化 $La_x(Ba_{0.5}Sr_{0.5})_{1-x}Co_{0.8}Fe_{0.2}O_{3-\delta}$ 纳米颗粒的尺寸来调整其对

ORR 和 OER 的催化活性。纳米颗粒对 ORR(初始电势为 0.72 V)和 OER(在 2 A·g^{-1}时的超电势是 1.54 V)的优异的催化活性在直径为 50 nm 时可以同时实现(图 3-18)。在 100 次充放电循环后,充电和放电的超电势的差值只增大了 0.25 V(图 3-19)。此外,PrBa$_{0.5}$Sr$_{0.5}$Co$_{2-x}$Fe$_x$O$_{5+\delta}$($x=0$、0.5、1、1.5、2)介孔纳米纤维和 La$_{0.8}$Sr$_{0.2}$Co$_{1-x}$Mn$_x$O$_3$($x=0$、0.2、0.4、0.6、0.8、1)纳米结构也被报道过。这些材料的电催化活性可以通过调节 B 位点金属的比例来调整,当 $x=0.5$ 和 0.6 时有最好的性能。此外,以 LaMO$_3$ 为基底的 La 钙钛矿也被广泛应用于锌空气电池,例如掺杂 La$_2$NiO$_4$、LaFeO$_3$ 的纳米结构和 LaCoO$_3$ 纤维,它们都有很好的电催化活性。此外,La$_2$NiO$_4$ 纳米颗粒和碳纳米管或 N 掺杂碳之间还会产生协同效应,因此可以进一步提升锌空气电池的性能。

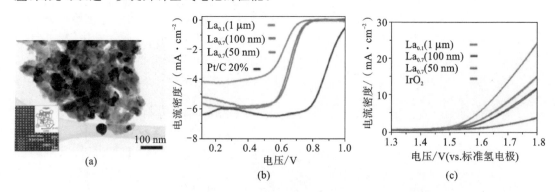

图 3-18 La$_x$(Ba$_{0.5}$Sr$_{0.5}$)$_{1-x}$Co$_{0.8}$Fe$_{0.2}$O$_{3-\delta}$(BSCF)的 TEM 图
以及其 ORR、OER 过程的催化活性示意图

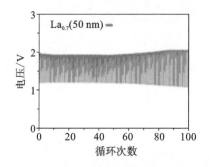

图 3-19 基于 BSCF 的锌空气电池循环性能示意图

掺杂碳材料也可以应用到可充电锌空气电池的氧电催化剂上。尽管大多数碳基催化剂在高电势下都存在碳的氧化和腐蚀,但是石墨碳和金刚石仍然显示出较高的耐电化学氧化和耐腐蚀性。例如,使用 N、B 掺杂的碳作为双功能氧电催化剂的锌空气电池显示出的功率密度是 24.8 mW·cm^{-2},在电流密度是 16 mA·cm^{-2}时充放电可达 80 次循环(图 3-20)。另一个例子为微孔碳片,它的容量是 669 mA·h·g^{-1},在 2 mA·cm^{-2}下可以稳定充放电 160 h(图 3-21)。它们都显示出优良的循环性能,在充放电过程中没有明显的碳的腐蚀。随着进一步优化,有着高比表面积的多孔纳米碳也被应用于锌空气电池的电催化剂,例如 N 掺杂的中空碳球(图 3-22)。在电流密度为 2 mA·cm^{-2}下充放电 5 h 后,这种锌空气电池的电势差只增大了 40 mV(图 3-23)。类似方法也被应用于制备 N、S 共掺杂分级多孔碳材料作为双功能氧电催化剂(图 3-24)。

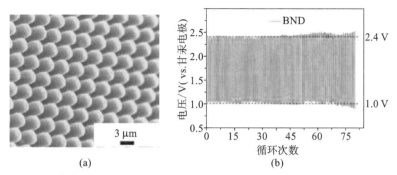

(a)   (b)

图 3-20　B、N 掺杂纳米金刚石的 SEM 图以及其锌空气电池的充放电循环曲线示意图

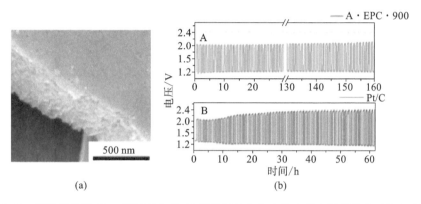

(a)   (b)

图 3-21　微孔碳片的 SEM 图以及与 Pt/C 组装的锌空气电池充放电循环性能对比示意图

图 3-22　中空介孔碳的 SEM 和 TEM 图

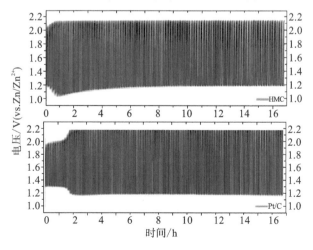

图 3-23　基于中孔介孔碳的锌空气电池充放电循环曲线图

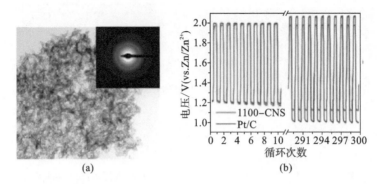

图 3-24　分级多孔碳的 TEM 图及在 10 mA/cm² 下锌空气电池的充放电循环曲线图

　　作为包含原子级分散的金属和大量 N 掺杂碳材料，MOFs 在双功能氧电催化剂和锌空气电池领域也是一种重要的材料。例如，Liu 利用锌掺杂的 ZIF-67 作为双功能氧电催化剂。应用这种催化剂的锌空气电池有很好的质量能量密度（889 W·h·g^{-1}），但是循环性能并不是很好，在 7 mA·cm^{-1} 下仅能稳定充放电 33 h。Zhao 直接加热 MC-BIF-1S，得到 N、B 掺杂的碳材料作为可充电锌空气电池的双功能催化剂。这种电池显示出很好的循环性能，在 2 mA·cm^{-1} 下充放电 100 h 没有明显的性能损失。Zhao 及同事高温热处理 ZIF 复合物，得到了双层碳纳米笼（图 3-25）。这一新型材料和来自 ZIF-8 和 ZIF-67 的碳材料相比，对 ORR 的催化活性类似，对 OER 的催化活性更好（图 3-26）。这种多孔结构也提升了催化剂的电化学性能。此外，模板法也被用来制备多孔结构。Chen 利用三维有序的二氧化硅多孔球作为模板，制造了 N 掺杂三维多孔碳材料（图 3-27）。该三维多孔材料比表面积为 2546 m²·g^{-1}，用于锌空气电池时，电池的电容量（770 mA·h·g^{-1}）超高，如图 3-28 所示。Ahn 等用 Te 作为模板，覆盖上 ZIF-8 和 Fe-PDA。在热处理和分离 Te、Zn、Fe 后，形成了嵌有 FeN$_x$C 活性位点的 N 掺杂多孔碳纳米管（图 3-29）。一维碳纳米管和 FeN$_x$C 活性位点之间还会产生协同效应并保证其对 ORR 和 OER 的催化活性，特别是 ORR 催化活性。如图 3-30 所示，它在电流密度为 0.3 mA·cm^{-2} 时的电势是 0.957 V，是未改性的碳纳米管的电势的一半。Song 等在 ZnO 微球模板表面生长 MOFs，来制备 Co-N 掺杂的碳材料。使用这种材料的锌空气电池显示出 1.59 V 的开路电压，功率密度高达 331.0 mW·cm^{-2}。此外，由 Co$_{0.85}$Se 组装的锌空气电池的充放电电势差（0.8 V）更小，循环性能更好，在 10 mA·cm^{-2} 下可以循环 180 h。除此之外，它和其他的功能性材料如石墨烯等组合，可以显示出更好的氧化电化学催化性能。

图 3-25　ZIF-67/ZIF-8 双层碳纳米笼的 TEM 图

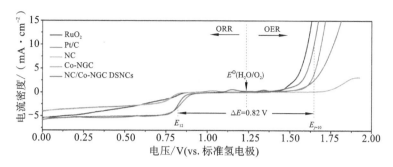

图 3-26 OER 和 ORR 极化曲线

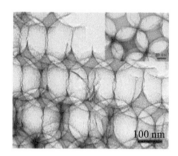

图 3-27 光子晶体结构碳材料的 SEM 图

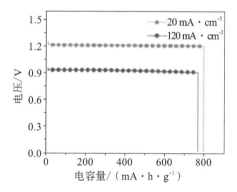

图 3-28 空气电池比容量

图 3-29 覆盖石墨层的 Fe-N 多孔碳纳米管的 SEM 图

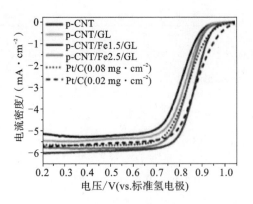

图 3-30　ORR 过程的性能

3.6　柔性锌空气电池

除了动力电池的迅速发展外,消费性电子产品的巨大市场需求也推动了锌空气电池的革新,例如开发柔性可穿戴设备,其具备量轻、形状特定或柔性等特性。为了成功实现这一理念,每一个组件的柔性非常重要,以此才能在多次外部压力下获得稳定的电池性能。

3.6.1　柔性电极

在锌空气电池中,将一些凝胶状锌粉混合物添加剂涂布在柔性集流体上,因此其本身就多为柔性。而空气电极应该突破传统空气电极重、硬、配置多的缺点,还应在保持优良催化活性和电化学性能的同时具备优异的机械性能,从而适应柔性设备弯曲、折叠、扭转的情况。

更直接有效的方法是使用柔性集流体,因为催化层可以直接生长、功能化、固定和嵌入集流体最终形成柔性电池。例如,Chen 及同事选择不锈钢(SS)网作为集流体,直接生长 Co_3O_4 纳米线阵列作为柔性空气电极(图 3-31)。这种方法大大简化了设计和制造柔性空气电极的过程。同时,由于不含有导电性差的黏合剂,电化学活性和稳定性也得到提高。更重要的是,SS 网格的高机械强度保证了电池设备优良的弯曲属性。最终,这种电极的电化学性能被证实优于将 Co_3O_4 和 Pt/C 喷洒在传统碳基扩散层上制备的电极。不仅如此,将纳米结构 Co_3O_4 与石墨烯或轻度氧化碳纳米管进行化学偶联,可以获得比单独自由的纳米结构 Co_3O_4 更好的电催化性能。Chen 及同事研发了自由碳空气电极,仍然选择柔性不锈钢网作为集流体,但是在一维的 CNT 上生长二维介孔 Co_3O_4 作为催化层。Co_3O_4 纳米颗粒和导电 NCNT 之间的密切接触和作用会降低界面电阻和促进电荷转移,同时空气电极多孔结构会带来高效氧气扩散。通过应用这种电极,所制备的固态锌空气电池能获得高达 847.6 Wh·kg^{-1} 的能量密度,并具有能在 25 mA·cm^{-2} 电流密度下循环 600 h 的优异循环稳定性。Li 等将负载 ZIF-67 的泡沫镍退火,来制造三维 NCNT 作为空气电极(图 3-32)。即使在很强的折叠压力下,应用这种空气电极装配的柔性锌空气电池在 5 mA·cm^{-2} 下仍然有稳定的放电电势和充电电势(图 3-33)。

由于纳米碳材料具有优良的抗拉强度和导电性,例如 CNT 和石墨烯,使用这些碳集流体可以制作柔性空气电极。此外,碳材料的轻质量也能减少整个电池的质量,带来更高的质

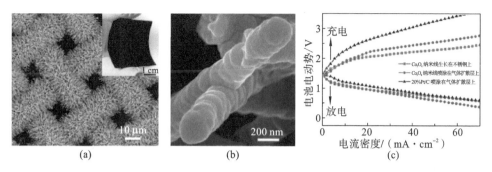

图 3-31 生长 Co₃O₄ NW 阵列的 SS 网状集流体 SEM 图及其组装的锌空气电池充放电曲线

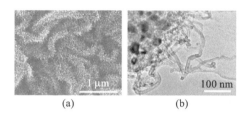

图 3-32 3D NCNT 阵列的 SEM 和 TEM 图

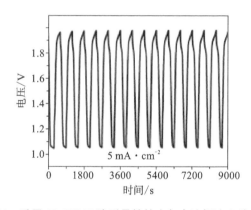

图 3-33 采用 3D NCNT 阵列柔性锌空气电池恒流充放电曲线

量容量,这也是便携可穿戴电子设备最必要的条件。Qiao 等报道了碳纸上生长磷掺杂的石墨碳氮化合物作为双功能氧电极的制备方法(图 3-34)。由于碳纸具有较好的导电性和机械性能,这种三维多孔结构电极成为优良柔性双功能氧电极。类似于碳纤维集流体,其他柔性碳基物质也能被用来替代传统的金属集流体。

3.6.2 电解质

氧催化反应发生在三相区域的界面上,电解质和氧气与催化剂表面的互相接触决定了其反应效率。电解质和催化剂的良好接触与空气电极的润湿性紧密相关。除催化剂和空气电极的修饰和功能化,电解质的性质也能决定空气电极与反应材料和产物扩散之间的关系。对于柔性锌空气电池,液体电解质可能会在重复的机械变形后发生泄漏问题,因此,非液体电解质更适合作为柔性锌空气电池的物质运输介质。此外,聚合物电解质的优点(如成膜性、高水溶性、高化学强度和导电性)可以满足所需的物理和化学属性。有三种聚合物电解

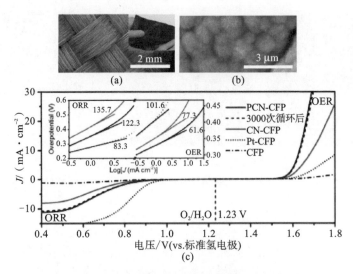

图 3-34　PCN-CFP 的 SEM 图及 LSV 曲线

质常用在柔性锌空气电池中,即凝胶聚合物、固体聚合物、复合聚合物电解质。

凝胶聚合物本身不是电解质,而是通过结合液体增塑剂或包含合适溶剂的离子导电电解质溶液形成的。电解质溶液的高含水量和类似液体的扩散运输属性保证了其比相应的固体物质有更好的离子导电性。但是,不足的化学强度和高黏度可能会导致内部短路。为了克服这一缺陷,凝胶聚合物常常与交联剂结合以获得固体聚合物电解质,以此提高机械性能。例如,Chen 等报道通过自交联二甲基十八烷基[3-(三甲氧基硅基)丙基]氯化铵功能化纤维素纳米纤维来提高电解质稳定性的方法。此外,他们还研发了可充电锌空气电池的一种层叠交联纳米纤维素/石墨烯氧化电极。

与凝胶聚合物相反,1990 年就被应用于锌空气电池的固体聚合物电解质具有优良的化学强度。它不含液体,只由盐和极性聚合物基质组成。由于其固体属性,溶剂蒸发和电池泄漏问题可以被减轻或消除。低对流有利于减轻电极的腐蚀和增加电池的寿命。但是,为了有更好特性的柔性锌空气电池,仍然有很多工作要做,因为其与空气电极的接触相对较差且离子电导率低。复合聚合物电解质是通过将无机材料或离子液体添加到凝胶聚合物形成的,以增强电导率并获得凝胶电解质的力学性能。实际上,最简单和使用最多的聚合物电解质是以 KOH 溶液为主体的混合物,例如 PEO、PVA、PAA。事实上,单一的聚合物难以同时满足机械性能和离子电导率的需求,经常需要两者的合作来满足离子迁移率的要求。

目前的柔性锌空气电池,考虑到电导率和合成方法的简单性,使用的都是凝胶聚合物。水化电解质的机械性能较差且水分容易蒸发,尽管应用了凝胶电解质,因为凝胶聚合物的离子电阻大,柔性锌空气电池跟传统电池比起来其电化学性能更差。因此,真正高电导率和全固体的电解质是非常必要的。现在已经有多个研究机构正致力于它们的研发,可以相信真正有效的全固体柔性锌空气电池将很快被研发出来。

3.6.3　柔性锌空气电池的结构

柔性锌空气电池主要有两种结构。一种是被广泛应用于锂离子电池和锂空气电池的电缆型结构(图 3-35)。它们通常是将锌片表面包裹聚合物电解质,然后在聚合物电解质外部

覆盖柔性空气电极或电催化剂来组装。Cho 等采用
这种电缆设计来组装柔性锌空气电池。其用螺旋锌
片作为阳极,电解质是以明胶为基底的凝胶聚合物,
活性空气电极由涂抹乙酰丙酮铁并高温退火来制备
(图 3-36)。在 0.1 mA·cm⁻² 下的放电过程中,将电
池弯曲并没有表现出性能衰减。这表明电缆型锌空
气电池有在外压下高效运行的能力(图 3-37)。Liu
等也发表过类似的使用了装饰了 NCNTs 的 Cu-Co
新型双金属氧化物作为电催化剂的电缆型电池。使

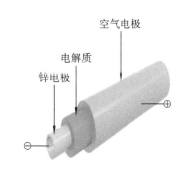

图 3-35 电缆型柔性锌空气电池示意图

用 NCNTs 不仅提高了催化剂的电导率,而且得到了更大的表面积,由此制作的锌空气电池
有稳定的充放电电压,在电流密度是 1 A·m⁻² 时分别为 1.29 V 和 0.98 V,且充放电电压
在电池被折叠或严重扭曲时依然能够保持。Zhang 等也研究过柔性可充电电池的制备,他
们使用的是串联的 Co₄N 和缠绕的 N-碳纤维组成的独立的双功能阴极,由 ZIF-67/聚吡咯纳
米纤维在碳布上直接碳化而成。由于电催化剂和碳布有亲密接触,这样组装的电缆型锌空
气电池有很好的电化学性能和机械稳定性。电流密度为 0.5 mA·cm⁻² 时,在各种弯曲压
力下(弯曲角度为 30°,60°,90° 和 120°),放电电压(约 1.23 V)和电荷转移电阻(约 17 Ω)几乎
不变,甚至在弯曲/拉伸 2000 次后,放电曲线仅仅下降了 13 mV。

　　另一种柔性锌空气电池的结构是三明治结构,其中阳极、电解质、空气电极以平面形式
逐层组装(图 3-38)。Fuh 等在柔性碳布基底上涂层 Co 氧化物和钙钛矿状镧镍氧化物/

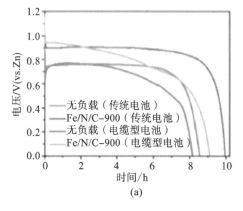

(a)

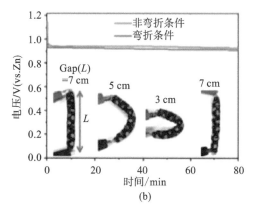

(b)

图 3-36 柔性锌空气电池照片及其横断面图像

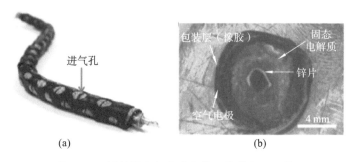

(a)　　　　　　　　　　　　　　　　(b)

图 3-37 电缆型锌空气电池的放电曲线及弯折情况下的稳定性示意图

N-CNT制备了柔性空气电极,并采用锌片作为阳极,凝胶 PVA 同时作为电解质和隔膜(图 3-39)。这种柔性电池显示出高达 2905 W·h·L^{-1} 的体积能量密度和 581 W·h·kg^{-1} 的质量比能量。在充放电速率为 250 A·L^{-1} 时,可稳定循环 120 次。在施加很强的弯曲应力时其电化学性能依然没有衰减(图 3-40)。Zhang 等通过应用层状结构纳米纤维/GO 膜来作为固态电解质组装锌空气电池(70 ℃时电导率为 58.8 mS·cm^{-1}),阳极为锌片,空气电极为覆盖 Co$_3$O$_4$/Nafion 的碳布(图 3-41)。该柔性锌空气电池表现出高达 1.4 V 的开路电压,且电池性能即使在高达到 80 mA·cm^{-2} 的电流密度下,在任何给定完全角度下也仍然几乎不变。显然,阳极的固态电解质层和空气电极之间的密切接触是电池在任意弯曲条件下都有着优良性能的重要原因。Ma 等也研究过一种具有优良循环性能的三明治结构柔性锌空气电池,其应用 FeCo/NCNT 作为双功能电催化剂,在 100 mA·cm^{-2} 的高电流密度下还可循环 144 次。

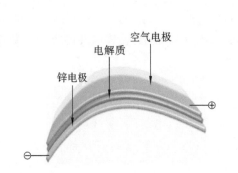

图 3-38   三明治结构柔性锌空气电池示意图

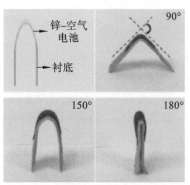

图 3-39   柔性空气电池在不同角度施加应力时的照片

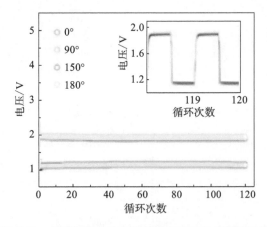

图 3-40   在不同弯曲应变下的恒电流充放电循环性能

为了得到更好的化学性能,提出了一种被称为"打破整体变为部分"的理念。Zhong 等呈现了一种逐层组装的 2×2 的电极。这种电极由在碳布上原位生长的 Co$_3$O$_4$ 纳米片组成(图 3-42)。其提供了很稳定的开路电压,即使是在拉伸应变为 100% 时。随着拉伸,放电电压在高电流密度下只有轻微的衰减(图 3-43)。显然,除了电极和电解质,组装技术也通过影响各部件间的接触影响着电池性能。因此,未来与柔性锌空气电池相关的研究不仅应集中在活性电催化剂上,而且要集中在空气电极的结构、电解质的导电性和组装技术上。

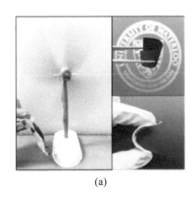
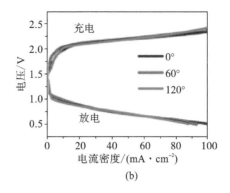

图 3-41 柔性空气电池的光学图像及其电极化曲线

图 3-42 柔性空气电池的结构示意图

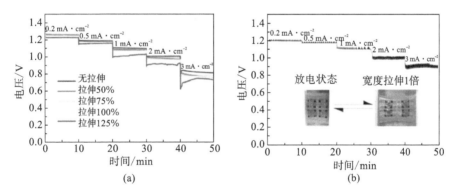

图 3-43 阵列在不同应变下的放电性能示意图

3.7 总结与展望

　　锌空气电池由于其高能量密度和低成本,被认为是最有潜力的能源存储技术之一,可以满足日益增长的便携可穿戴电子设备和电动汽车的能源需求。尽管近年来已经取得了一些进步,但是仍有很多问题亟待解决。对于应用于电动汽车和发电厂的电力电池,低实际能量密度是主要障碍。对于消费电池,其在柔性和便携设备中的机械性能、安全性和稳定性也仍存在挑战。这些都和空气电极以及它们的组分紧密相关,包括氧电催化剂、集流体和电解质。本章重点介绍了相关进展和各个组分的主要问题,为研究和应用领域提供有价值的观点,以加速创新,特别是对于组装高性能的锌空气电池的空气电极方面。

氧电催化剂是空气电极的关键组分,它决定锌空气电池的结构、性能和成本,因此研究空气电极的第一个重点就是开发高效、稳定、便宜的氧电催化剂。贵金属催化剂有很好的催化性能,但是其在充电反应时的高电势下会发生不可避免的衰减,降低电池的循环能力,同时成本高和稀缺的缺点也限制了其广泛应用。因此,更多注意力被放在探索和制备有着高活性和高稳定性的非贵金属催化剂上,例如纳米碳化物、金属氧化物/碳化物/氮化物、导电聚合物、金属配合物、金属有机框架及其复合材料。通过纳米技术和材料工程选择合适的组分,控制形态和结构,调整物理属性,包括化学价、相态和缺陷等,以及结合导电的支撑物或基底,催化剂复合物的活性位点密度和固有催化活性可以被提高。相对于基本电池中的 ORR 单催化剂,可充电锌空气电池需要双功能氧电催化剂。尽管采用三电极结构和使用 ORR 和 OER 电催化剂混合物也可以组装可充电锌空气电池,但是双功能氧电催化剂的研究仍是热点,因为在两电极可充电锌空气电池中它们能同时促进 ORR 和 OER 活性。与 ORR 过程相比,OER 过程涉及充电过程中氧气的产生,因此需要优化的孔状通道来释放在催化剂表面形成的氧气,否则,电池反应将随着迅速衰减的电池性能而停止。

尽管 ORR、OER 和双功能氧电催化剂已经取得很大进步,但是距离实际应用还很远。得益于燃料电池中氧化催化剂的发展,水裂解和金属-空气电池中关于氧气的电化学行为的全面理解应该被进一步阐明。因为在水溶液和非水溶液电解质中不同种类的催化剂有不同的反应路径和反应机理,这将成为空气电极的第二个研究重点。通过先进的表征技术和结合计算和仿真,对反应过程中分子级别甚至是原子水平的观测和理解也将会推动高效氧电催化剂和空气电池的创新。

支撑材料在电池中承担集流体和机械支撑的作用,是另一个重要因素。多孔结构、好的机械强度、优良导电性需要被同时考虑。尽管金属集流体满足这些要求,例如泡沫镍,但是价格和质量限制了其广泛应用。相反,碳基集流体价格低廉且质量轻,但是它太脆弱而且在充电过程中易被氧化。因此结合金属和纳米碳的优势是空气电极的研发重点。此外,催化剂和集流体之间要有充分接触,以满足界面上电子的转移。直接在集流体上生长电催化剂和制造无黏结剂空气电极可以高效促进接触和提升电化学性能。这种集成电极的设计避免了传统的空气电极复杂的制造过程,在将来大规模组装锌空气电池中将承担重要角色。

合适的电解质对于电池性能也很重要。除了优良的电导率和安全问题,与空气电极的良好相互作用也会促进电解质和电催化剂的接触。进一步的研究不仅会集中在对空气电极和催化剂的表面改性与功能上,而且会关注电解质和空气电极界面的合理设计和建构。这些对于电解质和空气电极的相互作用都很重要,并且可以阻止催化剂滥用,确保良好气体扩散层,防止电解质泄漏和蒸发。尤其是固体电解质有望应用于组装柔性锌空气电池。

研发高效空气电极是一个系统工程,除了制备高活性、高稳定性的催化材料需要材料科学和化学的相关知识储备外,实现高性能的锌空气电池还需要组装技术和工程的持续创新。但是,大多数关于电催化剂的研究都主要采用旋转圆盘电极,电池中空气电极的性能需要得到真正的评价。令人满意的是,已经在小规模的实验室测试中得到 $450 \mathrm{\ mW \cdot cm^{-2}}$ 的功率密度。此外,大多数研究使用自制装备的脉冲电流技术来研究充放电性能和循环性能,很少研究容量、倍率和充放电深度。因此,有必要建造一个通用的锌空气电池评估体系和标准。此外,利用先进的表征技术,电池的运行和在充放电中的化学反应能够被原位观测,进一步的了解也将确保空气电极的进一步优化。

锌空气电池有很多优势,近年来空气电极也有很大的发展,但是,它们都还在初级阶段,要满足市场需求仍然有很大进步空间。之后更多的努力应该集中在通过合理的设计、制备和组装,研发具有高功率和能量密度以及长寿命的空气电池上。除了动力电池和消费电池对高性能、安全性、经济性的需求,锌空气电池也应该面向市场,尤其是便携柔性电子设备。最后,锌空气电池是个复杂的系统工程,除了电极材料,装配技术和电池运行管理对于电池系统的稳定性和效率也很重要。希望本章能给研究人员提供一些有用的观点,推动锌空气电池和空气电极的进一步发展。毫无疑问,对空气电极的密集研究将会带来持续的创新并推动锌空气电池的商业化,从而为可持续发展型社会提供更多的能源存储技术选择。

3.8 实验:锌空气电池的制备合成及性能测定

3.8.1 实验目的

(1) 熟悉锌空气电池电极材料的制备,掌握化学气相沉积(CVD)管式炉的正确使用方法,并了解此仪器的主要构造;

(2) 掌握锌空气电池电极材料相关性能的测定方法及原理;

(3) 掌握锌空气电池组装的基本方法;

(4) 熟悉相关性能测试结果的分析。

3.8.2 实验原理

如图 3-44 所示,最简单的锌空气电池由空气电极、锌电极、电解质及隔膜等构成。其中空气电极由气体扩散层、集流体和活性层构成。

锌空气电池主要包括一次锌空气电池和二次锌空气电池。一次锌空气电池的主要特征:能量密度高、安全性高、只能使用一次。二次锌空气电池可反复充放电,因此能多次使用。一次锌空气电池只有一个放电过程,其中发生的化学反应可简单描述为在电解质中的氧和锌反应形成氧化锌的过程。

空气电极(阴极,正极): $\qquad O_2 + 2H_2O + 4e^- === 4OH^-$ (1)

锌电极(阳极,负极): $Zn + 4OH^- === [Zn(OH)_4]^{2-} + 2e^-$ (2)

$$[Zn(OH)_4]^{2-} === ZnO + 2OH^- + H_2O$$ (3)

总反应: $\qquad Zn + 1/2O_2 === ZnO$ (4)

两个电极化学反应完成了化学能向电能的转换。在空气电极上的还原反应(ORR,反应(1))是氧分子获得 4 个电子并与水结合形成 OH^-。它发生在电解质、催化剂粒子和气体氧的三相界面上,在催化剂粒子的协助下完成。在锌负极上发生锌的氧化反应,即金属锌与 OH^- 反应,生成 $[Zn(OH)_4]^{2-}$,同时释放两个电子(反应(2))。$[Zn(OH)_4]^{2-}$ 浓度随着反应的进行而增加,达到饱和状态时,$[Zn(OH)_4]^{2-}$ 分解为 ZnO(反应(3))。

二次锌空气电池存在放电和充电两种过程,在充电过程中正极和负极发生刚好与放电过程相反的反应。此时,金属锌电极变成阴极,$[Zn(OH)_4]^{2-}$ 被还原成金属锌沉积在其表

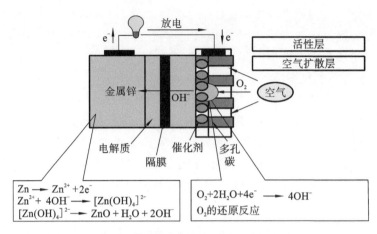

图 3-44 锌空气电池的组成及工作原理图

面;空气电极则成为阳极将氢氧根(OH$^-$)氧化成氧。

3.8.3 实验装置及材料

(1) 实验装置:超声波清洗器、六联数显控温磁力搅拌器、多功能万用表、玛瑙研钵、管式炉,真空干燥箱,鼓风干燥箱,烧杯,冷冻干燥机,辰华电化学工作站、蓝电测试仪。

(2) 主要试剂:对苯二胺、异丙醇、硫酸、无水乙醇、高纯氮气、高纯氧气、氢氧化钾、氯化铁、醋酸锌、萘酚溶液、活性炭、乙炔黑、聚四氟乙烯乳液等。

3.8.4 实验内容及步骤

1. 催化剂(N、Fe 共掺杂的碳球)的制备

将 2.3 g 对苯二胺和 65.0 mL 蒸馏水放入烧杯中。在磁力搅拌下加入 6.2 g FeCl$_3$ 直至得到均匀的混合溶液。然后将混合溶液转移到不锈钢高压釜(100 mL)中进行水热聚合反应(140 ℃,4 h),制得黑色产物,经过多次去离子水洗涤后,冷冻干燥获得对苯二胺的碳质产物。接着称取 400 mg 该碳质产物在 N$_2$ 氛围中 950 ℃下进行热处理 2 h,升温速率为 5 ℃/min,最终得到由对苯二胺制备的 N、Fe 共掺杂的碳球。

2. 空气电极的制备及组装模拟电池

空气电极采用导电骨架(泡沫镍)+气体扩散层+催化剂的结构,在辊压机上冷压而成。制备气体扩散层的具体操作:按质量比 80:10:10 称取活性炭、乙炔黑和聚四氟乙烯乳液,先称取活性炭、乙炔黑,搅拌均匀后加入适量无水乙醇使混合物充分润湿,再加入所需比例的乳液,在玛瑙研钵中研磨搅拌成团后,在辊压机上反复辊压至表面成纤维状即停止辊压。将泡沫镍在辊压机上反复辊压数次后,将其与上述气体扩散层重叠放置,再次辊压至表面平整细腻如图 3-45(a)所示。然后于真空干燥箱中 60 ℃干燥 12 h 后取出。取 1 mg 催化剂超声分散在 100 μL 5% 萘酚溶液中,滴至气体扩散层上确保烘干后活性物质的量为 1 mg/cm^2,将其作为正极,以锌片为负极,以 6 mol/L KOH + 0.2 mol/L Zn(Ac)$_2$ 为电解质,组装锌空气电池(图 3-45(b))。

3. 电池性能的测定

实验系统由上海辰华仪器公司生产的 CHI760E 型电化学工作站和蓝电测试系统组成。

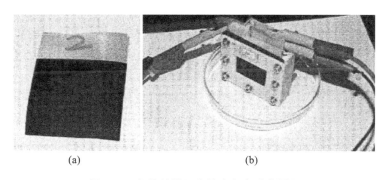

(a)   (b)

图 3-45　气体扩散层和锌空气电池装置图

电极测试采用两电极体系,以空气电极为正极,以锌片为负极。

(1) 开路电压的测试。

由于空气电极的制作工艺相同,对空气电极的电化学性能测试可以反映出催化剂的优劣。开路电压图谱中电压的平稳效果可以初步反映出催化剂的效果,有利于对催化剂的筛选,节省测试时间,提高实验效率。

(2) 电化学极化曲线的测试。

用极化曲线来研究电化学过程的基本规律是一种重要的方法。测试电池放电电极化曲线的扫描范围为 $1.4\sim0$ V,初始扫描电位为 1.4 V,负方向扫描,扫描速度为 5 mV/s。测试电池充电电极化曲线的扫描范围为 $1.4\sim3$ V,初始扫描电位为 1.4 V,正方向扫描,扫描速度为 5 mV/s。测试在室温下进行。

(3) 电极交流阻抗测试。

通过分析阻抗谱图的频率和形状随着电极制备及反应条件的变化可以得到电极过程的重要信息,也是研究电极过程的重要方法和有效工具。初始扫描电位为空气电极开路电压,频率范围为 $0.01\sim10^5$ Hz。

(4) 锌空气电池循环性能的测定。

采用武汉蓝电 LAND 电池性能测试仪测试一次锌空气电池和二次锌空气电池在不同电流密度下的充放电曲线。

3.8.5　结果与讨论

1. 测试锌空气电池的开路电压曲线

锌空气电池的反应过程包括在阳极发生锌的氧化反应和在阴极发生氧的还原反应。作为整个电池的全部反应,氧气扩散到空气电极,然后在活性层被还原成氢氧根离子,产生的氢氧根离子迁移到阳极,并与锌离子结合形成可溶性的 $[Zn(OH)_4]^{2-}$,当 $[Zn(OH)_4]^{2-}$ 达到其饱和浓度时,将被分解成 ZnO。化学反应式如下:

阳极:$Zn \longrightarrow Zn^{2+} + 2e^-$;$Zn^{2+} + 4OH^- \longrightarrow [Zn(OH)_4]^{2-}$;

$\qquad [Zn(OH)_4]^{2-} \longrightarrow ZnO + H_2O + 2OH^-$

总计:$Zn + 2OH^- \longrightarrow Zn + H_2O + 2e^- (E^\circ = -1.25$ V)

阴极:$O_2 + 2H_2O + 4e^- \longrightarrow 4OH^- (E^\circ = 0.4$ V)

总反应:$2Zn + O_2 \longrightarrow 2ZnO (E^\circ = 1.65$ V)

这里 E° 表示相对于标准氢电极的标准电极电位。然而,由于激活、电阻极化和浓度损失导致的电池内部损耗,实际工作电压通常远低于标准电极电位(1.65 V)。

锌空气电池的理论电压是 1.65 V,实际很难达到,一般在 1.45 V 左右,其原因有以下几点:①欧姆压降。欧姆压降是由电极和电极之间的电阻及电解质中离子流动的电阻造成的。②活性降低。在锌空气电池中,空气电极活性降低是主要原因。③枝晶形成。锌的枝晶容易堵塞电池内部。④二氧化碳的吸收。空气中的二氧化碳难免溶解到电解质中形成碳酸盐,碳酸盐的形成增加了电解质的黏性,降低了离子的电导率。⑤自放电。锌电极在含水电解质中会与水反应生成氢氧化物和氢气。

2. 极化曲线与功率密度曲线

如图 3-46 所示,标准极化曲线能表示电池的性能或指示电池的某种变化,如电压随着电流改变或电流密度改变的情况。极化曲线可分为三段区域:①活性降低区域范围是从电流为零的开路电压(OCV)到电压开始陡降的过程;②欧姆压降低区域是电压缓慢降低的过程;③浓度降低区域对质子转移的影响显著,并且电压在高电流密度下迅速下降。在锌空气电池中,活性降低明显发生在最初阶段,并且欧姆压降适度发生。

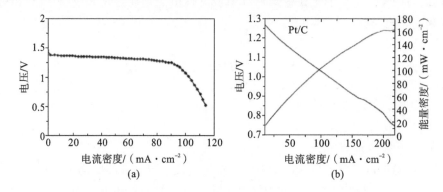

(a) (b)

**图 3-46 锌空气电池极化曲线和 Pt/C 催化剂在不同电流密度下的
电池极化曲线和相应的功率密度曲线**

3. 一次锌空气电池的放电曲线

如图 3-47 所示,不同电流密度下电池的放电能力有所不同,电流密度越小放电能力越强,一般根据相同电流密度下放电时间的长短判断电池性能的优劣。

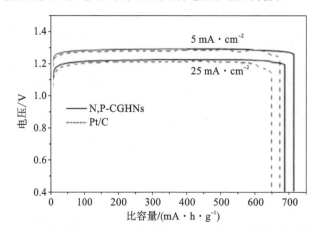

图 3-47 不同电流密度下 Pt/C 和 N,P-CGHNs 电池放电曲线图

4. 二次锌空气电池的充放电曲线

对于二次锌空气电池,影响锌空气电池寿命的关键因素是锌空气电池在充电时空气电极中活性炭的抗腐蚀能力,充电电压越高,其腐蚀的速度越快,因此,如图 3-48 所示,在充电过程中,其充电电压越低,空气电极的寿命越长。放电结束时电压越高,其放电能力越强。经过充放电循环后电解质的颜色会由无色变成棕色,由于充放电设置的参数相同,空气电极经过充放电循环后根据电解质的颜色深浅也可判断出空气电极性能的优劣。

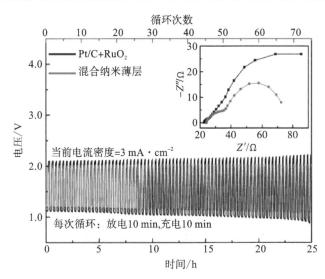

图 3-48　不同电流密度下 Pt/C＋RuO₂ 和混合纳米薄层催化剂的二次电池充放电曲线图

3.8.6　注意事项

电池组装、测试过程中不能短路。

参 考 文 献

[1]　Dunn B,Kamath H,Tarascon J M. Electrical Energy Storage for the Grid:A Battery of Choices[J]. Science,2011,334:928-935.

[2]　Rao H,Schmidt L C,Bonin J,et al. Visible-Light-Driven Methane Formation From CO₂ with a Molecular Iron Catalyst[J]. Nature,2017,548:74.

[3]　Poizot P,Laruelle S,Grugeon S,et al. ChemInform Abstract:Nano-Sized Transition-Metal Oxides as Negative-Electrode Materials for Lithium-Ion Batteries[J]. Nature,2000,407(6803):496-499.

[4]　Cabana J,Monconduit L,Larcher D,et al. Beyond Intercalation-Based Li-Ion Batteries:The State of the Art and Challenges of Electrode Materials Reacting Through Conversion Reactions [J]. Advanced Materials,2010,22(35):E170-E192.

[5]　Christensen J,Albertus P,Sanchez-Carrera R S,et al. A Critical Review of Li/ Air Batteries[J]. Journal of the Electrochemical Society,2011,159:R1-R30.

[6]　Peng Z,Freunberger S A,Chen Y,et al. A Reversible and Higher-Rate LiO₂

Battery[J]. Science, 2012, 337: 563-566.

[7]　Xu J J, Wang Z L, Xu D, et al. 3D Ordered Macroporous LaFeO₃ as Efficient Electrocatalyst for Li-O₂ Batteries with Enhanced Rate Capability and Cyclic Performance [J]. Energy & Environmental Science, 2014, 7: 2213-2219.

[8]　Xu M, Ivey D G, Xie Z, et al. Rechargeable Zn-air Batteries: Progress in Electrolyte Development and Cell Configuration Advancement [J]. Journal of Power Sources, 2015, 283: 358-371.

[9]　Gu P, Zheng M, Zhao Q, et al. Rechargeable Zinc-air Batteries: A Promising Way to Green Energy[J]. Journal of Materials Chemistry A, 2017, 5: 7651-7666.

[10]　Kang K, Meng Y S, Bréger J, et al. Electrodes with High Power and High Capacity for Rechargeable lithium Batteries[J]. Science, 2006, 311(5763): 977-980.

[11]　Wang M, Qian T, Liu S, et al. Unprecedented Activity of Bifunctional Electrocatalyst for High Power Density Aqueous Zinc-air Batteries[J]. ACS Applied Materials & Interfaces, 2017, 9: 21216-21224.

[12]　Jin Y, Guo S, He P, et al. Status and Prospects in Polymer Electrolyte for Solid-State Li-O₂(Air) Battery[J]. Energy & Environmental Science, 2017, 10: 860-884.

[13]　Tan P, Chen B, Xu H, et al. Flexible Zn and Li-air Batteries: Recent Advances, Challenges, and Future Perspectives[J]. Energy & Environmental Science, 2017, 10: 2056-2080.

[14]　Li G, Zhang K, Mezaal M A, et al. Effect of Electrolyte Concentration and Depth of Discharge for Zinc-air Fuel Cell[J]. International Journal of Electrochemical Science, 2015, 10: 6672-6683.

[15]　Hao Y, Xu Y, Han N, et al. Boosting the Bifunctional Electrocatalytic Oxygen Activities Of CoOₓ Nanoarrays with a Porous N-doped Carbon Coating and Their Application in Zn-air Batteries [J]. Journal of Materials Chemistry A, 2017, 5: 17804-17810.

[16]　Xu M, Luo X, Davis J J. The Label Free Picomolar Detection of Insulin in Blood Serum[J]. Biosensors and Bioelectronics, 2013, 39: 21-25.

[17]　Switzer E E, Zeller R, Chen Q, et al. Oxygen Reduction Reaction in Ionic Liquids: The Addition of Protic Species[J]. The Journal of Physical Chemistry C, 2013, 117: 8683-8690.

[18]　Stamm J, Varzi A, Latz A, et al. Modeling Nucleation and Growth of Zinc Oxide During Discharge of Primary Zinc-air Batteries[J]. Journal of Power Sources, 2017, 360: 136-149.

[19]　Wei Z, Huang W, Zhang S, et al. Carbon-based Air Electrodes Carrying MnO₂ in Zinc-air Batteries[J]. Journal of Power Sources, 2000, 91: 83-85.

[20]　Lin G, Van Nguyen T. Effect of Thickness and Hydrophobic Polymer Content of the Gas Diffusion Layer on Electrode Flooding Level in a PEMFC[J]. Journal of The

Electrochemical Society, 2005, 152: A1942-A1948.

[21] Xiao J, Wang D, Xu W, et al. Optimization of Air Electrode for Li/air Batteries[J]. Journal of The Electrochemical Society, 2010, 157: A487-A492.

[22] Ma T Y, Cao J L, Jaroniec M, et al. Interacting Carbon Nitride and Titanium Carbide Nanosheets for High-Performance Oxygen Evolution[J]. Angewandte Chemie International Edition, 2016, 55: 1138-1142.

[23] Xiao J, Mei D, Li X, et al. Hierarchically Porous Graphene as a Lithium-air Battery Electrode[J]. Nano letters, 2011, 11: 5071-5078.

[24] He Y, Zhang J, He G. Ultrathin Co_3O_4 Nanofilm as an Efficient Bifunctional Catalyst for Oxygen Evolution and Reduction Reaction in Rechargeable Zinc-air Batteries [J]. Nanoscale, 2017, 9: 8623-8630.

[25] Ang J M, Du Y, Tay B Y, et al. One-Pot Synthesis of Fe(Ⅲ)-Polydopamine Complex Nanospheres: Morphological Evolution, Mechanism, and Application of the Carbonized Hybrid Nanospheres in Catalysis and Zn-air Battery[J]. Langmuir, 2016, 32: 9265-9275.

[26] Kinoshita K. Electrochemical Oxygen Technology[M]. New York: John Wiley & Sons, 1992.

[27] Zhang L Y, Wang M R, Lai Y Q, et al. Nitrogen-doped Microporous Carbon: an Efficient Oxygen Reduction Catalyst for Zn-air Batteries[J]. Journal of Power Sources, 2017, 359: 71-79.

[27] Gentil S, Lalaoui N, Dutta A, et al. Carbon-Nanotube-Supported Bio-Inspired Nickel Catalyst and Its Integration in Hybrid Hydrogen/Air Fuel Cells[J]. Angewandte Chemie International Edition, 2017, 56: 1845-1849.

[29] Duan C, Hook D, Chen Y, et al. Zr and Y Co-doped Perovskite as a Stable, High Performance Cathode for Solid Oxide Fuel Cells Operating below 500 C[J]. Energy & Environmental Science, 2017, 10: 176-182.

[30] Zhao X, Takao S, Higashi K, et al. Simultaneous Improvements in Performance and Durability of an Octahedral $PtNi_x$/C Electrocatalyst for Next-Generation Fuel Cells by Continuous, Compressive, and Concave Pt Skin Layers[J]. ACS Catalysis, 2017, 7: 4642-4654.

[31] Dhavale V M, Kurungot S. Cu-Pt Nanocage with 3-D Electrocatalytic Surface as an Efficient Oxygen Reduction Electrocatalyst for a Primary Zn-air Battery[J]. ACS Catalysis, 2015, 5: 1445-1452.

[32] Dong Y, Li J. Tungsten Nitride Nanocrystals on Nitrogen-doped Carbon Black as Efficient Electrocatalysts for Oxygen Reduction Reactions[J]. Chemical Communications, 2015, 51: 572-575.

[33] Liang H W, Zhuang X, Brüller S, et al. Hierarchically Porous Carbons with Optimized Nitrogen Doping as Highly Active Electrocatalysts for Oxygen Reduction[J].

Nature communications, 2014, 5: 4973.

[34] Hannan M A, Hoque M M, Mohamed A, et al. Review of Energy Storage Systems for Electric Vehicle Applications: Issues and Challenges[J]. Renewable and Sustainable Energy Reviews, 2017, 69: 771-789.

[35] Wang Y, Fu J, Zhang Y, et al. Continuous Fabrication of a MnS/Co Nanofibrous Air Electrode for Wide Integration of Rechargeable Zinc-air Batteries[J]. Nanoscale, 2017, 9: 15865-15872.

[36] Li J C, Hou P X, Zhao S Y, et al. A 3D Bi-Functional Porous N-doped carbon Microtube Sponge Electrocatalyst for Oxygen Reduction and Oxygen Evolution Reactions [J]. Energy & Environmental Science, 2016, 9: 3079-3084.

[37] Wang T, Kaempgen M, Nopphawan P, et al. Silver Nanoparticle-Decorated Carbon Nanotubes as Bifunctional Gas-Diffusion Electrodes for Zinc-air Batteries[J]. Journal of Power Sources, 2010, 195: 4350-4355.

[38] Xu Y, Zhao Y, Ren J, et al. An All-Solid-State Fiber-Shaped Aluminum-Air Battery with Flexibility, Stretchability, and High Electrochemical Performance[J]. Angewandte Chemie International Edition, 2016, 55: 7979-7982.

[39] Lee S W, Kim B S, Chen S, et al. Layer-By-Layer Assembly of All Carbon Nanotube Ultrathin Films for Electrochemical Applications[J]. Journal of the American Chemical Society, 2008, 131: 671-679.

[40] Park J, Risch M, Nam G, et al. Single Crystalline Pyrochlore Nanoparticles with Metallic Conduction as Efficient Bi-Functional Oxygen Electrocatalysts for Zn-air Batteries[J]. Energy & Environmental Science, 2017, 10: 129-136.

[41] Guo Z, Li C, Li W, et al. Ruthenium Oxide Coated Ordered Mesoporous Carbon Nanofiber Arrays: a Highly Bifunctional Oxygen Electrocatalyst for Rechargeable Zn-air Batteries[J]. Journal of Materials Chemistry A, 2016, 4: 6282-6289.

[42] Shim J, Lopez K J, Sun H J, et al. Preparation and Characterization of Electrospun $LaCoO_3$ Fibers for Oxygen Reduction and Evolution in Rechargeable Zn-air Batteries[J]. Journal of Applied Electrochemistry, 2015, 45: 1005-1012.

[43] Park M G, Lee D U, Seo M H, et al. 3D Ordered Mesoporous Bifunctional Oxygen Catalyst for Electrically Rechargeable Zinc-air Batteries[J]. Small, 2016, 12: 2707-2714.

[44] Davari E, Johnson A D, Mittal A M, et al. Manganese-cobalt Mixed Oxide Film as a Bifunctional Catalyst for Rechargeable Zinc-air Batteries[J]. Electrochimica Acta, 2016, 211: 735-743.

[45] Geng D, Ding N N, Hor T S A, et al. Cobalt Sulfide Nanoparticles Impregnated Nitrogen and Sulfur Co-doped Graphene as Bifunctional Catalyst for Rechargeable Zn-air Batteries[J]. RSC Advances, 2015, 5: 7280-7284.

[46] Bu Y, Gwon O, Nam G, et al. A Highly Efficient and Robust Cation Ordered Perovskite Oxide as a Bifunctional Catalyst for Rechargeable Zinc-air Batteries[J]. ACS

Nano，2017，11：11594-11601.

［47］ Hardin W G，Slanac D A，Wang X，et al. Highly Active，Nonprecious Metal Perovskite Electrocatalysts for Bifunctional Metal-Air Battery Electrodes［J］. The Journal of Physical Chemistry Letters，2013，4：1254-1259.

［48］ Chen Z，Yu A，Higgins D，et al. Highly Active and Durable Core-Corona Structured Bifunctional Catalyst for Rechargeable Metal-air Battery Application［J］. Nano Letters，2012，12：1946-1952.

［49］ Hadidi L，Davari E，Iqbal M，et al. Spherical nitrogen-doped hollow mesoporous carbon as an Efficient Bifunctional Electrocatalyst For Zn-air Batteries［J］. Nanoscale，2015，7：20547-20556.

［50］ Meng T，Qin J，Wang S，et al. In Situ Coupling of Co 0.85 Se and N-doped Carbon via One-Step Selenization of Metal-Organic Frameworks as a Trifunctional Catalyst for Overall Water Splitting and Zn-air Batteries［J］. Journal of Materials Chemistry A，2017，5：7001-7014.

［51］ Fu J，Hassan F M，Li J，et al. Flexible Rechargeable Zinc-air Batteries through Morphological Emulation of Human Hair Array［J］. Advanced Materials，2016，28：6421-6428.

［52］ Fu J，Zhang J，Song X，et al. A Flexible Solid-State Electrolyte for wide-scale integration of Rechargeable Zinc-air Batteries［J］. Energy & Environmental Science，2016，9：663-670.

［53］ Hiralal P，Imaizumi S，Unalan H E，et al. Nanomaterial-Enhanced All-Solid Flexible Zinc-Carbon Batteries［J］. ACS Nano，2010，4：2730-2734.

［54］ Yang C C，Lin S J. Preparation of alkaline PVA-based polymer electrolytes for Ni-MH and Zn-air batteries［J］. Journal of Applied Electrochemistry，2003，33：777-784.

［55］ Fu J，Lee D U，Hassan F M，et al. Flexible High-Energy Polymer-Electrolyte-Based Rechargeable Zinc-air Batteries［J］. Advanced Materials，2015，27：5617-5622.

［56］ 李光华. 几种非贵金属催化剂的制备及其在锌空气电池中的应用［D］. 南京：东南大学，2015.

［57］ 侯北华. 基于氮掺杂多孔碳复合纳米催化剂的制备及其锌空气电池性能的研究［D］. 合肥：安徽大学，2018.

［58］ Zhang L，Wan W，Wang Q，et al. N-，Fe-Doped carbon sphere/oriented carbon nanofiber nanocomposite with synergistically enhanced electrochemical activities［J］. RSC Advances，2016，6（95）：92739-92747.

［59］ Yang J，Sun H，Liang H，et al. A highly efficient metal-free oxygen reduction electrocatalyst assembled from carbon nanotubes and graphene［J］. Advanced Materials，2016，28（23）：4606-4613.

（夏宝玉　徐洋洋）

第4章
导电高分子超级电容器

4.1　超级电容器概述

能源短缺和环境污染是人类可持续发展中最为严重的制约因素。要解决这些问题，有效能源利用并寻找清洁可再生能源是最为有效的途径，因此高效低成本能量存储技术，包括新型储能材料的合成和应用迫在眉睫。随着科技的发展，多种实用有效的储能技术被研究开发应用，包括二次电池、燃料电池、超级电容器等。图 4-1 比较了几种重要储能系统的功率密度和能量密度。其中，超级电容器专利早在 1957 年便已提出申请，直到 1990 年代逐渐引起业界的关注，人们开始意识到其在混合动力汽车领域的巨大应用潜力。超级电容器，亦被称作电化学电容器，可以实现几秒内快速完全充放电，达到非常高的功率密度，完美地实

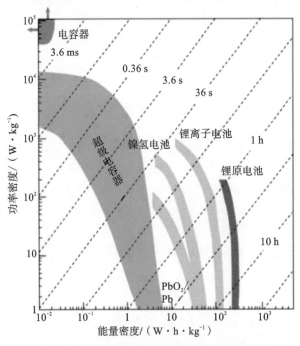

图 4-1　几种重要储能系统的功率密度和能量密度

现了常规介电电容器的大功率输出和电池的高能量密度存储。因此,超级电容器在能量存储领域具有巨大的应用潜力。

超级电容器的组成部件包括集流体、电极材料、电解质和隔膜,其中电极材料是影响超级电容器性能和生产应用成本的最关键因素之一。根据储能机制,超级电容器可以分为两种类型,即电化学双电层电容器(electrochemical double layer capacitor,EDLC)和赝电容电容器(pseudo-capacitor)。EDLC 的储能机制是利用高比表面积的电极与电解质之间的界面双电层上的静电电荷吸附进行存储能量,如图 4-2(a)所示。其电极活性材料主要是多孔或高比表面积的碳材料,如活性炭、碳纳米管、石墨烯等,成本较低、导电性好、物理化学性质稳定、充放电速度快、循环寿命长,但电容量和能量密度较低。赝电容电容器是在电极界面发生法拉第电化学氧化还原反应的电容器,如图 4-2(b)所示,电极活性材料主要包括金属氧化物/氢氧化物和导电高分子等。金属氧化物如 RuO_2 等贵金属电容量虽高,但价格昂贵、成本太高;而 MnO_2、NiO、Co_3O_4 等非贵金属氧化物的电容量低于 RuO_2,且工作电位窗口相对狭窄;聚苯胺、聚吡咯、聚噻吩等导电高分子电容量虽高,但其结构稳定性较差,循环寿命较短。

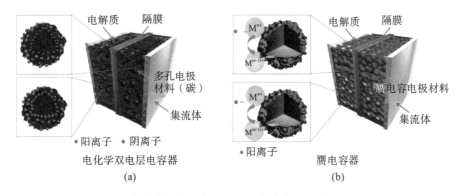

图 4-2 电化学双电层电容器和赝电容电容器的储能机制

构筑高性能超级电容器的关键在于具备优异电化学性质的电极活性材料。与 EDLC 碳材料相比,赝电容电容器电极材料表现出更为优异的电容量和能量密度,但其充放电速率略低且循环稳定性略差。为了克服单一电极材料存在的不同缺点,EDLC-赝电容复合型电极材料得以发展,通过复合现有 EDLC 碳材料和金属氧化物或导电高分子赝电容电容器电极材料,或开发兼具 EDLC 和赝电容电容器电极性能的新材料,如 N 掺杂碳纳米管、N 掺杂石墨烯等,综合了两者的优点,提高了材料的储能性能,具有较大的研究价值和市场潜力。

4.2 导电高分子及其纳米材料

4.2.1 导电高分子

导电高分子(conducting polymer,CP),如聚乙炔、聚吡咯、聚苯胺及聚噻吩等,自 20 世纪 70 年代中期被发现以来,其就成为许多科研机构的热门课题,目前仍活跃在众多研究领域。Alan MacDiarmid、Alan Heeger 和白川英树三位科学家因对导电高分子的发现做出巨大贡献而获得 2000 年诺贝尔化学奖。如今,广泛深入的研究揭示了导电高分子的化学、物理及材料学上的基本属性,打下了坚实的理论基础,同时已从初期单纯的理论及实验研究推广到应用阶段,推动了有机导电材料工业的发展。有关导电高分子研究的文献资料,自 1980 年以后,相关科学论文及专利的发表数量快速增加,至今仍保持持续增长的势头,根据 ISI Web of Science 数据,平均每周有 40 篇以上与导电高分子相关的学术论文在期刊上发表。对于导电高分子的研究,主要集中在以下三个方面:①发现新型导电高分子或对原有导电高分子的修饰、改性、掺杂、复合等;②涉及导电机制的物理化学研究;③导电高分子的应用。在电储能、传感器、驱动器、膜材料、光电、发光二极管以及腐蚀防护等众多研究领域及商业应用中都可以看到导电高分子的身影(图 4-3)。

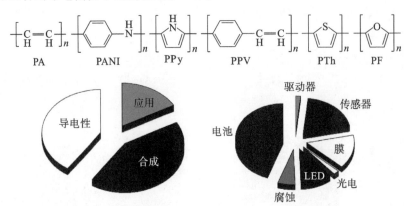

图 4-3 典型导电高分子的化学结构及其研究和应用领域

1. 导电高分子的导电机制

自由电子是金属导电的载流子,电子带负电荷,具有自旋和自旋磁矩。半导体的价带中填满了电子,但导带中却没有电子,通过掺杂,施主杂质原子可以向导带中注入电子使半导体导电,载流子即导带中的电子,而受主杂质原子将从价带中吸收电子,留下带正电的空穴可以在半导体中运动传导电流,此时载流子为价带中的空穴。因此,电子和空穴均可作为半导体的载流子,空穴表示价带中少了一个电子,带正电的同时也具有自旋和自旋磁矩。导电高分子的聚合物分子具有大的共轭体系结构,π 电子的离域性很强,应该也能够提供电子或空穴等载流子,在电场作用下,沿高分子聚合物分子链做定向迁移,则材料导电。在对聚乙炔的研究中发现,聚乙炔中每个碳原子都有一个 π 电子,但由于一维体系的不稳定性,纯净的聚乙炔是不导电的,掺杂施主杂质(如 Li、Na、K 等)或受主杂质(如 Cl、I、Br 等)后,聚乙炔能够导电,类似于半导体。通过 Na 掺杂实验发现,当 Na 浓度增加到 5% 时,聚乙炔的电导率从 10^{-9} S·cm^{-1} 增大至 10 S·cm^{-1},说明出现了大量的载流子。

通过自旋共振的方法观察载流子的自旋磁矩,如果测出的磁化率大于零,则这些载流子可能是电子或空穴,但实际测得磁化率等于零,载流子有电荷但没有自旋,即不是电子或空穴。由此,物理学家 A. Heeger、J. R. Schrieffer 和苏武沛提出了孤子理论,认为聚乙炔中的载流子是孤子,孤子可以带正电或负电,但没有自旋,聚乙炔中观察到的电、磁及光谱学等方面的实验结果采用孤子理论能够很好地进行解释。经过一系列的深入研究,人们逐渐达成共识,认为导电高分子的载流子是由孤子、极化子或双极化子等构成的。

理解孤子要先认识孤波。孤波是一种波,在水面传播,具有特殊性质,形状是一个孤立的波峰,传播过程中保持不变,波形局限在有限的范围内,在此范围之外,波幅很快降至零,波动能量也基本定域在这一范围内,即具有定域性,同时在传播过程中孤波波形保持不变,传播速度恒定,具有稳定性。除此之外,如果两个孤波发生碰撞,之后各自波形仍能恢复,传播方向及速度继续保持,具备完整性,即类似粒子的性质,同时拥有这三种性质的孤波被称为孤子。分子共轭体系中的单双键交替排列并不是完全均匀时,在热异构化过程中会生成不成对的 π 电子,可以稳定地存在于能量相同而构型差异的两个简并态的交替处,被称为"畴壁",这类"畴壁"具有定域性、稳定性和完整性,即中性孤子,自旋为 1/2。这个不成对 π 电子存在于能隙中央的非键轨道能级中,很容易与掺杂剂发生反应,失去电子给受体杂质成为正离子,从施主杂质得到电子成为负离子,形成了载流子——自旋为零的荷电孤子,在电场作用下定向运动而导电(图 4-4)。

图 4-4 聚乙炔中孤子的结构

聚乙炔分子链上的孤子载流子即是这种畴壁型的,携带正电荷或负电荷,自旋和自旋磁矩为零,宽度延展且电荷离域于约 15 个碳原子范围,定域内的单双键长交替消失。但是,中性孤子在分子链上的浓度较低,大部分掺杂剂还会在正常的单双键交替部位得失电子,生成离子自由基,这种离子自由基与孤子不同,它两边的位相是相同的,这种化学中的离子自由基在物理学里被称为极化子。其中,失去电子给受体杂质生成的离子自由基是带有正电荷的极化子,而从施主杂质得到电子生成的离子自由基为带负电荷的极化子。极化子带有电荷,在电场作用下沿共轭分子链运动形成电流,成为载流子。反式聚乙炔的基态有两个,二者是简并的,因此能够产生孤子和极化子,而顺式聚乙炔、聚吡咯、聚噻吩等只有一个基态,不能产生孤子,但可以形成极化子(图 4-5)。

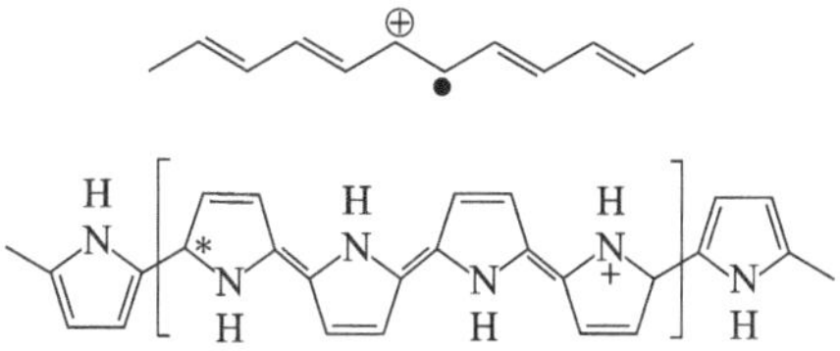

图 4-5 聚乙炔和聚吡咯中极化子的结构

导电高分子聚合物分子链被氧化掺杂后生成极化子(正离子-自由基对),如果进一步提高氧化程度,增加共轭链上极化子的浓度,两个相邻的极化子逐渐靠近,其中的自由基会结合成键,成为正离子-正离子对,是电量为 +2e 的极化子,即双极化子。一般情况下,极化子和双极化子的浓度越高,导电高分子的电导率越高。由于共轭链上形成载流子——自旋为零的荷电孤子、极化子或双极化子,局部单双键交替消失,载流子在分子链上运动形成电流,掺杂共轭导电高分子的这一导电机理已广泛被人们所接受(图 4-6)。

2. 导电高分子的合成方法

导电高分子可以较容易地通过化学或电化学方法合成,两种方法的优劣之处如表 4-1 所示。化学合成法包括缩合聚合(逐步聚合)和加成聚合(链增长聚合),缩合聚合反应进行的同时伴随着小分子(如 HCl 或 H_2O)的损失,自由基、阳离子和阴离子聚合反应都属于加成聚合,合成时通过聚合物链端的活性自由基、阳离子或阴离子中间态引发聚合。化学合成

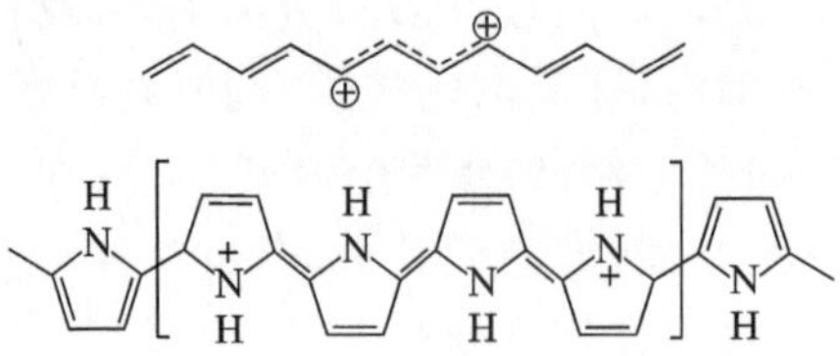

图 4-6　聚乙炔和聚吡咯中双极化子的结构

法不仅提供了许多可能的路线合成各种导电高分子,也能够按比例扩大进行大规模生产,这是目前电化学合成方法所不能实现的(图 4-7)。

表 4-1　导电高分子合成的化学合成和电化学合成方法比较

聚合方法	优势	不足
化学合成	可满足大规模生产需求 可在聚合后对导电高分子进行共价修饰 更多方法可供导电高分子主链进行共价修饰	无法制备薄膜 合成较为复杂
电化学合成	可制备导电高分子薄膜 合成简单 易于在导电高分子中嵌入其他分子 聚合的同时实现掺杂	难以从电极表面剥离薄膜 聚合后难以对导电高分子进一步共价修饰

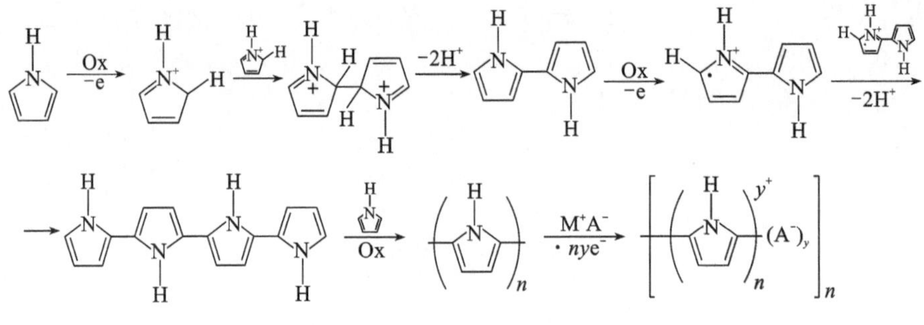

图 4-7　导电聚吡咯聚合机理

电化学方法常常用来代替化学方法合成导电高分子,合成过程也很容易。电化学合成导电高分子的历史可以追溯到 1968 年在吡咯和硫酸水溶液中"吡咯黑"在铂电极上的电沉积。目前电化学合成主要是在含单体、电解质(掺杂离子)和溶剂的溶液中,采用三电极(工作、参比和辅助电极)体系进行的,电流通过溶液,电沉积在带正电的工作电极或阳极上发生,单体在工作电极表面被氧化,生成阳离子自由基,与其他单体或阳离子自由基反应,在电极表面形成不溶的聚合物膜。其中一些重要的变化参数是必须考虑的,包括电沉积时间、反应温度、溶剂体系(水含量)、电解质、电极材料及聚合电压、电流和电量等。每一个参数都会影响到导电高分子膜的形貌、厚度、机械性能、电导性及电化学活性等,这些特性会直接影响材料的应用价值。例如,在非质子非亲核性溶剂中合成的导电高分子具有更好的机械强度和更高的电导性,这是因为在质子亲核性溶剂中,溶剂会与聚合物链发生副反应,从而限制和破坏分子链的增长,导致更多的结构缺陷。

合成导电高分子的电化学方法和化学方法之间最显著的区别是,采用电化学方法可以得到非常规整的薄(20 nm 数量级)的导电高分子膜,而化学方法一般只能得到粉末状或者非常厚的聚合物膜。所有的导电高分子都可以通过化学方法合成,但电化学合成仅限于那些单体能够在某一电位下被氧化形成活性离子自由基中间态的体系。常见的导电高分子如聚吡咯、聚噻吩、聚苯胺和聚乙撑二氧噻吩等均可通过化学和电化学方法合成,但一些单体被修饰的新型导电高分子的合成只能通过化学方法得以实现。

3. 导电高分子的研究技术

在近几十年来,大量的技术及手段被开发并应用到导电高分子的研究及原位监测中,包括电化学方法、动态接触角测量、石英晶体微质量测量、光谱法(如红外、紫外-可见、拉曼、圆二色谱、核磁共振谱等)、色谱法、扫描探针显微镜、原位机械实验等。

由于导电高分子固有的电导性,电化学方法(如循环伏安法、交流阻抗法等)作为一种有力的研究手段很自然地被广泛采用,能够提供有关导电高分子-溶液界面的大量信息。最常采用的电化学方法首选循环伏安法,即对溶液中的导电高分子电极进行电位扫描,测定电流随之变化的规律。电流变化是氧化/还原过程及伴随着的离子嵌入/脱嵌的结果,为导电高分子的电化学活性提供了非常有用的信息。通过循环伏安曲线的峰位置可以知道其氧化/还原电位值,而电容量则可根据曲线封闭的面积定量测得。比较氧化/还原峰面积,也能够作为评价电化学反应可逆性的依据。电化学石英微量天平法是将导电高分子电沉积在喷金的石英晶体上,对聚合物电化学氧化/还原过程中质量的动态变化进行原位监测,尤其是在研究体系较复杂时,这一技术更能提供有用信息。例如,聚合物被还原,阴离子的脱嵌就可以通过质量的减少来进行验证,在含有聚电解质体系中,阳离子的迁移相比阴离子更占优势,反映为负电位下聚合物质量的增加。Fletcher 等还通过电阻法原位测定了导电高分子的电导性随施加电位的变化。

基于 Pei 和 Inganas 等研究工作的电-机械性能分析法,能够在电解池中拉伸导电高分子膜,电位扫描的同时监测膜内的力、膜长度或体积的变化。离子嵌入聚合物内引起膜体积膨胀和应力松弛,而离子从聚合物内脱出导致膜体积收缩及应力增加。通过这种原位的机械性能测试,在聚吡咯膜上观察到,从还原态转化为氧化态,出现了强烈的可延展性到脆性的转变。反相色谱法是以导电高分子为色谱柱的固定相或薄膜层,一系列分子探针用来检测聚合物与这些分子之间的相互作用,并且可以通过对导电高分子施加电化学刺激来研究这些电刺激对聚合物与分子间相互作用的影响,通过这一方法,可以很好地测定导电高分子作为离子交换树脂的性能。Wilhelmy 板技术可以测定导电高分子/溶液界面的动态接触角,研究不同体系的润湿能力,还可以在动态接触角测量的同时对聚合物施加电刺激,分析电刺激对聚合物与溶液环境相互作用的影响。光谱技术是研究导电高分子聚合物分子结构及分子链间相互作用的非常重要的手段,常用的方法有紫外-可见、红外和拉曼光谱,并且可以在电化学测试的同时进行原位光谱分析。例如,在研究导电高分子的稳定性时,可以通过红外或拉曼光谱反映出降解过程中分子结构上的变化,进而以相应的变化作为一种评价指标。

扫描探针显微技术(SPM)在导电高分子研究中能够提供十分有用的信息,不仅能够达到原子尺寸的分辨率绘制聚合物膜表面精细形貌,还可以通过电流-电压(I-V)曲线深入了解膜表面的局部电学性质等。SPM 能够原位成像,极大地促进了导电高分子研究的进步,同时衍生出诸如电化学 AFM 和电化学 STM 等多项技术,因此,导电高分子氧化/还原过程导致的形貌结构上的变化得以实时监测。Chainet 和 Billon 曾仔细绘制了聚吡咯膜上同一区域在电化学氧化/还原循环过程中的形貌变化,观测到在氧化时聚吡咯表面瘤状结构扩展,从微观上观察了膜体积的改变,为人工肌肉的应用研究提供了理论基础。另外,微区电化学扫描技术的应用,如扫描振动电极技术(SVET)和局部电化学阻抗谱(LEIS),更是可以在微米级别对导电高分子的局部电化学性质进行测试,深入到局域或空间上的电化学信息。

4. 导电高分子的应用领域

导电高分子是一种在性质上具有很宽变化范围的材料,在电学、光学、化学及材料学的性质上有许多独特之处,具有很大的潜在应用价值。随着对导电高分子研究和技术上的突破,已经在电磁屏蔽、能量存储、光电、电致发光、电致变色、电致动、离子分离、腐蚀防护及传感器等众多领域进行了广泛的应用并不断拓展(图 4-8)。

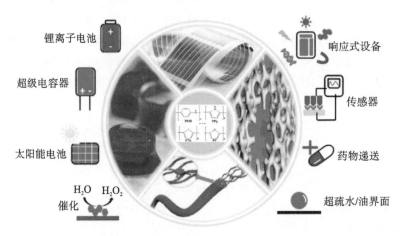

图 4-8 导电高分子广泛的研究及应用

在对导电高分子的应用研究中,首先就是对其固有电导性的应用。在电磁屏蔽的应用中,一些很容易生产、电导率较低(100~200 S·cm⁻¹)的导电高分子屏蔽电磁的效果十分显著,在很宽的频带对电磁辐射有很强的吸收,并且可将其涂覆在纺织物上加以应用。对于电子元件,静电放电(ESD)的危害十分大,导电高分子能够作为一种适当的、长时间服役且多次反复洗涤后仍能保持表面电阻和与基体良好黏附的抗静电涂层,克服了现有抗静电防护方法的许多局限性。另外,导电高分子在微电子领域也有用武之地,例如,Philips 公司就应用导电高分子开发了全塑线路芯片工艺,设计用于期望低成本和要求机械柔性的电子系统。

导电高分子如聚吡咯易发生氧化和还原反应,具有很高的电化学活性,能够被快速地充放电,在开发新型储能材料上有很大的应用前景。20 世纪 90 年代初期 Bridgestone(日本)、Allied Signal(美国)和 Volta(德国)公司商业化了一种导电高分子-锂电极固态电池,电压达 3 V,能量密度高于镍镉电池和铅酸电池数倍。另外,导电高分子涂覆的纺织物作为电池电极材料也表现出很高的性能,组装成电池后或许能为未来可穿戴电子系统提供能源。随着新能源的发展,导电高分子应用到氧化/还原型超级电容器系统,可快速地进行充放电,商用比电容已达 250 F·g⁻¹,具有较大的电容量和较高的功率密度,能够在部分电子设备和电动车上得到应用。

导电高分子膜在氧化/还原循环中离子的嵌入/脱嵌导致体积变化,体积上的变化可达 10%,长度和厚度上的变化可达 30%,体积变化产生的应力达到 10 MPa 数量级。导电高分子的致动性可与 10％击动、0.3 MPa 应力的生物肌肉和 0.1％击动、6 MPa 应力的压电聚合物相媲美,且仅需要 1~5 V 的电压致动(压电聚合物需要 100~200 V 电压)。导电高分子的这种通过施加电刺激改变物理尺寸的性能完全符合电致动器件的要求。Honeywell International 公司就应用导电高分子构建了微型机械光学器件的低功率低电压活动部件,而美国航空航天局(NASA)也曾在其火星探测器上引入了低功率轻型导电高分子致动器作为擦窗器。近些年来,工业界也应用导电高分子的电致动性结合生物医学电子学成功开发了人工肌肉,如瑞典的 Micro-Muscle 和日本的 EAMEX。

电致变色器件是导电高分子另一个非常值得关注的应用。例如:施加正电位氧化聚吡咯可以使其由无色变为黑色;对聚苯胺施加电位也会导致其颜色一系列的变化;聚噻吩薄膜能够从氧化态的红色变为还原态的蓝色。这一性能有可能应用在广告显示屏和智能窗上,甚至扩展到信息存储器件。

导电高分子也被开发应用到聚合物光电器件及太阳能电池上,典型的装置即将光敏聚合物(如聚苯乙烯撑及其衍生物)夹在两片电极之间,一个是透明材料如氧化铟导电玻璃,另一个为低功函数金属如铝或钙。聚合物吸收光产生的激发子(电子-空穴对)在适合的界面上分离,导致电荷分离产生电流。若将上述光电器件的物理化学过程反过来便得到了电致发光二极管(PLEDs)。当电场施加在两电极上时,阴极(即低功函数金属)将电子注入导电高分子的导带,阳极氧化铟将电子从聚合物的价带移出产生空穴,在电场作用下,自由电子和空穴相对运动,二者结合发出光子。发出光的颜色主要受聚合物价带和导带间的能隙影响,例如由聚苯乙烯撑衍生物构成的 PLEDs 可以发出红、蓝、绿光。PLEDs 也成为导电高分子最具商业前景的应用之一,在商业平板显示技术领域具有不可替代的优势。

对导电高分子施加电刺激(如微小的电脉冲)从而触发其离子选择活性,可以实现对无电活性离子(如 K^+、Na^+)、金属离子(如 Cu^{2+}、Fe^{3+})以及有机小分子(如磺化的芳香族化合物),甚至蛋白质大分子等物质的运输,成功应用到离子交换树脂等分离技术领域。导电高分子还可以控制某些化学物质的释放,如抗癌药物氟尿嘧啶和消炎药地塞米松等。将待释放的小阴离子作为掺杂剂引入导电高分子内,通过控制与其氧化/还原相对应的离子嵌入/脱嵌过程,选择释放时间和调节释放浓度。另外,还可以根据外界环境变化的刺激智能地自动进行物质释放。例如,将导电高分子(如聚吡咯)和金属(如镁合金)进行耦合,当外界溶液 pH 值下降时,镁合金阳极溶解导致聚吡咯还原,阴离子大量释放;当溶液 pH 值升高时,镁合金溶解受到抑制,聚吡咯阴极还原反应停止,阴离子释放显著减缓。除了能够控制小阴离子的释放,若在聚合时选用大阴离子作为掺杂剂,当导电高分子还原时,由于大的阴离子难以脱出,溶液中的阳离子进入膜内补偿电荷平衡,实现了对阳离子的捕获,如果重新氧化聚合物,捕获的阳离子又将被释放。

导电高分子可以作为新一代的腐蚀防护涂层材料,在腐蚀介质中,对很多金属都能够提供有效的保护。自 20 世纪 80 年代中期,许多研究表明,聚苯胺、聚吡咯和聚噻吩涂层均能够显著降低低碳钢、不锈钢、铝合金及铜的腐蚀速率。导电高分子不仅可以作为完整的成膜涂层,还可分散在其他有机涂层中,德国 Omicron 化学公司就将聚苯胺添加到油漆涂料中增加抗腐蚀性能。对导电高分子的防腐蚀机理有很多解释,主要是因为其防腐蚀性能受聚合物类型、金属上的涂覆形式、膜厚、金属种类及腐蚀介质等诸多因素的影响。较多被人们所接受的解释主要为:导电高分子能够促使金属-聚合物膜界面生成一层钝化氧化膜,这层致密的氧化膜能够抑制腐蚀电化学反应的进行。另外,膜层的物理隔离作用、金属离子-聚合物配合物的形成、聚合物释放的缓蚀剂掺杂离子对金属具有缓蚀作用等,都可以解释导电高分子对金属的防腐蚀性能。

在化学及生物传感器领域,导电高分子被深入研究和广泛应用,目前已设计开发出基于导电高分子的简单阴离子、金属阳离子、小的有机分子及蛋白质的传感界面,相应的电位、电流、电容或电阻的变化都可作为检测的电信号。另外,导电高分子还可用来构建检测应力等外界物理环境变化的物理传感器。近些年来,导电高分子在生物医学领域的应用引人注目。例如在聚吡咯膜上培养细胞,尤其是像神经、骨、肌肉和心肌等一些细胞对电脉冲有响应,通过电刺激可以调节细胞活性,包括细胞黏附性、细胞运动、DNA 合成和蛋白质分泌等。许多导电高分子都在生物医学应用上呈现出显著的优势,如良好的生物兼容性,可操控释放生物分子,能够为生物化学反应传递电荷,易于快速改变聚合物电学、化学和物理学上的特性以更好地适应组织环境等。这些独特的性质使导电高分子在生物传感器、组织工程支架、神经探针、药物释放及生物致动器等众多生物科技领域得到了广泛应用。

4.2.2 导电高分子纳米材料

与导电高分子的常规大块材料相比,纳米结构的导电高分子表现出更多独特的优异性能,如高比表面积、高应变调节机械性能及柔性、缩短的电荷/离子/物质传输通道、降低的电极/电解液界面阻抗等。一系列导电高分子纳米材料被研发并广泛应用于多个领域,如能量转换与储存器件、传感器与致动器、生物医学工程设备等。导电高分子纳米材料根据其结构可分为三类:一维结构纳米线/棒/管,二维结构纳米片/膜和三维纳米多孔结构。尤其是,具有三维纳米层级多孔框架结构的导电高分子水/气凝胶,其优异的特性更加显示出其在高性能电化学器件中应用的巨大潜力,引起了广为关注的研究兴趣。

1. 一维结构导电高分子纳米材料

一维结构导电高分子纳米材料由于其优异的导电性、良好的力学性能、独特的电化学活性以及成本低、环境友好等特点,正逐渐成为能量转换与存储材料领域的重要组成部分。到目前为止,已开发了多种合成一维结构导电高分子纳米材料的策略。总体来说,合成调控方法主要分为两种:基于模板制备方法和无模板法(主要包括自组装和静电纺织等),如图 4-9 所示。

传统的硬模板法由 Martin 团队率先提出,已成为一种控制一维结构导电高分子纳米材

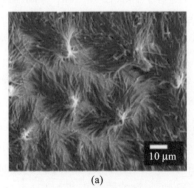

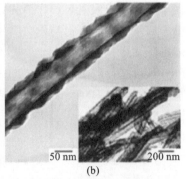

(a)   (b)

图 4-9　PEDOT 纳米线性 SEM 图与 PPy 纳米管 TEM 图

料合成的有力工具。多孔膜材料,如阳极氧化铝、嵌段共聚物、多孔硅酸盐、介孔沸石和 PTM 均是最为常用的模板。一维结构导电高分子纳米材料的尺寸、纵横比和取向等都可以通过调控合成实验参数或模板本身来进行控制。另外,已有的纳米结构材料也可以作为模板来诱导一维结构导电高分子纳米材料的生长。除了硬模板外,还可以使用软模板来获得一维结构导电高分子纳米材料。软模板通常由中间相结构所得,如表面活性剂胶束、液晶、共聚物等,其产物的形貌结构受表面活性剂的性质和链长以及聚合物单体和表面活性剂的浓度控制。

　　模板法合成途径具有普适性和尺寸可控的优势,但是,导电高分子纳米材料的合成量受模板的大小或数量的限制,从而限制了其大规模的制备。此外,模板去除后处理增加加工成本,同时可能会破坏或损害所形成的纳米结构。相比之下,采用自组装或静电纺丝的无模板方法则是高效制备一维结构导电高分子纳米材料的又一选择。自组装法是由聚合物链之间的非共价键力诱导,如 π-π 叠加、偶极子-偶极子、疏水作用、范德华力、氢键、静电作用和离子-偶极子相互作用等。PANI、PPy 和 PEDOT 均可通过掺杂离子诱导胶束路线,成功自组装制备纳米线和纳米管。静电纺织是合成一维纳米结构的另一实用技术。合成过程中,在聚合物流体和集电极之间施加了一个高压电场,当溶剂蒸发后,便产生了纳米纤维。

2. 二维结构导电高分子纳米材料

　　二维导电高分子纳米薄膜在传感器和能量转换与存储应用中十分引人注目,这是由于其具有可调控的厚度、可调控的多孔性和表面形貌以及在很大范围内的可加工性等独特特点。这种纳米薄膜的合成通常需要预处理的基底或完美的表面。导电高分子薄膜的制备一般通过电化学聚合、旋涂法或层层自组装(layer-by-layer,LBL)技术。电化学聚合是在基底上沉积超薄导电高分子膜的广泛应用方法,同时可引入其他功能化的分子或粒子,如导电添加剂、反应位点、催化剂和表面修饰等。例如,一种超薄(约 55 nm)聚吡咯-葡萄糖氧化酶(PPy-GOD)膜的制备,可通过在不含电解质的单体溶液中,施加小电流长时间电化学聚合得以简单实现。

　　为进一步增加导电高分子薄膜的孔隙率和粗糙度以增加其表面积,导电高分子网络通过在基底或表面上交互联接其纳米域或纳米孔得以构建,所制备的薄膜由于其多孔性而具有较大的表面积,有利于贯穿整个薄膜的分子扩散以及表面的相互作用。这些多孔导电高分子薄膜的合成可以通过硬模板、软模板和无模板的电化学合成得以实现。胶体粒子通常被用作硬模板来合成导电高分子多孔薄膜,例如,图 4-10 所示蜂巢结构二维 PANI 薄膜,其制备即通过在自组装聚苯乙烯纳米微球之间的间隙中电化学聚合苯胺单体。多孔导电高分子薄膜同样也可以通过软模板指导或无模板方法合成。图 4-11 所示为一种超亲水 PPy 纳米纤维多孔薄膜,即通过在磷酸盐缓冲液(PBS)中无模板电化学合成制备。

3. 三维结构导电高分子纳米材料

　　三维纳米结构已成为电子、光电和生物医学等应用中快速发展的研究领域,受到了广泛的关注。近年来,各种导电高分子三维纳米结构被开发和应用。模板诱导法是制备三维结构导电高分子纳米材料最常用的方法。导电高分子三维纳米网络可以通过在聚苯乙烯胶体阵列的间隙中聚合相应的单体而制得。以气泡和液滴作为模板,可以制备导电高分子微纳尺寸小球和容器。由高度有序导电高分子纳米线或纳米管构成的三维纳米阵列,可基于硬模板(如阳极氧化铝)或软模板(包括各种有机磺酸)制备。

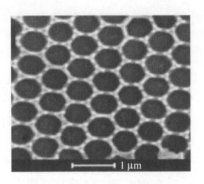

图 4-10　二维 PANI 薄膜结构

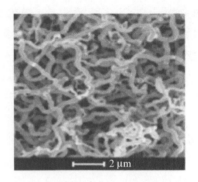

图 4-11　PPy 纳米网络

水凝胶作为一种由水溶性高分子聚合物链网络构成的具有内在三维结构的典型有机材料,具有高度多孔结构、与其他亲水分子良好的相容性及可调控的机械力学性能,在储能电极材料、传感器、药物输送等领域具有广阔的应用前景。三维纳米结构导电高分子水凝胶近来成为一类新型高分子聚合物材料,综合了水凝胶和有机导体的优势,利用了纳米材料的独特性质,具有大的有效表面积、可控尺寸和结构以及较高导电性和电化学活性的三维框架,如图 4-12 所示。导电高分子水凝胶传统的合成路线是利用多价金属离子或非导电水凝胶聚合物作为模板,另一种方法则是通过导电高分子单体和非导电水凝胶聚合物单体的共聚来制备导电高分子水凝胶。近来报道了一种合成三维导电高分子水凝胶的新方法,合成过程中采用植酸凝胶因子和掺杂剂,形成可控结构和界面的导电水凝胶网络。所制备的导电高分子水凝胶框架不含绝缘聚合物,为电子传输提供了理想的三维导电互联通路。该 PANI水凝胶在湿态下室温电导率达 $0.11\ \mathrm{S\cdot cm^{-1}}$,是所报道的导电高分子水凝胶中的最高值。这种三维多孔结构在微孔和介孔尺度下提供了较大的开放通道,如图 4-13 所示。导电水凝胶的膨胀特性为聚合物链和溶液相之间提供了额外的有效表面积,为活性分子或离子创造了更多的活性反应位点和锚定位点。此外,所制备的导电水凝胶可通过喷墨打印或喷涂技术应用于大规模制备电化学器件组,在超级电容器、锂离子电池、传感器及生物电极等诸多技术领域具有巨大潜力。

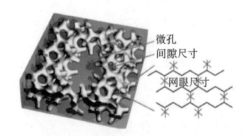

微孔
间隙尺寸
网眼尺寸

图 4-12　三维分级多孔纳米结构
聚苯胺(PANI)水凝胶示意图

图 4-13　聚苯胺(PANI)树枝状纳米纤维
互联网络 SEM 图

4.2.3　导电高分子复合纳米材料

基于导电高分子的纳米结构复合物,由于综合了各组分的本征特性且具有复合材料的协同效应,具有重要的技术价值。此外,应用特殊的合成路径,如表/界面反应、电化学合成、外延生长、原位聚合等,在导电高分子中引/并入一种或多种异质组分,可对其电化学活性、机械力学性能和导电性进行调控。当前的研究兴趣主要集中在合理地复合导电高分子与几种重要的材料体系,包括纤维素及其衍生物、碳纳米材料、金属氧化物和硫化物,以及其他功能材料,如磷酸盐类等。由于纤维素在自然中大量存在,其产品种类丰富多样,复合导电高分子和纤维素材料的制备工艺相对简单,成本低廉,引起了人们的特别关注,纤维素及其衍生物可作为原位聚合和沉积导电高分子薄层的良好基底。在制备方法上,有多种常规易行的策略可实现直接原位聚合或层层涂覆导电高分子于纤维素纤维表面,例如,使用合适的氧化剂即可实现直接原位化学聚合 PPy 于纤维素纤维表面。

与导电高分子复合的碳纳米材料通常包括碳纳米管、碳纳米纤维、石墨烯和氧化石墨烯、活性炭等,碳纳米材料作为导电框架起着至关重要的作用,有助于电荷载流子的传输和导电高分子电化学过程中的张力维持。例如,单壁碳纳米管(SWCNT)-聚苯胺(PANI)通过典型的引发剂辅助聚合过程制备,形成了 PANI 纳米纤维壳、SWCNT 核的纳米结构(图 4-14)。类似地,PANI-还原氧化石墨烯(RGO)复合物通过在 RGO 悬浮液中聚合制备。另一重要的复合材料是过渡金属氧化物与导电高分子的复合物。众多过渡金属氧化物,如 RuO_2、Fe_3O_4、V_2O_5、MnO_2、CoO_x 和其他混合 TMOs,作为导电高分子的电活性添加材料被深入研究,其较高的化学反应活性源自不同的过渡氧化态。例如,MnO_2 与 PPy 二元复合物通过 $KMnO_4$ 与 PPy 官能团之间的氧化还原交换机理制备,成功地将 MnO_2 纳米颗粒沉积进入 PPy 纳米线,如图 4-15 所示。

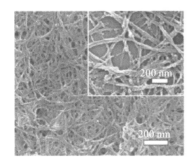

图 4-14 SWCNT-PANI 复合纳米纤维的 SEM 图　　　　图 4-15 MnO_2-PPy 纳米线的 TEM 图

类似的设计策略可同样应用于三元复合材料结构的制备,该三元复合物由碳纳米材料、过渡金属氧化物和导电高分子构成。例如,MnO_2-CNT-PEDOT:PSS 三元复合材料(图 4-16),其中 CNT 为分层多孔 MnO_2 纳米球的沉积提供了一个大面积的表面,提高了复合物的导电性能和机械稳定性;PEDOT:PSS 是 MnO_2-CNT 结构的有效分散剂,同时也是一种黏结剂材料,有助于连接膜中 MnO_2-CNT 颗粒;MnO_2 纳米球则作为活性材料。金属硫化物是另一类值得关注的材料,由于其独特的物理和化学特性(例如,与相应的金属氧化物相比,其具有更高的电导率、机械和热稳定性)以及丰富的氧化还原化学活性,可以与导电高分子进行复合。将导电高分子如聚丙烯腈(PAN)和 PANI 附着于金属硫化物是进一步提高其性能的有效途径。例如,通过简单的混合黄铁矿 FeS_2 和 PAN 固相过程,合成了 FeS_2 嵌入稳定 PAN 基体中的结构。

除了简单的氧化物-导电高分子复合物,其他功能材料如金属磷酸盐也可与导电高分子形成复合物。例如,橄榄石 $LiFePO_4$ 可与导电高分子 PEDOT 进行聚合。聚合的进行需要锂重新插入部分脱锂的 LiFePO$_4$,同时穿透沉积的聚合物涂层运输锂离子和电子,这也是 LiFePO$_4$ 有效导电涂层的功能特征(图 4-17)。目前,主要的研究兴趣覆盖了不同导电高分子和其他材料体系在表面上的合理设计及合成,但是在其界面水平间的化学修饰尚不清楚。此外,急需对复合材料的不同化学组分、形貌和结构进行详细的研究,这些对于异质材料和导电高分子之间界面的基本理解是至关重要的。

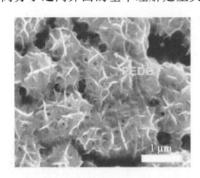

图 4-16 MnO$_2$-CNT-PEDOT:PSS 三元复合电极材料的 SEM 图

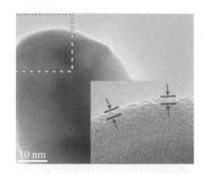

图 4-17 PEDOT-LiFePO$_4$ 复合物的 TEM 图

4.3 导电高分子电极材料应用于超级电容器

4.3.1 导电高分子及其纳米电极材料

迄今为止,由于具有独特的物理和化学特性,导电高分子材料被认为是最有前途的赝电容电容器电极材料,其中,聚苯胺(PANI)、聚吡咯(PPy)和聚噻吩(PTh)是重要的导电高分子。基于导电高分子材料的超级电容器电极具有诸多优点,如导电性好、柔性佳、合成成本低、易于操作等。众多工作研究了这些导电高分子电极材料的电化学性能并通过多种方法提高其性能。本节中将回顾基于单纯 PANI、PPy 和 PTh 材料的超级电容器电极的研究进展。

PANI 可由苯胺单体聚合而成,具有易于合成、简单的酸/碱掺杂/脱掺杂化学过程和较好的环境稳定性等诸多优点,是目前应用于赝电容电容器电极具有前景的活性材料之一。PANI 纳米结构的形貌对其电化学性能有着重要影响,因此,探寻一条方便高效的制备各种纳米结构 PANI 的合成途径尤为重要。实际上,PANI 的合成通过化学或电化学聚合是相对容易的。化学氧化聚合过程中,PANI 在水溶液中优先形成纳米纤维,另有多种聚合方法可获得 PANI 纳米纤维,界面聚合就是一种相对简单方便、成本较低的常用方法。Sivakkumar 等通过界面聚合法制备了 PANI 纳米纤维,应用于两电极水系氧化还原超级电容器,并评价了其电化学性能。该超级电容器表现出较高的初始比电容(恒电流密度 1.0 A • g^{-1} 下 554 F • g^{-1}),然而其循环稳定性较差,比电容迅速衰减。Li 等研究了 PANI 在硫酸中的理论和实验比电容,PANI 的理论最高比电容高达 2000 F • g^{-1},而通过不同方法评价得到的实验值远低于理论值,仅有少量部分的 PANI 贡献其电容量,有效 PANI 的比例取决于 PANI 的导电性和对阴离子的扩散。总而言之,纯 PANI 应用于超级电容器已进行了大量的研究,但其电化学性能尤其是循环稳定性仍无法满足实际应用要求。超级电容器的循环稳定性差,导致其比电容急剧下降,造成循环寿命短。因此,研究工作者试图通过将 PANI 与碳材料或金属氧化物复合制备 PANI 基复合材料,以提高超级电容器的性能,特别是电化学性能。

PPy 作为一种重要的导电高分子,拥有诸多优点,包括易于合成、相对较高的电容量和较好的循环稳定性等。Yang 等通过油/水界面聚合法在有/无表面活性剂条件下制备了自支撑 PPy 独立膜,在表面活性剂条件下合成的 PPy 膜拥有更小、更多的孔洞或小囊泡(图 4-18),表现出更加优异的电化学性能,比电容高达 261 F·g^{-1}(25 mV·s^{-1}),1000 次循环(25 mV·s^{-1})后初始比电容保留 75%。Li 和 Yang 通过化学氧化法,以甲基橙-FeCl$_3$ 作为反应的自降解模板,制备了 PPy 柔性膜。当 FeCl$_3$ 与吡咯单体物质的量比为 0.5 时,所获得的膜由直径为 50~60 nm、长度为 5~6 μm 的纳米管构成。该 PPy 膜表现出优异的电化学性能,其比电容高达 576 F·g^{-1}(0.2 A·g^{-1}),1000 次循环(3 A·g^{-1},1 mol·L^{-1} KCl 水溶液)后初始比电容保留 82%。Xu 等使用 FeCl$_3$-甲基橙复合物作为模板,通过原位聚合法制备了 PPy 纳米棒涂覆的导电棉织物,可直接作为超级电容器电极应用,表现出较高的比电容和能量密度(0.6 mA·cm^{-2} 电流密度条件下 325 F·g^{-1} 和 24.7 W·h·kg^{-1}),但是其循环稳定性仍需进一步提高(500 次循环后初始比电容仅保留 63%)。Rajesh 等通过电化学聚合法制备了植酸掺杂的 PPy 膜,最高比电容可达 343 F·g^{-1}(5 mV·s^{-1}),4000 次循环(10 A·g^{-1})后初始比电容可保留 91%,表现出优异的循环稳定性。PPy 基电极的微结构和性能受到诸多因素影响,包括制备方法、基底、掺杂剂、模板等。通过对这些因素进行调控,一些 PPy 的电化学性能显著提高,而另一些则无法改进甚至衰退,导致这些 PPy 基电极仍无法满足实际应用需求。因此,对 PPy/碳材料复合物、PPy/金属氧化物复合物和其他 PPy 基复合材料的研究是十分必要的。

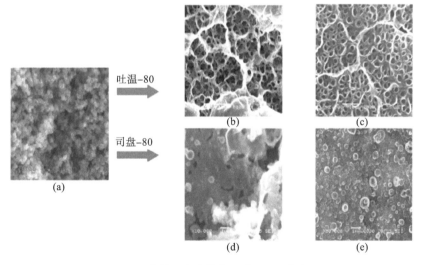

图 4-18　不同条件下合成的聚吡咯(PPy)膜的 SEM 图

PTh 及其衍生物(如聚乙撑二氧噻吩,PEDOT)是另一类有望应用于超级电容器电极的材料,由于其具有高导电性、高环境稳定性和长波吸收等特点,引起了人们的特别关注。许多工作者研究了基于纯 PTh 超级电容器电极的电化学性能,尝试了多种合成方法以提高这些电极材料的性能。Laforgue 等通过化学方法合成 PTh,表现出较高电容量(40

mA·h·g^{-1})和优秀的循环稳定性(500 次循环中电容量基本稳定)。基于该 PTh 电极组装的超级电容器在 2.5 mA·cm^{-2}电流密度下表现出 260 F·g^{-1}比电容。Ambade 等通过电化学方法在 TiO$_2$ 线表面聚合 PTh,基于该电极组装了一种全固态柔性线状对称超级电容器,其比电容为 1357.31 mF·g^{-1},3000 次循环后初始比电容保留 97%,表现出优异的循环稳定性。Gnanakan 等制备了纯 PTh 纳米颗粒,同时以酒石酸为掺杂剂,通过阳离子表面活性剂辅助聚合方法,制备了 PTh-酒石酸纳米颗粒。纯 PTh 和 PTh-酒石酸纳米颗粒的比电容分别为 134 F·g^{-1}和 156 F·g^{-1}。Nejati 利用氧化化学气相沉积法在多种基底上合成了 PTh 超薄膜,电化学实验结果表明,与空白活性炭电极相比,包覆了 PTh 膜的活性炭电极的比电容增加了 50%,5000 次循环后初始比电容保留 90%。Patil 等通过室温连续离子层吸附和反应的方法,以 FeCl$_3$ 为氧化剂,合成了非晶 PTh 薄膜,该膜电极的比电容在 0.1 mol·L^{-1} LiClO$_4$ 溶液中可达 252 F·g^{-1};并进一步通过化学浴沉积法制备了 PTh 膜,其最大比电容达 300 F·g^{-1}(5 mV·s^{-1},0.1 mol·L^{-1} LiClO$_4$/PC 溶液)。总之,应用于超级电容器的电极活性材料 PTh 的电化学性能受到多种因素影响,包括合成方法、基底、PTh 形貌等。目前,基于 PTh 超级电容器的性能已得到很大提升,但仍难以满足实际应用需求,由于其自身性质的局限,如功率密度损失快和比电容低等,其电化学性能仍弱于 PANI 和 PPy。

表 4-2 总结了导电高分子 PANI、PPy 和 PTh 电极材料的优势和不足之处。虽然纯导电高分子材料具有诸多独特的性能,但仍不适合单独作为电极活性材料使用。为了提高基于导电高分子的超级电容器的电化学性能和稳定性,研究者尝试了合成导电高分子与其他活性材料(主要包括碳材料和金属氧化物)的二元甚至三元复合物,下一小节将对其研究进展进行综述。

表 4-2　导电高分子 PANI、PPy 和 PTh 电极材料的优势和不足

导电高分子	优势	不足
PANI	柔性;比电容范围大;易于合成;易于实现掺杂/脱掺杂和高掺杂度;理论比电容高;电导率可控	比电容过于依赖合成条件;循环稳定性差;仅适用于质子型电解质
PPy	柔性;易于制备;单位体积相对较高的比电容;循环稳定性较高;可适用于中性电解质	掺杂/脱掺杂较为困难;单位质量相对较低的比电容;仅适用于阴极材料
PTh	柔性;易于合成;循环稳定性和环境稳定性较高	导电性较差;比电容较低

4.3.2　导电高分子复合纳米电极材料

1. 导电高分子与碳材料复合

通过以上讨论可知,归功于导电性能优异、电容量较高、充放电速率快、易于制备加工等优点,导电高分子(包括 PEDOT、PANI、PPy 等)已经被广泛应用于超级电容器电极活性材料。然而,循环稳定性差极大地限制了其应用,在充放电过程中,由于体积的收缩和膨胀,其结构稳定性受到严重的削弱。碳材料作为导电骨架有望缓和导电高分子的应变,与碳材料

复合已被证实是赋予导电高分子良好循环稳定性的一种直接且有效的策略。

PANI 由于导电性能良好、电容量较高且成本较低,在提高复合材料电化学性能方面起到重要作用。通过化学方法制备的 CNT/PANI 复合物一般以粉末或颗粒状形式存在,具有机械脆性。此外,黏结剂的引入减弱了电化学性能,而且其硬性结构也严重限制了柔性器件的应用。多种方法被尝试制备 CNT/PANI 复合材料,如涂覆 PANI 于 CNT 纸或膜的表面。Fan 及其同事通过在真空抽滤 CNT 膜上原位化学聚合 PANI 的方法制备了纸状 PANI 涂覆巴克纸,并基于此 CNT/PANI 纸制备了超薄全固态超级电容器,其超薄的厚度类似于 A4 打印纸,并表现出高比电容和良好循环稳定性。另外,CNT/PANI 复合膜也可通过使用带正电的 PANI 和带负电的羧基功能化 CNT 的层层自组装过程制备(图 4-19)。这些复合膜展现出交连的网络包含纳米孔洞,可通过调整层数对厚度和形貌进行控制。尽管 CNT/PANI 复合膜电极的制备和应用取得了很大进展,但仍存在着许多无法避免的不足。例如,在 CNT/PANI 中 PANI-PANI 的重叠接触具有远高于 CNT-CNT 的接触电阻,导致功率性能的衰减。Xie 等利用一种新的"骨架/皮肤"方法制备了 CNT/PANI 复合膜,该方法中,具有连续网状纳米结构的 PANI"皮肤"被电化学聚合沉积于 SWCNT"骨架"(图 4-20),这种 CNT/PANI 网络之间的连接极大地提高了导电性能。以此复合膜电极为基础组装的柔性对称超级电容器器件表现出高能量密度(131 W·h·kg^{-1})和高功率密度(62.5 kW·kg^{-1})。更进一步,将 PANI 纳米棒沉积于 CNT 表面并与 3D 多孔石墨烯-吡咯气凝胶复合,其中 CNT 可避免石墨烯层的聚集和堆叠并提高导电性,PANI 提供高赝电容,3D 多孔气凝胶有利于电解质离子的扩散,这种 PANI 纳米棒/CNT/石墨烯-吡咯气凝胶三元复合物性能十分优异,在能量存储应用中大有前途。

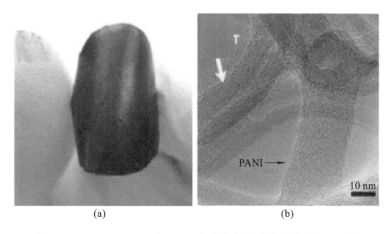

(a)   (b)

图 4-19 VA-LbL PANI/MWNT 复合电极的光学照片及 TEM 图

PPy 同样也可与 CNT 复合以进一步提高电化学性能,例如,Wu 等制备的 PPy/CNT 壳/核结构海绵状复合物(图 4-21),表现出高比电容(300 F·g^{-1})和 50% 应变 1000 次压缩循环后比电容保留 90% 的优异性能。一种石墨烯/PPy/CNT 三元复合膜通过真空过滤石墨烯和 PPy/CNT 的混合分散液制备,其中 PPy/CNT 被均匀地塞满石墨烯层间。CNT 纱线同样也被用作柔性基底负载导电高分子。Wei 等通过缠绕两根沉积有 PANI 纳米线的 γ 辐照 CNT 纱线成功制备了纱线超级电容器。而缠绕导电高分子包覆的 CNT 片成为纱线能够显著提升离子扩散进而提高电化学性能,Kim 等通过缠绕 PEDOT 包覆的 CNT 片成为双

图 4-20　SWCNT/PANI 复合膜的 SEM 图和 TEM 图

卷轴纱线制备了一种纱线电极(图 4-22),表现出高体积比电容(179 F·cm^{-3})和超过 10000 次循环后比电容损失少于 8%(缠绕)和 1%(缝纫),如图 4-23 所示。

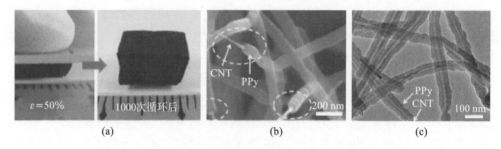

图 4-21　CNT/PPy 核/壳海绵的光学照片、SEM 图及 TEM 图

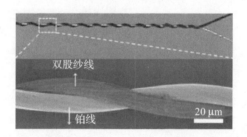

图 4-22　PEDOT/MWNT 纱线与 Pt 线缠绕的 SEM 图

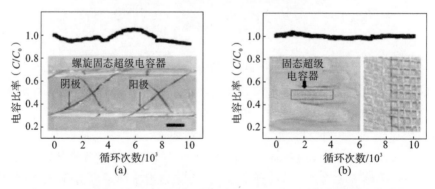

图 4-23　PEDOT/MWNT 在缠绕于玻璃管和编织进手套后的电容稳定性情况

石墨烯/导电高分子复合物可通过多种合成方法制备,包括原位化学聚合、电化学聚合和溶液混合法。原位化学聚合法制备的复合物为粉末状,制约了其在柔性超级电容器器件上的应用。电化学聚合和溶液混合法易于操作,可调控和优化分级结构和形貌。导电高分子可作为"隔膜"以阻止石墨烯片层的聚集和重新堆叠,同时提供额外的赝电容。Shi 等通过易于加工的真空过滤石墨烯和 PANI 纳米纤维水分散液的方法,开发了一种柔性的石墨烯/PANI纳米纤维复合膜,PANI 纳米纤维均匀地夹在石墨烯

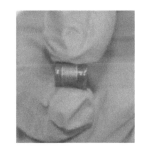

图 4-24　石墨烯/磺化 PANI 柔性微型超级电容器的光学照片

片之间,复合膜电导率可达 5.5×10^2 S·m^{-1},比纯 PANI 纳米纤维膜高 9 倍。Wong 等通过石墨烯/磺化 PANI 溶液和等离子刻蚀法,制备了一种柔性的微型超级电容器(图 4-24),表现出优异的面积比电容(3.31 mF·cm^{-2})、体积比电容(16.55 F·cm^{-3})、机械性能和循环稳定性(1000 次弯曲循环和 1000 次缠绕循环后比电容损失仅 3.5%)。3D 多孔石墨烯气凝胶和泡沫由于大的比表面积和电子/离子快速传输通道而受到广泛关注。PANI 可以沉积于石墨烯泡沫、水凝胶膜和织物上(图 4-25)。Zhang 等通过在多孔石墨烯泡沫上沉积 PANI 纳米线阵列制备了新型 3D PANI/石墨烯复合物,基于该复合物组装的超级电容器器件表现出 790 F·g^{-1}(205.4 F·cm^{-3})的比电容、17.6 W·h·kg^{-1} 的能量密度和 98 kW·kg^{-1} 的功率密度。

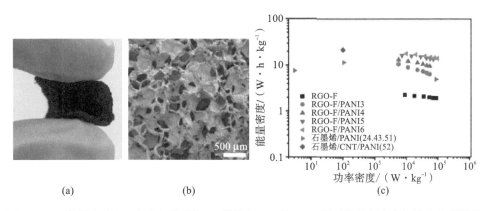

图 4-25　石墨烯泡沫/Ni 泡沫光学照片、石墨烯/PANI 的 SEM 图以及其复合电极的电化学性能

碳纤维织物亦可作为负载石墨烯/导电高分子复合物的基底,Xu 等通过丝网印刷石墨烯-PANI 墨水于碳布之上制备了石墨烯/PANI 膜电极,石墨烯-PANI 墨水的质量比通过球磨法按配方制备,膜厚度可通过墨水配比、刮板的速度和筛网尺寸很好地进行调控。基于石墨烯/PANI$_{1:1.5}$ 墨水装配的器件表现出 269 F·g^{-1} 的比电容、9.3 W·h·kg^{-1} 的能量密度和 454 kW·kg^{-1} 的功率密度。更进一步,通过原位聚合法,银纳米颗粒可被嵌入石墨烯/PANI 复合物中,其中银纳米颗粒可有效降低电阻,产生了超高的比电容(828 F·g^{-1})和优异的循环稳定性(3000 次循环后比电容保留 97.5%)。除了 PANI,其他导电高分子材料如 PPy、PEDOT：PSS 和 PSe 等同样也作为高电容量氧化还原活性材料与石墨烯进行复合,制备石墨烯基高能量密度复合电极。例如,在 V_2O_5 种子和 H_2O_2 存在下通过原位聚合 PPy

纳米线于氧化石墨烯(GO)片层之上和随之的化学方法还原 GO,可制备柔性还原氧化石墨烯(rGO)/PPy 复合电极(图 4-26)。基于此 rGO/PPy 电极和 PVA/H_2SO_4 凝胶电解质而装配的全固态超级电容器表现出优异的电化学性能,比电容达 434.7 F·g^{-1}(1 A·g^{-1}),循环稳定性能显著(5000 次循环后比电容损失低于 12%)。

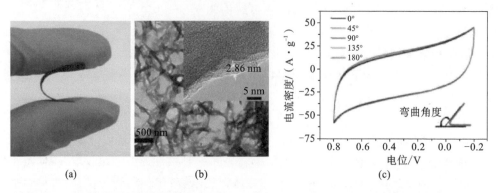

图 4-26 柔性石墨烯/PPy 复合电极材料的光学照片、TEM 图以及在各种弯曲下的 CU 曲线

2. 导电高分子与金属氧化物复合

导电高分子壳层通常被设计成包覆过渡金属氧化物核以提高复合物电化学性能。Wu 等利用 PPy/V_2O_5 核/壳复合物为阳极、活性炭为阴极,制备了非对称电化学电容器,工作电压范围 0~1.8 V,能量密度 42 W·h·kg^{-1},10000 次循环后比电容保留 95%(图 4-27)。PPy/MnO_2 复合物合成于聚丙烯膜之上,所得柔性电极比电容可达 110 F·g^{-1},1500 次循环后比电容损失仅 6%。导电高分子同样也可作为促进过渡金属氧化物生长的基底。例如,Alsharref 等通过原子层沉积法在 PANI 纳米纤维表面涂覆了一薄层 RuO_2,制备了 PANI/RuO_2 核/壳纳米结构钢阵列(图 4-28),超薄的 RuO_2 壳层可加强 PANI 在充放电过程中的结构稳定性,同时增加额外赝电容。基于此 PANI/RuO_2 的对称赝电容电容器表现出高达 710 F·g^{-1}(5 mV·s^{-1})的比电容和优异的循环稳定性(20 A·g^{-1}循环 10000 次后比电容损失仅 12%,如图 4-29 所示)。此外,MnO_2 絮凝物可通过浸渍 PANI 纳米纤维于 $KMnO_4$ 溶液的方法沉积于 PANI 纳米纤维表面,MnO_2 负载量可通过 $KMnO_4$ 溶液浓度进行控制。

导电高分子和过渡金属氧化物复合物可通过一步法原位化学氧化或电化学共聚合制

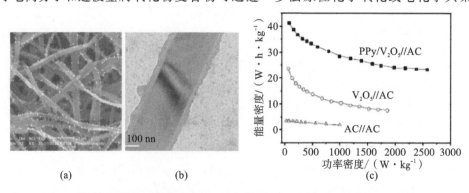

图 4-27 PPy/V_2O_5 核-壳复合物的 SEM 图与 TEM 图以及其组装的对称和
非对称超级电容器电化学性能

图 4-28 PANI/RuO₂ 核-壳纳米纤维阵列的 SEM 图和 TEM 图

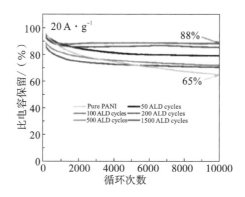

图 4-29 基于不同 PANI/RuO₂ 核/壳纳米纤维超级电容器器件的循环稳定性能

备。Liu 等利用垂直的 AAO 模板通过电化学共沉积法很容易地制备了同轴核/壳 MnO_2/PEDOT 纳米线,其中 PEDOT 壳层的厚度和纳米线的长度可通过电压参数进行控制。类似地,超细 β-MnO_2/PPy 纳米棒(直径<10 nm)亦通过原位共沉淀过程制备,与纯 β-MnO_2 的 7 $F \cdot g^{-1}$ 比电容相比,β-MnO_2/PPy 纳米棒的比电容高达 294 $F \cdot g^{-1}$,可比肩晶体结构最好的 α-MnO_2。具有不同氧化还原状态的混合金属氧化物,如尖晶石铁氧体(MFe_2O_4,M=Mn,Co 或 Ni),为高性能超级电容器开辟了另一条前景广阔的道路。例如,$CoFe_2O_4$/石墨烯/PANI 复合物通过一种易于操作的两步法制备,其中 $CoFe_2O_4$/石墨烯首先通过水热法合成,接下来苯胺单体原位化学聚合于 $CoFe_2O_4$/石墨烯之上,所得 $CoFe_2O_4$/石墨烯/PANI 表现出优异的、源自 EDLC 和赝电容的电化学能量存储性能。

3. 导电高分子/碳材料/金属氧化物三元复合

过渡金属氧化物可提供较高的能量密度但受限于低电导率,优化其性能的一条有效途径便是与碳材料或导电高分子进行复合。然而,导电高分子/金属氧化物复合物的短板是其循环稳定性差,而碳材料/金属氧化物复合物目前的性能水平仍难以满足实际应用需求,增加金属氧化物的负载量可能会有所改善,但又会导致纳米材料的聚集或堆叠。因此,导电高分子/碳材料/金属氧化物三元复合物将为高性能超级电容器的开发提供一条前景广阔的新途径。

构建三元复合材料的一条简单有效的途径便是直接沉积导电高分子于碳材料/金属氧化物二元复合物之上。Gao 等通过原位包裹一薄层 PPy 于 MnO_2 纳米片包覆的碳纤维之上,合成了碳纤维/MnO_2/PPy 三元复合物(图 4-30),基于此三元复合物制备的全固态超级电容器表现出优异的机械柔性和循环稳定性,体积比电容达 69.3 $F \cdot cm^{-3}$,能量密度达

6.16×10^{-3} W·h·cm^{-3}。该三元复合物实现了碳纤维高导电性、MnO$_2$ 纳米片高比表面积和 PPy 高赝电容的优势整合。其他三元复合材料,包括石墨烯/TiO$_2$/PPy、石墨烯/MnO$_2$/PANI、石墨烯/MnO$_2$/PPy 等,同样被合成并应用于电化学能量存储。例如,石墨烯/NiO/PANI 复合物通过原位化学聚合 PANI 于 NiO/石墨烯表面而制备,表现出高达 1409 F·g^{-1}(1.0 A·g^{-1})的比电容和良好的循环稳定性(2500 次循环后比电容损失仅 8%)。碳材料/导电高分子二元复合物也可作为水热法或电沉积法生长金属氧化物的良好基底,Wu 等制备的 3D 分级核-双壳纳米结构三元碳纳米管/PPy/MnO$_2$ 海绵状复合物作为可压缩超级电容器电极,其比电容最高可达 305.9 F·g^{-1},能量密度可达 8.6 W·h·kg^{-1},功率密度可达 16.5 kW·kg^{-1},该结构中 3D 碳纳米管海绵作为柔性内核,PPy 层和 MnO$_2$ 层分别作为内壳和外壳(图 4-31)。

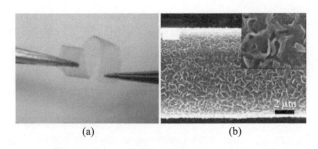

图 4-30　柔性 PPy/MnO$_2$/碳纤维复合电极的光学照片及 SEM 图

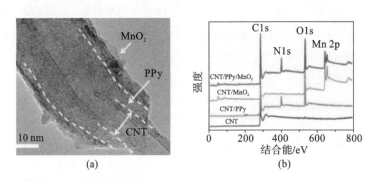

图 4-31　CNT/PPy/MnO$_2$ 核-双壳结构 TEM 图及其 XPS 谱图

4. 导电高分子与金属有机框架材料复合

金属有机框架材料(metal-organic frameworks,MOFs)是由有机配体和金属离子或团簇通过配位键自组装形成的具有分子内孔隙的有机-无机杂化材料金属配合物,是近年来迅速发展的新材料,其结构稳定,具有长程有序性、孔尺寸可调控、大量的孔道结构、较高的比表面积、丰富的表面官能团等特点,受到了材料领域的青睐。MOFs 的孔道结构丰富、比表面积高,满足电化学双电层电容器(EDLC)电极材料的要求;同时,丰富的金属活性位点,又具有赝电容电容器电极材料的潜力。因此,MOFs 可满足超级电容器电极材料的需求,是下一代极具发展潜力的储能电极材料。但是,绝大多数 MOFs 的导电性较差,限制了 MOFs 粒子之间以及 MOFs 和集流体之间的电子传递,导致很低的电容量,阻碍了其作为电极材料的应用,仅有少数 MOFs 直接作为电极材料应用于超级电容器储能中,多数 MOFs 仅作为牺牲模板或前驱体煅烧分解转化成碳或金属氧化物纳米材料,失去了 MOFs 自身的部分优势。为有效解决这一问题，近来，国内外研究者逐步开始在赋予 MOFs 导电性领域展开了初步探索，并进行了电化学储能应用的研究工作。总体来说，实现 MOFs 高导电性主要有两种策略，一种是合成新型导电 MOFs，其本身具有较高导电性；另一种是复合现有 MOFs 与其他导电材料，在 MOFs 粒子之间和 MOFs 与集流体之间构筑有效电子传输通道。目前已有超过 2 万种 MOFs 被合成出来，绝大多数的电导率都很低，无法满足储能应用，而少数的新型导电 MOFs 在种类、制备条件及产率、开发成本等诸多方面的限制，无法满足作为储能材料应用的巨大市场和需求。而现有 MOFs 和其他导电材料（如导电高分子）的复合便是一条简单高效的利用大多数现有低电导率 MOFs 的有效策略。

在现有 MOFs 与导电高分子的复合物应用于电化学储能的研究中，Wang 等将 MOFs 涂覆于碳布基底，然后电沉积聚苯胺（PANI）形成"MOF-PANI-MOF"连接，实现 MOFs 粒子之间的电子传递通路，同时 PANI 也提供额外赝电容，制备的 PANI-ZIF-67-CC 电极的面积比电容高达 2146 mF・cm^{-2}（10 mV・s^{-1}），组装的超级电容器器件电容量为 35 mF・cm^{-2}（图 4-32）。Qi 等采用一步法电沉积 MOFs/聚吡咯（PPy）复合材料于碳纤维

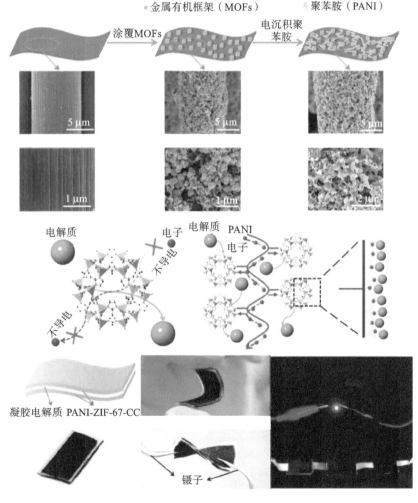

图 4-32　电沉积 PANI 于 MOFs 电极基底及其超级电容器储能应用

表面,制备了电容性能优异、机械柔性良好、工作温度范围宽的可编织纤维状超级电容器(图 4-33),PPy 充分交织于 MOFs 粒子之间以及 MOFs 粒子与碳纤维基底之间,形成了有效的电子传递通道,充分地利用了 MOFs 的高比表面积。Pang 等采用在 PPy 纳米管存在条件下原位合成 MOFs 粒子的方法,构建一种 MOFs 粒子被 PPy 纳米管"导线"贯穿的结构(图 4-34),不仅从 MOFs 粒子内部直接建立起相互之间的电子传输通路,而且无须牺牲 MOFs 多孔性的优势,开辟了赋予 MOFs 高导电性的另一条重要思路。

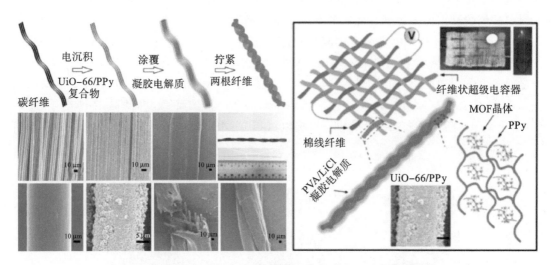

图 4-33 基于 MOFs/PPy 复合材料的可编织纤维状超级电容器

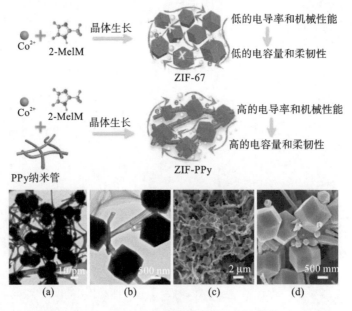

图 4-34 PPy 纳米管贯穿串联 MOFs 粒子

4.4 实验:聚吡咯/氧化石墨烯复合膜的电化学制备、表征及其电化学储能测试

4.4.1 实验目的

(1) 了解电化学方法制备聚吡咯材料的基本原理和实施方法;
(2) 了解聚吡咯材料的电化学储能特性;
(3) 掌握电化学储能测试实验的基本操作。

4.4.2 实验原理

聚吡咯(polypyrrole,PPy)因其优异的物理和化学性质,如相对较高的电导率、独特的电化学和光学特性、良好的生物兼容性以及易通过化学或电化学方法合成等,被广泛研究和应用于超级电容器、二次电池、人工肌肉、传感器、催化剂和防护涂层等领域。而且 PPy 具有较高的赝电容,是超级电容器理想的电极材料。PPy 的电容性能很大程度上取决于其电子/离子导电性、电化学可逆性、掺杂/脱掺杂过程和环境/循环稳定性能,尤其是稳定性不足一直是 PPy 在走向实际应用中的短板。PPy 与碳材料(如石墨、碳纤维、碳纳米管、富勒烯、石墨烯等)的复合是提高其电容、导电性及稳定性的一条有效途径。特别是石墨烯,一种由单层碳原子构成的平面结构碳材料,具有很高的导电性能和比表面积,是电化学能量存储前景明朗的电极材料。部分研究工作中 PPy 与石墨烯或氧化石墨烯(graphene oxide,GO)复合物的比电容和稳定性的测试结果如表 4-3 所示。

表 4-3 部分研究工作中 PPy 与石墨烯或氧化石墨烯复合物的比电容和稳定性的测试结果

电极材料	测试电解质	比电容/$(F \cdot g^{-1})$	循环稳定性
石墨烯/PPy	$1 \ mol \cdot L^{-1} \ H_2SO_4$	424 ($1 \ A \cdot g^{-1}$)	—
石墨烯水凝胶/PPy	$0.5 \ mol \cdot L^{-1} \ H_2SO_4$	348 ($50 \ mV \cdot s^{-1}$) 316 ($5 \ A \cdot g^{-1}$)	电容衰减 22% ($-0.1 \sim 0.7$ V, $5 \ A \cdot g^{-1}$,4000 次循环)
乙二醇还原氧化石墨烯/PPy	$1.0 \ mol \cdot L^{-1} \ H_2SO_4$	420 ($0.5 \ A \cdot g^{-1}$) 240 ($5 \ A \cdot g^{-1}$)	电容衰减 7% ($-0.3 \sim 0.7$ V, $1 \ A \cdot g^{-1}$,200 次循环)
剥离型石墨烯/PPy-NDS	$3 \ mol \cdot L^{-1} \ KCl$	351 ($1 \ A \cdot g^{-1}$)	电容衰减 18% ($-0.8 \sim 0.5$ V, $5 \ A \cdot g^{-1}$,1000 次循环)
氧化石墨烯/PPy 纳米线	$1 \ mol \cdot L^{-1} \ KCl$	695 ($2 \ mV \cdot s^{-1}$) 675 ($2.5 \ A \cdot g^{-1}$)	电容衰减 7% ($-0.3 \sim 0.7$ V, $50 \ mV \cdot s^{-1}$,1000 次循环)
石墨烯/PPy 纳米纤维	$1 \ mol \cdot L^{-1} \ KCl$	466 ($10 \ mV \cdot s^{-1}$)	电容衰减 15% ($-0.8 \sim 0.8$ V, $10 \ mV \cdot s^{-1}$,600 次循环)
石墨烯纳米片/PPy	$1 \ mol \cdot L^{-1} \ H_2SO_4$	482 ($0.5 \ A \cdot g^{-1}$)	电容衰减 5% ($-0.2 \sim 0.7$ V, $50 \ mV \cdot s^{-1}$,1000 次循环)

利用化学和电化学方法在一定条件下可以使吡咯(pyrrole,Py)单体氧化而得到中性或导电的 PPy。通常,电化学法制备的 PPy 比化学法具有更高的电导率和更加有序的 PPy 链结构,应用于超级电容器电极材料表现出更高的电容量。电化学方法制备 PPy 膜时,生成的 PPy 在正极上部分氧化,同时支持电解质的阴离子嵌入链间进行掺杂,生成的 PPy 膜具有较高的电导率。

$$\text{Py} + x\text{A}^- - x\text{e}^- \longrightarrow \text{PPy}^{x+} \cdot x\text{A}^-$$

电化学 PPy 导电膜可在铂电极等贵金属材料上,也可在不锈钢电极上直接形成;既可在有机溶剂中,又可在水溶液中直接形成。电化学聚合得到的 PPy 是不溶的韧性薄膜,在600 ℃左右开始分解,密度为 1.57 g·cm^{-3}左右。

本实验在水溶液中利用铂电极采用恒电流阳极氧化法合成 PPy,以 GO 为支持电解质阴离子,一步法直接在 PPy 膜中复合嵌入 GO,制备 PPy/GO 复合膜电极。用红外光谱和扫描电子显微镜对制备的 PPy/GO 膜进行表征,并用循环伏安法、电化学阻抗谱和恒电流充放电测试研究其电化学储能特性。

4.4.3　仪器、试剂和材料

电化学工作站;单槽式电解池;数字万用表;电子天平;铂电极;饱和甘汞电极;红外反射光谱仪;扫描电子显微镜。

吡咯单体;GO 水溶液;氯化钾;去离子水。

4.4.4　实验内容

1. 实验溶液的配制

(1) 吡咯遇空气或在光合作用下易聚合而变成棕黑色,长久放置的吡咯单体为黑色液体,使用前进行常压二次蒸馏提纯(在 128～132 ℃时得到无色透明的吡咯单体液体),并在氮气保护下低温避光保存。

(2) 用去离子水配制吡咯(0.20 mol·L^{-1})和 GO(5 mg·mL^{-1})混合溶液,以及吡咯(0.20 mol·L^{-1})和 KCl(0.1 mol·L^{-1})混合溶液。

2. PPy/GO 及 PPy 膜的电化学制备

(1) 工作电极的准备。用氧化铝抛光膏打磨铂电极(工作面积 1.0 cm^2)后,用蒸馏水清洗电极,再依次用无水乙醇和丙酮将电极擦洗干净。

(2) 以铂电极作为工作电极,安装好电解池,接好实验电路。取配制好的吡咯和 GO 混合溶液 20 mL 注入电解池,采用恒电流工作模式,恒电流 1 mA·cm^{-2},恒电流阳极氧化聚合 20 min,制备 PPy/GO 膜。取出工作电极(阳极),用去离子水洗净,冷风吹干,放入干燥器中保存备用。

(3) 将电解液换为吡咯和 KCl 混合溶液,在同样的条件下制备 PPy 膜。

3. PPy/GO 及 PPy 膜的红外光谱及表面形貌分析

(1) 取出干燥 20 h 以上的聚合有 PPy/GO 及 PPy 膜的铂电极,剥离薄膜,称重。

(2) 用 FTIR 分析仪测试电化学聚合得到的 PPy/GO 及 PPy 膜和干燥后的 GO 膜在400～2800 cm^{-1}区域中的红外光谱。

(3) 用扫描电子显微镜对 PPy/GO、PPy 及 GO 膜的表面形貌进行观察。

4. PPy/GO 及 PPy 膜的电化学储能性能测试

（1）将聚合有 PPy/GO 或 PPy 膜的铂电极及参比电极和辅助电极装入电解池，连接好电路。

（2）将 50 mL 配制好的 KCl 溶液（1 mol·L^{-1}）注入电解池。

（3）打开电化学测试系统电源，启动测试软件，选择"循环伏安"测试法，具体实验参数设置如下，初始电位：自然电势（OCP）；峰值电势♯1：0.50 V；峰值电势♯2：-0.50 V；终止电势：0.50 V；极化电势：相对参比电极；扫描速率分别为 5 mV·s^{-1}，10 mV·s^{-1}，20 mV·s^{-1}，50 mV·s^{-1}，100 mV·s^{-1}，200 mV·s^{-1}；循环周期：5；采样方式：固定速率（10 s^{-1}）。计算电极的比电容及其随循环伏安扫描速率的变化。

（4）重复 4(1)(2) 步骤，启动测试软件，选择"电化学阻抗谱"测试法，具体参数设置如下。直流电压：0 V（OCP）；扰动幅度：5 mV；起始频率：100 kHz；终止频率：0.01 Hz。记录电化学阻抗谱图。

（5）重复 4(1)(2) 步骤，启动测试软件，选择"恒电流充放电"测试法，具体参数设置如下。充/放电电压范围：$-0.5 \sim 0.5$ V（vs. 参比电极 SCE）；充/放电电流密度分别为 0.5，1，5，10，20 mA·cm^{-2}；循环周期：5。计算电极的比电容及其随放电电流密度的变化。

（6）循环稳定性能测试。重复 4(4) 步骤，测试循环充放电前的电化学阻抗谱；接着，重复 4(5) 步骤，充/放电电压范围为 $-0.5 \sim 0.5$ V，充/放电电流密度为 10 mA·cm^{-2}，循环周期 1000 次，测试循环恒电流充放电曲线，观察充放电曲线并计算其比电容随循环周期增加的变化；最后，再次重复 4(4) 测试，测试循环充放电后的电化学阻抗谱。

4.4.5 实验结果与讨论

1. 循环伏安测试技术下比电容的计算

循环伏安测试技术是在给电极施加恒定扫描速度的电压下，持续观察电极表面电流和电位的关系，从而表征电极表面发生的反应以及探讨电极反应机理的一种测试方法，是超级电容器电化学测试中最常用的一种技术手段，用来研究储能活性物质的电化学性质和行为。对于一个给定的电极，在一定扫描速度下对这个电极进行循环伏安测试，通过研究其电流随电压的变化，就可以计算出电极容量的大小，再根据电极活性物质的质量（或面积、体积）即可计算出这种电极材料的单位质量（或面积、体积）比电容。

$$C_m(\text{F} \cdot \text{g}^{-1}) = \int I dU \,/\, 2vmU \tag{1}$$

$$C_S(\text{F} \cdot \text{cm}^{-2}) = \int I dU \,/\, 2vSU \tag{2}$$

$$C_V(\text{F} \cdot \text{cm}^{-3}) = \int I dU \,/\, 2vVU \tag{3}$$

上式中，$\int I dU$ 为循环伏安曲线电流（A）和电压（V）包围的积分面积，v 为扫描速率（V·s^{-1}），U 为扫描的电位窗口（V），m、S、V 分别为电极活性物质的质量（g）、面积（cm^2）和体积（cm^3）。通过循环伏安测试不仅可以计算超级电容器的比电容，还可以通过曲线形状定性地确定电极材料的储能机理，通过改变扫描速率观察循环伏安曲线的形状及比电容的变化，通过改变电位窗口范围研究比电容行为的变化，比较直观地显示出其充放电过程中电极表面的电化学行为及电极反应难易程度、可逆性、析氧特性、充放电效率及电极表面吸脱附特征等。

2. 恒电流充放电测试技术下比电容的计算

恒电流充放电测试技术是使处于特定充/放电状态下的被测电极或器件在恒电流条件下充放电,考察其电位随时间的变化,研究电极或器件的储能性能,得到充放电时间、电压和电量等数据,计算比电容。

$$C_m(\text{F} \cdot \text{g}^{-1}) = It / mU \tag{4}$$

$$C_S(\text{F} \cdot \text{cm}^{-2}) = It / SU \tag{5}$$

$$C_V(\text{F} \cdot \text{cm}^{-3}) = It / VU \tag{6}$$

上式中,I 为恒定放电电流(A),t 为放电时间(s),U 为电位窗口(V),m、S、V 分别为电极活性物质的质量(g)、面积(cm^2)和体积(cm^3)。另外,由于超级电容器中电极活性材料和电解质之间存在液接电势,集流体和活性物质之间也存在接触内阻,超级电容器存在一定的内阻,充放电曲线并不完全呈直线特征,通常会发生一定程度的弯曲,放电曲线出现相应的电压降(IR 降,图 4-35),内阻越大,电压降越大,所以一般以恒电流充放电测试计算比电容时电位窗口 U 选择减去电压降部分进行计算。

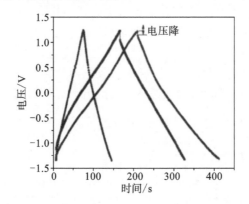

图 4-35 不同电极材料在电流密度为 1 A·g⁻¹ 下的恒流充放电曲线图及电压降

参考文献

[1] Simon P, Gogotsi Y. Materials for electrochemical capacitors [J]. Nat Mater, 2008,7:845-854.

[2] Zhong C, Deng Y D, Hu W B, et al. A review of electrolyte materials and compositions for electrochemical supercapacitors [J]. Chem Soc Rev, 2015, 44: 7484-7539.

[3] 雀部博之. 导电高分子材料 [M]. 北京:科学出版社,1989.

[4] 朱树新,顾振军. 导电性高分子材料 [M]. 上海:上海科学技术文献出版社,1981.

[5] 益小苏. 复合导电高分子材料的功能原理 [M]. 北京:国防工业出版社,2004.

[6] 李福燊. 非金属导电功能材料 [M]. 北京:化学工业出版社,2007.

[7] 孙鑫. 高聚物中的孤子和极化子 [M]. 成都:四川教育出版社,1987.

[8] 杨阳. 导电高分子声子模型的研究 [D]. 济南:山东大学,2009.

[9] 朱丽萍. 导电高聚物中载流子的输运动力学研究 [D]. 金华:浙江师范大

学，2010.

[10] 鄢永红. 导电聚合物中的载流子动力学研究 [D]. 上海：复旦大学，2006.

[11] Yan Y H，Au Z，Wu C Q. Dynamics of polaron in a polymer chain with impurities [J]. The European Physical Journal B，2004，42(2)：157-163.

[12] Yan Y H，Au Z，Wu C Q，et al. Formation dynamics of bipolaron in a metal/polymer/metal structure [J]. The European Physical Journal B，2005，48(4)：501-508.

[13] 邸冰. 共轭聚合物中极化子的动力学性质 [D]. 石家庄：河北师范大学，2007.

[14] Di B，Liu J J. Properties of excitons bound to neutral donors in GaAs-Al$_x$Ga$_{1-x}$As quantum-well wires [J]. Communications in Theoretical Physics，2006，45(5)：945-949.

[15] Diaz A F，Kanazawa K K. Electrochemical polymerization of pyrrole [J]. Journal of the Chemical Society，Chemical Communications，1979，14：635-636.

[16] Kim S H，Jang S H，Byun S W，et al. Electrical properties and EMI shielding characteristics of polypyrrole-nylon composite fabrics [J]. Journal of Applied Polymer Science，2003，87：1969-1974.

[17] Lu W，Fadeev A G，Qi B，et al. Stable conducting polymer electrochemical devices incorporating ionic liquids [J]. Synthetic Metals，2003，135-136：139-140.

[18] Killian J G，Coffey B M，Gao F，et al. Polypyrrole composite electrodes in an all polymer battery system [J]. Journal of The Electrochemical Society，1996，143：936-942.

[19] Zhao H，Price W E，Wallace G G. Transport of copper (Ⅱ) across stand-alone conducting polypyrrole membranes：the effect of applied potential waveforms [J]. Polymer，1993，34：16-20.

[20] Zhao F，Shi Y，Li J P，et al. Multifunctional nanostructured conductive polymer gels：synthesis，properties，and applications [J]. Acc Chem Res，2017，50：1734-1743.

[21] Long Y Z，Li M M，Gu C，et al. Recent advances in synthesis，physical properties and applications of conducting polymer nanotubes and nanofibers [J]. Prog Polym Sci，2011，36：1415-1442.

[22] Han S，Briseno A L，Shi X，et al. Polyelectrolyte-coated nanosphere lithographic patterning of surfaces：fabrication and characterization of electropolymerized thin polyaniline honeycomb films [J]. J Phys Chem B，2002，106：6465-6472.

[23] Zang J，Li C M，Bao S J，et al. Template-free electrochemical synthesis of superhydrophilic polypyrrole nanofiber network [J]. Macromolecules，2008，41：7053-7057.

[24] Pan L J，Yu G H，Zhai D Y，et al. Hierarchical nanostructured conducting polymer hydrogel with high electrochemical activity [J]. Proc Natl Acad Sci USA，2012，109：9287-9292.

[25] Liao Y，Zhang C，Zhang Y，et al. Carbon nanotube/polyaniline composite nanofibers：facile synthesis and chemosensors [J]. Nano Lett，2011，11：954-959.

[26] Gui Z, Duay J, Hu J, et al. Redox-exchange induced heterogeneous RuO_2-conductive polymer nanowires [J]. Phys Chem Chem Phys, 2014, 16: 12332-12340.

[27] Yu G, Hu L, Liu N, et al. Enhancing the supercapacitor performance of graphene/MnO_2 nanostructured electrodes by conductive wrapping [J]. Nano Lett, 2011, 11: 4438-4442.

[28] Lepage D, Michot C, Liang G, et al. A soft chemistry approach to coating of $LiFePO_4$ with a conducting polymer [J]. Angew Chem Int Ed, 2011, 50: 6884-6887.

[29] Yang Q H, Hou Z Z, Huang T Z. Self-assembled polypyrrole film by interfacial polymerization for supercapacitor applications [J]. Appl Polym Sci, 2015, 132: 41615.

[30] Meng Q F, Cai K F, Chen Y X, et al. Research progress on conducting polymer based supercapacitor electrode materials [J]. Nano Energy, 2017, 36: 268-285.

[31] Hyder M N, Kavian R, Sultana Z, et al. Vacuum-assisted layer-by-layer nanocomposites for self-standing 3D mesoporous electrodes [J]. Chem Mater, 2014, 26: 5310.

[32] Niu Z, Luan P, Shao Q, et al. A "skeleton/skin" strategy for preparing ultrathin free-standing single-walled carbon nanotube/polyaniline films for high performance supercapacitor electrodes [J]. Energy Environ Sci, 2012, 5: 8726.

[33] Li P, Shi E, Yang Y, et al. Carbon nanotube-polypyrrole core-shell sponge and its application as highly compressible supercapacitor electrode [J]. Nano Res, 2014, 7: 209.

[34] Lee J A, Shin M K, Kim S H, et al. Ultrafast charge and discharge biscrolled yarn supercapacitors for textiles and microdevices [J]. Nat Commun, 2013, 4: 1970.

[35] Song B, Li L, Lin Z, et al. Water-dispersible graphene/polyaniline composites for flexible micro-supercapacitors with high energy densities [J]. Nano Energy, 2015, 16: 470.

[36] Yu P, Zhao X, Huang Z, et al. Free-standing three-dimensional graphene and polyaniline nanowire arrays hybrid foams for high-performance flexible and lightweight supercapacitors [J]. J Mater Chem A, 2014, 2: 14413.

[37] Yu C, Ma P, Zhou X, et al. All-solid-state flexible supercapacitors based on highly dispersed polypyrrole nanowire and reduced graphene oxide composites [J]. ACS Appl Mater Interfaces, 2014, 6: 17937.

[38] Qu Q, Zhu Y, Gao X, et al. Core-shell structure of polypyrrole grown on V_2O_5 nanoribbon as high performance anode material for supercapacitors [J]. Adv Energy Mater, 2012, 2: 950.

[39] Tao J, Liu N, Ma W, et al. Solid-state high performance flexible supercapacitors based on polypyrrole-MnO_2-carbon fiber hybrid structure [J]. Sci Rep, 2013, 3: 2286.

[40] Li P, Yang Y, Shi E, et al. Core-double-shell, carbon nanotube @ polypyrrole

@ MnO₂ sponge as freestanding, compressible supercapacitor electrode [J]. ACS Appl Mater Interfaces, 2014, 6: 5228.

[41] Wang L, Feng X, Ren L T, et al. Flexible solid-state supercapacitor based on a metal-organic framework interwoven by electrochemically deposited PANI [J]. J Am Chem Soc, 2015, 137: 4920-4923.

[42] Qi K, Hou R Z, Jadoon S, et al. Construction of metal-organic framework/conductive polymer hybrid for all-solid-state fabric supercapacitor [J]. ACS Appl Mater Interfaces, 2018, 10: 18021-18028.

[43] Xu X T, Tang J, Qian H Y, et al. Three-dimensional networked metal-organic frameworks with conductive polypyrrole tubes for flexible supercapacitors [J]. ACS Appl Mater Interfaces, 2017, 9: 38737-38744.

[44] Zhang F, Xiao F, Dong Z H, et al. Synthesis of polypyrrole wrapped graphene hydrogels composites as supercapacitor electrodes [J]. Electrochim Acta, 2013, 114: 125-132.

[45] Liu Y, Zhang Y, Ma G H, et al. Ethylene glycol reduced graphene oxide/polypyrrole composite for supercapacitor [J]. Electrochim Acta, 2013, 88: 519-525.

[46] Song Y, Xu J L, Liu X X. Electrochemical anchoring of dual doping polypyrrole on graphene sheets partially exfoliated from graphite foil for high-performance supercapacitor electrode [J]. Power Sources, 2014, 249: 48-58.

[47] Li J, Huang X, Yang L. Fabrication of graphene oxide/polypyrrole nanowire composite for high performance supercapacitor electrodes [J]. Power Sources, 2013, 241: 388-395.

[48] Zhang D, Zhang X, Chen Y, et al. Enhanced capacitance and rate capability of graphene/polypyrrole composite as electrode material for supercapacitors [J]. Power Sources, 2011, 196: 5990-5996.

[49] 米娟, 李文翠. 不同测试技术下超级电容器比电容值的计算 [J]. 电源技术, 2014, 7: 1394-1398.

（邱于兵　齐　锴）

第 5 章
生物电化学传感器

有人把 21 世纪称为生命科学的世纪,也有人把 21 世纪称为信息科学的世纪。生物传感器正是由生命科学和信息科学集成发展起来的一门交叉学科。

5.1 生物传感器简介

自 1967 年乌普迪克等制出了第一个生物传感器——葡萄糖传感器以来,经过近半个世纪的发展,生物传感器已经成为一个涉及领域广泛、多学科介入交叉并且充满创新活力的科技领域。电化学生物传感器作为生物传感器中研究最为广泛的一个部分,不仅具有电化学传感所具有的优势,同时还具有生物传感独有的优势,能用于体内/体外检测、实时/在线分析等,检测特异性较强,从而在生命科学、生物化学分析、食品医药、环境检测等众多领域得到广泛的应用。

生物传感器一般被定义为一种将生物响应转化为可量化和可处理信号的分析装置(图5-1)。

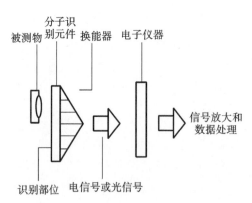

图 5-1 典型生物传感器的元素和选定组件

评价一个生物传感器的性能,主要有以下几个指标:线性范围(linear range,即生物传感器能够检测的物质浓度的有效范围),响应时间(response time),最低检测限(limit of detection,LOD),灵敏度(sensitivity),抗干扰性(anti-interference ability,或选择性)以及稳定性(stability)等。由于存在响应速度快、实验成本低、灵敏度高、选择性好等优势,电化学生物传感器已然成为热门的研究领域并在近几年得到了快速发展。因为它可以用于诊断危及生命的疾病,生物传感器正成为现代生活的重要组成部分。

5.2　纳米材料及其应用

5.2.1　纳米材料在生物传感器中的应用

在生物传感器中,纳米材料主要作为生物识别元件的固定化材料。探测手段包括传统的电化学、光学等方法,或者以纳米器件,如 FET 等方式实现生物传感。纳米材料由于本身独特的性质,如良好的化学活性及优秀的光学、电学性质等,在生物检测、医疗诊断等方面具备很好的发展空间。通过将纳米材料与电化学传感器有效地结合,可明显提高电化学生物传感器的性能。

纳米电化学生物传感器,顾名思义就是通过将纳米材料作为生物传感介质用来与特异性识别物质结合,然后将信号以电化学信号形式输出的生物传感器。纳米材料本身存在一些固有的性质,如比表面积较大、表面原子配位不全以及表面反应活性较强等,导致纳米材料表面的活性位点发生变化,其催化活性和吸附能力都得到较大的提升,这些优势为电化学生物传感器的研究提供了新的出路。

新型纳米电化学生物传感器与传统的电化学生物传感器相比,不仅实现了更快速、便捷的检测,检测结果的精确度和可靠性均得到了提升。现在广泛应用于电化学传感器的纳米材料有金纳米颗粒、银纳米颗粒、磁性纳米颗粒、铂纳米颗粒以及量子点等。随着这些纳米材料与电化学生物传感器的不断结合,新型纳米材料电化学生物传感器具有良好的发展空间。

5.2.2　贵金属纳米材料

所谓贵金属纳米材料,是指运用纳米技术开发和制备贵金属制品,得到尺寸在 $0.1 \sim 100$ nm 之间(或含有相应尺寸纳米相)的含有贵金属(金、银、铂、钯等昂贵元素)的材料。它不但具有块状贵金属的所有性能,同时也呈现出纳米材料的新奇性能,因此成为目前电化学生物传感领域中应用最为宽泛的纳米材料之一。贵金属纳米材料在电化学生物传感领域的广泛应用主要归结于以下几个方面。

(1)可明显加快电子传递。金属纳米材料作为一种典型的电极表面修饰材料,它具备优异的导电性能,可实现生物分子和电极表面的很好连接,而且可明显加快界面间的电子传递,导致电极表面的反应速率明显加快。

(2)具有较强的电催化作用。纳米材料属于纳米级别的材料,相对于颗粒而言其比表面积较大,所以纳米材料的催化活性很强,能够催化多种点活性物质。目前被广泛应用于电化学生物传感器的纳米材料有金属及其氧化物纳米粒子、碳纳米管、类普鲁士蓝等纳米材料。

(3)可用来固定生物分子。通过纳米材料将生物分子很好地固定在修饰电极表面,保证所固定的生物分子的生物构型和生物活性不被破坏,从而进行后续的实验检测。其中应用较为广泛的是通过金纳米粒子将很多种蛋白质通过氨基和巯基等基团固定到修饰电极表面。

（4）可用来对生物分子进行标记。通常选择金纳米颗粒、银纳米颗粒这些纳米材料对DNA、抗原、抗体等生物分子进行标记，不仅可以显著改善这些被标记的生物分子的性能，而且能明显提高传感器的灵敏度和检测性能。

（5）可用来作为控制反应进行的开关。一些磁性纳米材料由于具有特殊的磁性，可用作电极表面的反应控制开关从而控制电催化过程的进行。

（6）可作为反应物参与到电极反应中。有些纳米材料存在高的表面自由能，导致其化学活性高于本体材料。

1. 纳米金

自从 16 世纪欧洲现代化学的奠基人、杰出的医师、化学家 Paracelsus 制备出"饮用金"用来治疗精神类疾病以来，金就开始登上了纳米科学的历史舞台。1857 年英国科学家法拉第在研究道尔顿的理论时，利用氯化金还原出含纳米金的溶液，他的这一发现为纳米金的应用奠定了科学基础。纳米金即金的微小颗粒，其直径介于 1～100 nm 之间。纳米金不仅具有纳米材料所具有的基本特性，而且具有特殊的光电化学性质、高电子密度、介电特性和催化作用，能与多种生物大分子结合，且不影响其生物活性。

在众多的基于金属纳米材料构建的各类电化学生物传感器中，尤其以纳米金的应用最为广泛。原因是目前可通过成熟的制备合成方法合成出形貌可控、性能可控、易于功能化修饰且生物相容性好的纳米金颗粒，所以越来越多的传感器利用纳米金与生物分子进行组装而构建。金纳米材料对电化学传感器的电极表面进行修饰主要是通过共价结合力的作用。常见的共价键包括 Au—S 键、Au—N 键和 Au—C 键。金纳米颗粒构建的传感器可实现更灵敏、更快速的检测。

基于纳米金修饰的生物传感器的研究工作已有很多报道。例如 Fatemeh Hakimian 等研制了一种用于乳腺癌早期诊断的微 RNA-155（miR-155）超灵敏光学生物传感器，这种生物传感器能够从靶体 miR-155 中指定 3 个碱基对错配和基因组 DNA，其新奇之处在于它能够通过其支化的带正电荷的聚乙烯亚胺捕获无标签的靶标。该方法增加了聚乙烯亚胺覆盖的 AuNPs 表面的负载。因此，所提出的传感器可以在极低浓度下进行 miR-155 检测，检出限为 100 a mol/L，线性范围从 100 a mol/L 到 100 f mol/L（图 5-2）。

Wang 等利用静电吸附法在金属-金属卟啉网络（AuNPs/MMPF-6（Fe））上固定金纳米粒子构建羟胺传感器。该传感器的线性动态范围分别为 0.01～1.0 nmol·L^{-1} 和 1.0～20.0 nmol·L^{-1}，检出限为 4.0 nmol·L^{-1}（S/N=3）。虽然石墨烯拥有良好的物理化学性质、优良的电学性质，但也有其局限性，比如这些性质仅在二维平面方向上出现；此外，石墨烯还存在一些固有的缺陷，比如，石墨烯在溶液态中容易发生团聚，溶解性和可加工性较差，这些性质都限制了石墨烯在电化学生物传感器领域的发展。通过在石墨烯表面修饰纳米金颗粒，将其负载在石墨烯表面形成纳米复合材料可解决石墨烯在电化学传感领域的缺陷。例如Wang 等以绿色离子液体（IL）为电解质，通过简单有效的电沉积方法，在三维多孔石墨烯包覆活性炭纤维（ACF）的基础上，研制了一种新型的层状纳米复合微电极。该技术使氧化石墨烯（GO）纳米片在 ACF 上同时电沉积和电化学还原形成三维多孔的 IL 功能化电化学还原 GO（ERGO）包覆 ACF（IL-ERGO/ACF）。吸附在 ERGO 表面上的 IL 分子提供了足够

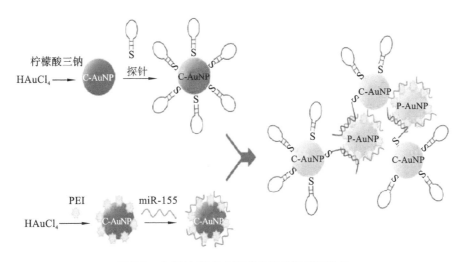

图 5-2　由探针-靶杂交而成的纳米粒子聚集体

的活性位点,并作为模板在 3D IL-ERGO 支架上原位电沉积高密度和良好分散的双金属
Pt、Au 纳米粒子。利用双金属 Pt、Au 纳米催化剂和三维多孔 IL-ERGO 在 ACF 上的独特
的结构和化学性质,制备出了一种新型的癌症生物标志物过氧化氢(H_2O_2)的电化学检测方
法,该电极具有灵敏度高、线性范围宽、选择性好等优点。在实时跟踪乳腺癌细胞等女性癌
细胞分泌的 H_2O_2 时,基于 PtAu/IL-ERGO/ACF 微电极的电化学传感器为区分不同的癌
细胞和正常细胞以及评价抗肿瘤药物对活癌细胞的治疗活性提供了重要的信息,对癌症的
诊断和治疗具有重要的临床意义。

2. 纳米银

基于银纳米粒子的电化学传感器和生物传感器平台以其高的导电性、放大的电化学信
号和良好的生物相容性,对生物医学产生了重要的影响。目前人们在基于纳米银及其纳米
复合材料的疾病分析设计方面做出了巨大的努力,如疾病标志物、生物传染病剂等。

Sengal 等用 Ni 掺杂的 Ag/c(Ni/Ag/c)纳米复合材料制作了过氧化氢(H_2O_2)传感器,
线性范围为 $0.03 \sim 17.0$ mmol $\cdot$ L^{-1},检出限为 0.01 mmol $\cdot$ L^{-1}(S/N=3)。Fekry 用银纳
米粒子修饰碳胶(CP),建立了另一种电化学检测盐酸莫西沙星的方法,该传感器检测限为
2.9 nmol $\cdot$ L^{-1},成功地在 Delmoxa 片和人尿中进行检测。Norazriena Yusoff 研究小组开发了
一种基于 rGO-全氟磺酸/Ag6 的非酶过氧化氢传感器,最低检出限为 0.5 μmol $\cdot$ L^{-1},灵敏
度为 0.45 μA $\cdot$ cm^{-2}。rGO-全氟磺酸/Ag6 纳米材料作为一种高选择性电化学传感器,可
在 NaCl、尿素、葡萄糖、多巴胺、尿酸和抗坏血酸存在条件下检测过氧化氢。

3. 纳米铂

铂纳米复合材料的电子转移过程受到材料组成、表面反应环境、晶面和取向等因素的影
响,为发展可靠、快速和精确的电极材料提供了有效的电极材料,用于多种生物标志物的分
析及疾病早期检测。

Skotadis 等提出了一种新型的纳米粒子生物传感器,用于快速、简便地检测 DNA 杂交
事件。该传感器利用杂交 DNA 的电荷传输特性,将它们与铂金属纳米粒子网络结合起来,
作为纳米间隙电极。DNA 杂交事件可以通过杂交 DNA 提供的传导桥接显著降低传感器的
电阻来检测。通过改变纳米粒子的表面覆盖度(实验可以控制其沉积时间的函数)和电极的

结构特性,最终得到了一种优化的原位检测 DNA 杂交事件的生物传感器。所制备的生物传感器具有 4 个数量级的响应范围,检出限为 1 nmol·L^{-1},可检测探针与互补 DNA 之间的单碱基对错配。Shahid 等已经建立了一种使用 rGO-氧化钴(Co_3O_4)纳米立方颗粒/铂纳米复合材料来检测 NO 的电化学传感器。rGO-Co_3O_4/铂纳米复合材料所获得的显著催化活性归因于 rGO 片中存在的金属氧化物纳米粒子和铂纳米粒子的协同效应,该传感器的最低检出限为 1.73 μmol·L^{-1}(S/N=3),线性范围为 10~650 μmol·L^{-1}。

4. 纳米钯

钯,化学符号为 Pd,在元素周期表中排序 46,1803 年被 William HydeWollaston 发现。钯的拉丁名称 Palladium 是以小行星智神星来命名的,目前一半以上的钯都用作可以"化腐朽为神奇"或者"点石为金"的高效转化催化剂。钯纳米粒子由于其巨大的催化和传感活性,在生物医学领域引起了人们的广泛关注,其尺寸和形状控制的生产对各种化学和生物分析物进行的简单的选择性催化和传感性能至关重要。与金、铂等其他贵金属相比,钯的丰度相对较高,因此它在各种电化学传感和生物传感平台上的应用成本较低。Li 等以正烷基胺稳定的钯纳米粒子(PdNPs)-葡萄糖氧化酶(GOD)修饰玻碳(GC)电极为基础,成功制备了安培葡萄糖生物传感器。C18-PdNPs-GOD/GC 生物传感器响应时间快,检出限为 3.0 μmol·L^{-1}(S/N=3),线性范围为 3.0 μmol·L^{-1}~8.0 mmol·L^{-1}。电流密度与葡萄糖浓度的线性关系为 70.8 μA·cm^{-2}·mm^{-1}。该生物传感器具有良好的稳定性、重复性和重现性,已成功应用于人血清中葡萄糖含量的测定。

5.3 碳纳米材料在生物传感器中的应用

碳纳米材料是指空间尺寸至少有一维在 100 nm 以内的碳材料。根据空间维度上纳米尺寸的不同,碳纳米材料可以分为三类,即零维、一维和二维纳米材料。1985 年罗伯特·柯尔(Robert F. Curl)等制备出 C_{60},其结构和建筑师富勒(Fuller)的代表作相似,所以称为富勒烯(Fullerene),是首次发现的零维材料。1991 年日本 NEC 公司的饭岛澄南(Sumio Iijima)博士发现了由碳原子簇组成的一种具有管状结构的物质,这就是后来人们使用的一维纳米材料碳纳米管。2004 年,英国曼彻斯特大学物理学家安德烈·海姆(Andre K. Geim)和康斯坦丁·诺沃肖诺夫(Konstantin S. Novoselov)成功地利用胶带剥离法从石墨中分离出二维碳纳米材料石墨烯,并证实它可以单独存在,两人也因此共同获得 2010 年诺贝尔物理学奖。近年来一系列新型的具有纳米级孔道结构的多孔碳材料相继发现,其导电性好、比表面积大、耐高温、抗腐蚀且稳定性高,在多相催化、传感器、光电子学等诸多领域有着广泛的应用。

5.3.1 富勒烯

1985 年,英国化学家哈罗德·沃特尔·克罗托博士和美国莱斯大学的科学家理查德·斯莫利、海斯、欧布莱恩和科乐等在氦气流中以激光汽化蒸发石墨的实验中,首次制得由 60 个碳组成的碳原子簇结构分子 C_{60}。C_{60} 的主要发现者们受建筑学家巴克敏斯特·富勒设计的加拿大蒙特利尔世界博览会球形圆顶薄壳建筑的启发,认为 C_{60} 可能具有类似球体的结构,因此将其命名为巴克敏斯特·富勒烯(buckminster fullerene),简称富勒烯(fullerene)。C_{60}的结构就像一个缺电子的烯烃,很容易与富电子物质发生反应,C_{60}的电子亲和力(2.7 eV)和电离势(7.8 eV)的估计值表明,它可以很容易地促进电子转移反应,并显示出非常丰富的电化学特性。零维纳米材料由于其尺寸相对较小,其表面原子数与总原子数之比会大幅度增加,从而改变了零维纳米材料的表面效应以及量子尺寸效应。零维纳米材料表面原子配位严重不足,性能非常活泼,因而易于团聚形成纳米簇;同时零维纳米材料有较高的表面能以及较多活性位点,因此,其催化性能将会大大提高。C_{60}分子的稳定性是由于其结构中存在测地线和电子键(图 5-3)。富勒烯独特的拓扑属性和电化学性质,如紫外-可见光吸收范围广、光热效应、结构角应变、能够容纳多个电子和内面金属原子、长寿命三线态、产生单线态氧、可作为具有亲电和亲核特性的电子受体,已经引起了研究人员对使用这种材料作为生物传感器设备中介的可能性的强烈兴趣。

图 5-3 富勒烯

近几年来,封闭笼、近球形的 C_{60} 及其类似物引起了人们极大的兴趣。例如,Zhang 等构建了一种由 Pt 纳米粒子为载体的二氧化铈(CeO_2)功能化羧基富勒烯($c-C_{60}$)($c-C_{60}/CeO_2/PtNPs$)的信号放大方法。通过链霉亲和素与生物素的良好亲和力和特异性,将采用一步法合成的纳米金/Fe-MIL-88NH_2(AuNPs/Fe-MOFs)作为载体从而提高导电性并固定更多的生物素修饰捕获探针(bio-CP)。该方法在 1 fmol·L^{-1}~50 nmol·L^{-1}范围内与 CYP2C19×2 基因的对数浓度呈良好的线性关系,检出限为 0.33 fmol·L^{-1}(S/N=3)。所研制的生物传感器实现了对人血清中 CYP2C19×2 基因的准确定量检测,并与标准 DNA 测序结果有很好的相关性(图 5-4)。

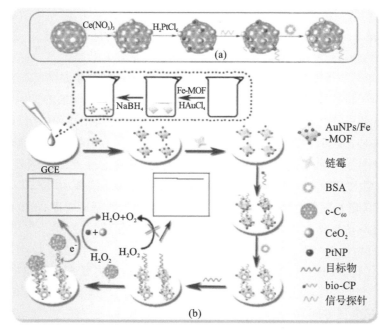

图 5-4 c-C⁶⁰/CeO₂/PtNPs/SP 信号探针的制备过程和电化学生物传感器组装过程的原理图

5.3.2 碳纳米管

碳纳米管(CNT)又称巴基管,是一种一维的纳米材料,具有良好的电学性能,并且其表面有大量的未成键电子,可以吸附一些粒子从而改变其表面的化学性质,提升其电催化性质。碳纳米管有单层和多层之分,即单壁碳纳米管(SWCNT)和多壁碳纳米管(MWCNTs)。自从饭岛澄男博士发现多壁碳纳米管和1993年发现单壁碳纳米管以来,碳纳米管因为其独特的结构、优良的机械性质和电学性质引起了广泛的兴趣,其具有尺寸小、机械强度高、比表面积大、电导率高、界面效应强等特点,在平板显示器、一维量子导线和储氢材料等方面得到了广泛的应用。

Ding等用化学气相沉积法生长的三维垂直排列的碳纳米管阵列,在高宽比(3∶1)的二维交叉电极上为敏感的电化学传感提供了高比表面积的环境。该传感器在唾液上清液基质中具有较高的选择性和灵敏性,检出限为$0.24 \text{ pg} \cdot \text{mL}^{-1}$,检测范围为$1 \sim 100 \text{ pg} \cdot \text{mL}^{-1}$,比相应的酶联免疫吸附实验更为灵敏,用于口腔肿瘤的筛查。Zhang等开发了一种新型柔性纳米复合微电极,金纳米颗粒修饰用碳纳米管阵列包裹的碳纤维。实验表明,具有微尺度尺寸和优异力学性能的碳纤维材料可作为电化学生物传感器系统中的一种稳健、灵活的微电极基片。在碳纤维上生长的高度有序氮掺杂碳纳米管阵列具有高比表面积和丰富的活性中心,有利于高密度、均匀分散的金纳米粒子的负载。当信噪比为3∶1时,检出限为50 nmol $\cdot \text{L}^{-1}$,线性动态范围可达4.3 mmol $\cdot \text{L}^{-1}$,灵敏度可达142 $\mu\text{A} \cdot \text{cm}^{-2}$。这些良好的传感性能,结合其固有的机械柔韧性和生物相容性,可用于原位实时跟踪乳腺癌细胞系 MCF-7 和 MBA-MD-231 分泌的 H_2O_2,并评估不同癌细胞对化疗或放疗的敏感性,在癌症诊断和治疗中具有广阔的临床应用前景(图 5-5)。

5.3.3 石墨烯

在碳系家族中,二维的石墨烯已成为该家族中一颗耀眼的科学明星。它作为典型的二维纳米材料的代表,是由 sp^2 杂化形成的密集排列的类似蜂窝状结构。

石墨烯为单层芳香碳原子片状纳米材料。它可以被包裹在零维的富勒烯中,可以卷成一维纳米管,也可以堆放成三维石墨。石墨烯的层与层之间通过弱的范德华力相互连接,范德华力很小,导致石墨烯很容易剥落成单层的片层结构。片层结构的纳米材料具有大的比表面积(石墨烯的比表面积高达 2630 m^2/g),而且石墨烯具有独特的物理化学性质,迄今为止,有些性能仍是独一无二的(图 5-6)。如:强度高,石墨烯的强度比金刚石还高(杨氏模量 1100 GPa,断裂强度 125 GPa);载流子迁移快,室温下载流子迁移率为 200000 $\text{cm}^2 \cdot \text{V}^{-1} \cdot \text{s}^{-1}$,是单晶硅的 100 倍。除此之外,石墨烯还具有近似原子级的超薄厚度、很好的导电性、优越的传输能力、优异的电化学和热力学稳定性、良好的生物相容性等优势,与传统的碳电极相比,石墨烯-电分析电极具有灵敏度高、检测限低、电子传递动力学快等特点,其应用为生物传感平台提供了优异的光学、电子和磁性能。世界各地的许多研究小组都在进行其相关工作,将石墨烯及其混合物应用于超级电容器,化学和生物传感器,能量转换和存储、催化,复合材料和生物医学等方面。

最近 Xu 等建立了探针密度、杂交效率和最大传感器响应的解析模型,用多通道石墨烯生物传感器实时可靠地测定 DNA 杂交的结合动力学,证明了石墨烯单晶结构域多通道模式

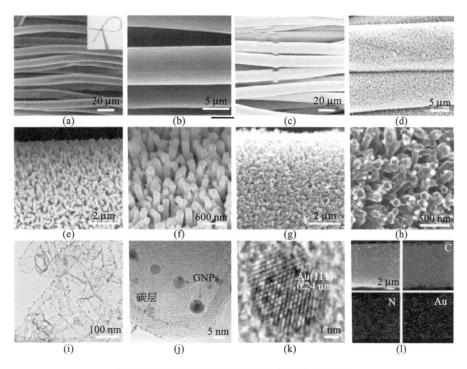

图 5-5 不同放大率的纳米复合材料的 SEM 图

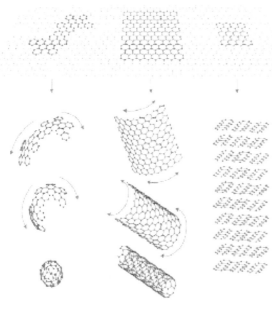

图 5-6 石墨烯

可以可靠和灵敏地测量时间和浓度相关的 DNA 杂交动力学和亲和力,对 DNA 的检出限为 10 pmol·L^{-1},能实时定量地区分单碱基突变。Sung 等制备包裹纳米粒子(NP)的氧化还原石墨烯(rGO)FET 生物传感器,用于乳腺癌关键生物标志物蛋白的选择性和灵敏性检测。利用石墨烯封装的 NPs 的新型三维结构显著增加了 FET 型生物传感器的表面体积比,从而提高了靶向癌症生物标志物的检测限(HER2 是 1 pmol·L^{-1} 和 EGFR 是 100

pmol·L^{-1})(图 5-7)。Omid Akhavan 等将 DNA、单链 DNA 和双链 DNA 的四种游离碱基（G、A、T 和 C）的电化学活性分别在还原石墨烯纳米壁（RGNW）、还原石墨纳米片（RGNS）、石墨和玻碳电极表面进行比较。当扫描次数增加到 100 次时，RGNW 电极表现出良好的稳定性，氧化信号变化仅为 15%。dsDNA，RGNW 电极的线性动态检测范围为 0.1 fmol·L^{-1}～10 mmol·L^{-1}，RGNs 电极的线性动态检测范围为 2.0 pmol·L^{-1}～10 mmol·L^{-1}。RGNW 和 RGNs 电极的最低检出限分别为 9.4 zmol·L^{-1}（约 5 dsDNA/mL）和 5.4 fmol·L^{-1}。RGNW 电极能有效地检测具有特定序列的 20 zmol·L^{-1} 寡核苷酸（约 10 DNA/mL）的单核苷酸多态性。种种优势说明 RGNW 电极能够有效地促进具有单 DNA 分辨率的超高灵敏度电化学生物传感器的开发。

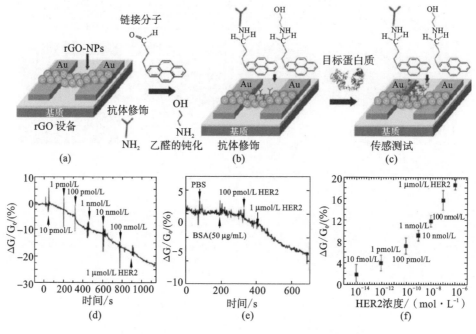

图 5-7　肿瘤标志物 HER2 的实时检测

　　石墨烯是最新发现的一种具有很多潜在应用的纳米级材料，它有着很好的应用前景，但是毕竟石墨烯的应用只有十几年，对于石墨烯的研究，还有很长的路要走。

5.4　其他材料

5.4.1　MXene 材料

　　MXene 是一种新型的二维（2D）金属碳化物，其独特的金属导电性和亲水表面等特性使其在水中较稳定，近年来引起了广泛的研究兴趣。这种罕见的组合特性使它们的应用较为广泛。MXene 是由层状碳化物（称为 MAX 相）中的"A"层进行选择性刻蚀而合成的，其形貌与剥落石墨相似。这些材料可以大量生产，保证了它们可用于各种应用的可扩展生产。MXene 作为电化学传感器在传感领域有着广阔的应用前景。例如，Rakhi 等研发了一种基于 MXene 纳米复合材料的新型安培葡萄糖生物传感器,该生物传感器充分利用了金纳米粒子与 MXene 片之间独特的电催化性能和协同效应,将葡萄糖氧化酶(GOD)固定在玻碳电极(GCE)上全氟磺酸增溶的 Au/MXene 纳米复合材料上,从而制备了电流型葡萄糖生物传感器。生物修饰的金纳米粒子在促进电极与 GOD 电活性中心之间的电子交换中起着重要作用。GOD/Au/MXene/全氟磺酸/GCE 生物传感器电极在葡萄糖浓度为 $0.1 \sim 18$ mmol·L^{-1} 范围内呈线性关系,灵敏度为 4.2 $\mu A \cdot mL \cdot cm^{-2}$,检出限为 5.9 $\mu mol \cdot L^{-1}$(S/N=3)。

此外,该生物传感器具有良好的稳定性、重现性和重复性。因此,在这项工作中报道的 Au/MXene 纳米复合材料是电化学生物传感器中电化学传感器的备用物质。Liu 等合成了一种新型的类石墨烯纳米材料-二维层状 Ti_3C_2 基材料(MXene-Ti_3C_2),并将其用于固定血红蛋白(Hb)制备无介质生物传感器。光谱和电化学结果表明,MXene-Ti_3C_2 是一种具有良好生物相容性的氧化还原蛋白固定化基质,具有良好的生物活性和稳定性。由于 MXene-Ti_3C_2 具有很大的比表面积和较高的电导率,有利于 Hb 的直接电子转移,所制备的生物传感器对亚硝酸盐的检测具有良好的性能,线性范围宽,为 $0.5 \sim 11800$ $\mu mol \cdot L^{-1}$,检出限为 0.12 $\mu mol \cdot L^{-1}$。

5.4.2 二维过渡金属纳米材料

二维(2D)过渡金属纳米材料,包括过渡金属硫化物和过渡金属氧化物,其具有平面形态和超薄厚度,在传感领域中得到了越来越多的关注。此外,由于其独特的物理、化学和电子特性,这些 2D 纳米片具有优异的生物传感性能。

近年来,有关 2D 过渡金属双卤代烃的研究有了很大的发展。这些材料采用 MX_2,其中 M 代表过渡金属,如钼(Mo)、钨(W)、钛(Ti)、锆(ZR)或铪(HF),X 代表硫、硒或碲(Te)等,呈现出非常有趣的性质。过渡金属卤代烃是类似石墨结构的层状材料,与石墨烯平行的 2D 层可以通过机械解理或插层方法隔离。单层由硫原子包围的过渡金属原子组成,硫原子与过渡金属原子共价结合(图 5-8)。然而,每个单层之间依靠范德华作用力连接。2D 过渡金属卤代烃能够提供广泛的性能。除了大的比表面积外,这些材料通过改变过渡金属卤代烃的组成或通过改变 2D 层中 M 和 X 原子的取向来表现出可调谐的带隙。由此,产生了大量有趣的可能性,包括将金属从导体转变为半导体,从而调节荧光和电化学性能。

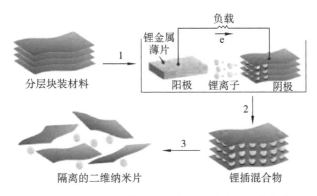

图 5-8 锂插层法制备单层或少层过渡金属双卤代烷

Deblina Sarkar 等介绍了一种基于二硫化钼(MoS_2)的 FET 生物传感器(图 5-9),该传感器具有极高的灵敏度,同时由于其 2D 原子层状结构,提供了易于图形化和器件制作的优点。这个基于 MoS_2 的 pH 传感器,其灵敏度高,对于 pH 值变化为 1 单位,并且可在较宽的 pH 范围(3~9)内高效工作。即使在 $100\ \mu g \cdot mL^{-1}$ 分子细胞浓度下,也可获得选择性高达 $193\ \mu A$ 的超灵敏特异性蛋白质传感器。虽然石墨烯也是一种 2D 材料,但它不能与基于 MoS_2 的 FET 生物传感器相比,基于 MoS_2 的生物传感器比基于石墨烯的生物传感器的灵敏度高 74 倍以上。

S
Mo

图 5-9 硫化钼(MoS_2)的结构

5.5 电化学生物传感器的应用检测

5.5.1 环境与食品方面的检测

2013 年,山东省潍坊的农户使用剧毒农药"神农丹"种植生姜;2014 年湖南省攸县 3 家大米厂生产的大米被查出严重的镉超标。诸如此类的食品安全事件致使食品安全问题成为公众最为关注的社会热点问题。但是,现有的分析方法对一些物质还不能实现有效检测分析,开发新的检测技术与方法对保证人体健康、加强环境和食品安全至关重要。因此,电化学生物传感器在环境检测和食品安全方面的应用受到了广泛关注。例如,基于石墨烯的电化学检测方法能够增强检测信号,对在食品安全和环境污染中重金属、黄曲霉素和四环素等有害物质实现灵敏检测。

1. 对 Pb^{2+}、Hg^{2+} 等重金属离子的灵敏检测

某些含重金属离子的食品摄入体内后,由于重金属具有极强的富集能力,很难排出体外,因而对人体造成多方面的损害。大部分重金属可以与蛋白质的硫基、羧基、氨基和羟基上的活性位点结合,抑制酶活性,引起蛋白质的变性,从而损害人体器官,引起一系列症状。而一些重金属离子能够将酶中的活性金属离子置换出来,使其失去原来的生理活性,对人体产生极大的毒害作用。

目前,在食品安全领域引起重大危害的有毒重金属包括铅、镉、汞。灵敏、高效的检测方法对分析食品中重金属含量,防止重金属对人体的危害起着至关重要的作用。Guo 课题组基于 Au 纳米粒子对 $[Ru(bpy)_3]^{2+}$ 的表面等离子作用,构建了一种 ECL 传感器,用于 Hg^{2+} 的检测。研究结果发现,控制 Au 纳米粒子与 $[Ru(bpy)_3]^{2+}$ 之间的距离能够有效地增强 ECL 信号强度。进一步在 Au 纳米粒子的表面连接上富含胸腺嘧啶(T)的 DNA 链用于 Hg^{2+} 的分析检测。当 Hg^{2+} 存在时,DNA 链与其形成 T-Hg-T 结构,与此同时,$[Ru(bpy)_3]^{2+}$ 可以插入 DNA 链发卡结构的凹槽中,从而产生 ECL 信号,并且 ECL 信号随着 Hg^{2+} 浓度的增加而逐渐增强,在 $10\ fmol \cdot L^{-1} \sim 10\ pmol \cdot L^{-1}$ 的范围内呈现良好的线性关系,其最低检出浓度为 $10\ fmol \cdot L^{-1}$。

Li 等利用 CdS 量子点、树枝状 Au 纳米材料和具有类似过氧化物酶电催化性能的

Ag/ZnO纳米材料,其耦合结构的表征如图 5-10 所示,研制了一种高效的 ECL 传感器用于灵敏检测 Pb^{2+}(图 5-11)。在树枝状 Au 纳米材料与 Ag/ZnO 纳米功能材料之间连接上捕获探针,在 Pb^{2+} 激活 DNA 酶之后,Ag/ZnO 纳米材料靠近电极表面,催化 H_2O_2 还原,从而降低 ECL 信号强度。该 ECL 传感器显示出较宽的线性范围($5.0\times10^{-12} \sim 4.0\times10^{-6}$ mol·L^{-1}),较低的检出限(9.6×10^{-13} mol·L^{-1})。研究发现,ECL 传感器能够实现重金属离子 Hg^{2+}、Pb^{2+} 的高效分析检测。

(a) Ag/ZnO耦合结构的SEM图

(b)Ag/ZnO耦合结构的放大扫描电镜图

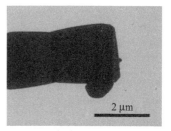
(c)Ag/ZnO耦合结构的透射电镜图

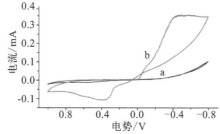
(d) a裸电极和b Ag/ZnO耦合结构修饰电极在含1.0 mmol·L^{-1} H_2O_2的Tris-HCl溶液中的循环伏安图

图 5-10　Ag/ZnO 耦合结构的表征及性质

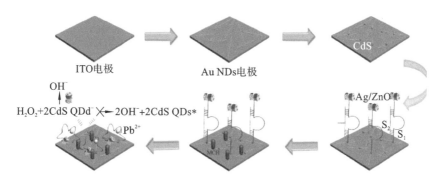

图 5-11　Pb^{2+} ECL 传感器构建过程示意图

Shurong Tang 以氧化石墨烯(GO)为催化探针和沉积底物,研制了一种新型无标记的电化学生物传感器,用于 Pb^{2+} 的灵敏检测。如图 5-12 所示,其原理为将硫代捕获探针固定在金电极表面。经 MCH 阻断后,加入 Pb^{2+} 特异性适配体,与捕获探针杂交,形成 dsDNA 结构。在 Pb^{2+} 存在下,适配体形成稳定的 G-四链结构,然后与捕获探针分离,产生游离的 ssDNA 结构的捕获探针。通过 P-P 交换,GO(用改进的 Hummers 方法以石墨粉合成石墨烯氧化物 GO)将被自由捕获探针捕获到电极表面。相反,在没有 Pb^{2+} 的情况下,捕获探针仍与适配体杂交,大大降低了 GO 的结合能力。由于 GO 具有还原 Ag⁺ 的催化活性,当在含弱还原剂的银增强液中加入 GO 修饰电极时,银离子将被还原为 AgNPs,沉积在 GO 表面。此外,GO 可以显著增加 AgNPs 的沉积量。通过方波伏安法直接检测形成的 AgNPs,实现了对 Pb^{2+} 的高灵敏检测。该方法测定 Pb^{2+} 的检出限为 80 $pmol \cdot L^{-1}$,线性范围为 0.1 $nmol \cdot L^{-1} \sim 10.0 \ mmol \cdot L^{-1}$。

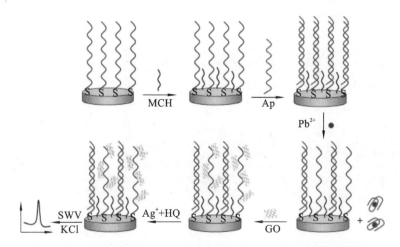

图 5-12 Pb^{2+} 基于 GO 诱导催化沉积银纳米粒子的电化学传感器原理

2. 对食品中其他物质的检测

Kim 课题组将对硫磷抗体连接在氨基化的石墨烯基丝网印刷电极表面,构建了一种用于对硫磷检测的阻抗传感器。石墨烯具有较大的比表面积,能够负载更多的抗体,并且氨基偶联的抗体有利于其与抗原对硫磷的有效结合,极大地增强了检测的灵敏度。研究发现,电极的阻抗值随着目标检测物浓度的增大而逐渐增加,并且在 0.1~1000 $ng \cdot L^{-1}$ 的范围内呈现良好的线性,检出限可以达到为 52 $pg \cdot L^{-1}$。该阻抗传感器还具有优异的选择性、良好的稳定性和重现性,并且能够用于食品中硫磷的测定(图 5-13)。

以啶虫脒、吡虫啉为代表的新烟碱类农药,这类杀虫剂以植物代谢的产物烟碱为基本结构,具有安全、高效和良好的内吸传导作用,被广泛使用在农业生产上。Fei 等进一步以制备的 Au/MWCNT@rGONR 作为啶虫脒适配体的固定平台,构建了性能更为优异的啶虫脒阻抗传感器(图 5-14)。基于 Au/MWCNT@rGONR 纳米功能材料较大的比表面积和优异的电子传递能力,该阻抗传感器能够负载更多的适配体,并且能够极大地增强检测的灵敏度。研究结果发现,该 EIS 传感器对啶虫脒的线性响应范围为 $5 \times 10^{-14} \sim 1 \times 10^{-5} \ mol \cdot L^{-1}$,检出限可以达到 $1.7 \times 10^{-14} \ mol \cdot L^{-1}$(S/N=3),并且具有较好的选择性,能够对食品中所残留的啶虫脒进行检测。

5.5.2 医疗方面的检测

电化学生物传感器在医疗检测方面也有着广泛的应用和发展空间。近年来,对重大疾病的早期预警和早期检测越来越受到人们的重视。然而,现有的检测技术虽各有优点,但存在检测耗时长、成本高、抗干扰能力差等不足。电化学测试方法具有费用低廉、检测灵敏度高、快速简便,选择性好等特点。近几年来,电化学检测技术在医学领域的发展迅速,在检测肿瘤标志物、细胞、葡萄糖和生物小分子等方面有着巨大的优势。大量的酶和模拟酶构建的

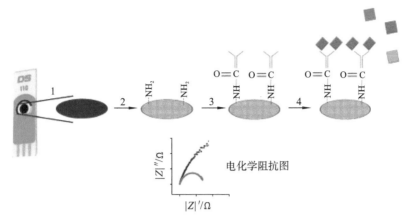

步骤1：石墨烯滴镀到含碳印刷电极的表面上
步骤2：让2-氨基苄胺负载到石墨烯上使其具有电催化性能
步骤3：将抗对硫磷抗体负载到含氨基多功能的石墨烯上
步骤4：用上述传感器对硫磷进行免疫传感器

图 5-13　石墨烯基丝网印刷阻抗传感器用于对硫磷的检测

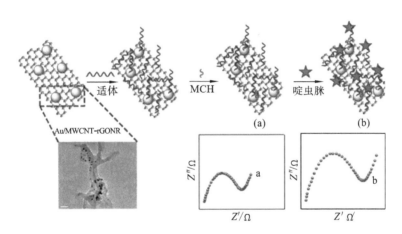

图 5-14　阻抗传感器的构建过程和啶虫脒检测的示意图

电化学生物传感器用于实现对 H_2O_2、葡萄糖、肿瘤标志物及胆固醇等生物小分子的检测，展现了广阔的应用空间。

1. 对 H_2O_2 的灵敏检测及应用

在食品、制药、临床、工业和环境工程中，H_2O_2 是一种必不可少的原料或中间体。同时，它也是包括葡萄糖氧化酶、胆固醇氧化酶、尿酸氧化酶、肌氨酸氧化酶、半乳糖氧化酶、氨基酸氧化酶，以及醇氧化酶等在内的一系列酶促反应的重要副产物。因此，发展可靠、快速、灵敏、低成本的 H_2O_2 检测方法具有重要意义。此外，它对细胞有潜在的危害，导致脂质、蛋白质和 DNA 的氧化，从而加速细胞的衰亡。H_2O_2 的细胞水平的增加与癌症发展有关。在细胞水平上准确检测 H_2O_2 将为充分了解 H_2O_2 在细胞生理学中的作用提供机会，并进一步提供对病理状况的可靠诊断。

迄今为止,已经开发并广泛研究了各种检测 H_2O_2 的电化学生物传感材料,例如,共价组装的石墨烯量子点/金电极对 H_2O_2 表现出良好的电流响应,检出限为 700 nmol·L^{-1},可用于活细胞 H_2O_2 的检测。Zhu 等合成了一种对检测乳腺癌 4T1 细胞释放的 H_2O_2 具有超灵敏和高度特异性反应的 PtW/MoS_2 杂化纳米复合材料(图 5-15),在 5 nmol·L^{-1} 的 H_2O_2 的作用下,电化学反应仍较为明显。在 MoS_2 纳米片表面原位生长 PtW 纳米晶,将 PtW 纳米晶与 MoS_2 纳米片相互结合形成杂化纳米复合材料,提高了 H_2O_2 与传感材料表面的选择性相互作用,进一步增加了传感器的灵敏度和选择性。

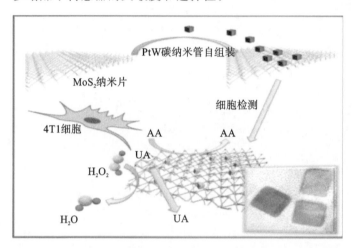

图 5-15　PtW/MoS_2 纳米复合材料检测活细胞释放 H_2O_2 的高特异性
传感性能图(AA:抗坏血酸,UA:尿酸)

与此同时,无酶传感器的 H_2O_2 检测逐渐引起人们的兴趣。近年来,铂、银、氧化铜、硫化亚铁及四氧化三铁等多种金属、金属化合物都已被成功应用于 H_2O_2 无酶传感器的构建。在电化学无酶传感器制备方面,Zhang 等利用层层组装的方法制备了($PDDA/Fe_3O_4$ $NPs)_n$ 多层膜修饰电极,成功地实现了 Fe_3O_4 纳米粒子在无酶电化学传感器检测 H_2O_2 中的应用,用该方法所制备的传感器具有较高的灵敏度和较好的稳定性。Zeng 以三磷酸腺苷(ATP)分子为桥联配体,在 Tris-HCl 缓冲液中合成了具有良好生物相容性的双金属镧系配位聚合物纳米粒子(ATP-Ce/Tb-Tris CPNs),成功地将 ATP-Ce/Tb-Tris CPNs 应用于活性氧 H_2O_2 的检测,检出限为 2 nmol·L^{-1}。如果系统中存在葡萄糖氧化酶,则可以用 ATP-Ce/Tb-三氯化萘纳米传感器测定葡萄糖。

2. 对葡萄糖的灵敏检测及应用

葡萄糖是主要的生命过程特征化合物,它的分析与检测对人类的健康以及疾病的诊断、治疗和控制有着重要意义。20 世纪 60 年代,Clark 等最先提出酶电极的设想,他们利用葡萄糖的氧化反应经极谱式氧电极检测氧量的变化,制成了第一支酶电极,该电极的问世标志着生物传感器的诞生。而葡萄糖传感器的研究一直是化学与生物传感器研究的热点。无酶葡萄糖生物传感器是无酶生物传感器中研究的重点。铂是无酶葡萄糖传感器中最早使用的电极材料。铂电极在酸性、中性和碱性溶液中对葡萄糖的电催化氧化机制已做了详细的研究。对葡萄糖具有电催化活性并可应用于葡萄糖测定的固相催化剂还包括金属或其金属氧化物、合金电极材料,有金、铱、锗、钌、铜、钴和镍。此外 Manesh 等用电纺丝的方法在玻璃上沉积聚亚乙烯基氰和聚氨基苯基硼酸纳米纤维复合膜作为葡萄糖传感器的工作电极,该电极对葡萄糖具有很好的响应性能。

随着纳米技术的飞速发展,碳纳米复合材料被用于无酶葡萄糖电化学传感器修饰电极的研制,为无酶葡萄糖电化学传感器的研制注入了新的活力。Qing 等采用电化学沉积法将 Au-Pt 纳米粒子沉积在二氧化钛(TiO_2)纳米管阵列上构建了 Au-Pt 纳米粒子修饰的二氧化钛纳米管电极(图 5-16)。该修饰电极对 H_2O_2 的氧化表现出良好的催化活性。通过进一步固载葡萄糖氧化酶,在 $0\sim1.8$ mmol • L^{-1} 范围内对葡萄糖具有较高的灵敏度。响应时间为 3 s,检出限为 0.1 mmol • L^{-1}。

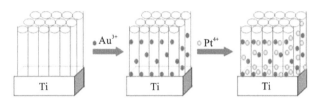

图 5-16　Au-Pt 纳米粒子沉积过程示意图

Jeykumari 等用中性功能化碳纳米管制备了一种碳纳米管的纳米复合物,并通过物理吸附固定葡萄糖氧化酶,成功实现了对葡萄糖的高效、灵敏检测。Zhang 等制备了具有大比表面积、良好导电性和电催化活性的聚苯胺(PANI)微型管,并利用其对电极进行修饰,通过静电相互作用固载葡萄糖氧化酶,成功实现了葡萄糖氧化酶的直接电化学并且展现出对葡萄糖良好的检测性能。

3. 对肿瘤标志物的检测及应用

癌症具有死亡率较高的特点,全世界有成千上万的人死于癌症,而其中 30% 的人如果发现得早将可能幸免于难。癌症一般有 5 年的生存率,倘若能够进行早期的诊断和积极的治疗,患者的生存率将会大大提高。在癌症过程中发生显著改变的分子被认为是生物标志物,具有很重要的临床意义。生物标志物可以是核酸、蛋白质、代谢物、同工酶或激素,可分为诊断性、预后性和预测性(图 5-17)。比如甲胎蛋白(AFP)、前列腺癌抗原和癌胚抗原(CEA)等肿瘤标志物。AFP 自 1970 年起就一直被当作是识别肝癌的肿瘤标志物,它已经被用于检测和诊断慢性肝病患者体内的肝癌细胞,所以检测人类血清中 AFP 的浓度对于肝癌细胞的诊断和治疗具有非常重要的意义;CEA 会在许多胃肠肿瘤中表达,例如结直肠癌、胰腺癌和胆囊癌。

肿瘤标志物的早期筛选检测是早期诊断癌症的常用方法之一。肿瘤标志物在血清、唾液和组织中浓度的变化是生物疾病治疗过程的有效指标。由于人类生物的多样性,有时单一肿瘤标志物的检测可能会导致假阳性结果,所以在一个试验中如果能同时检测多种肿瘤标志物将极大地提高诊断的效率和准确性。采用电化学分析方法来检测肿瘤标志物是一种比较常用的方法,主要是因为电化学分析方法有使用设备简单、低成本和高灵敏度等优点。由于肿瘤生物传感器具有优异的分析性能和实时检测能力,因此对肿瘤生物传感器的研究越来越受到人们的关注。

纳米技术是影响癌症诊断、检测和药物传递的研究领域之一。纳米结构和纳米材料种类繁多,在生物传感检测肿瘤标志物中取得了很大的进展。Rashidian 等为了研究纳米材料的存在可能产生的影响,设计了一项相对增强 ECL 研究。他们利用氧化石墨烯、二氧化硅和金纳米粒子对两种主要的肿瘤生物标志物(CEA 和 AFP)进行定量评估,第一种和第二种方法用于引入纳米材料,用 GO 法将二氧化硅和金纳米粒子引入电极表面,而第三种和第四种方法则没有出现特定的纳米材料。通过对比发现结果表明,如图 5-18 所示,将纳米生物

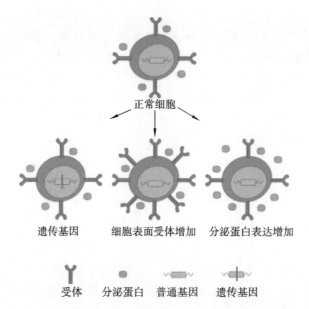

正常细胞

遗传基因　细胞表面受体增加　分泌蛋白表达增加

受体　分泌蛋白　普通基因　遗传基因

图 5-17　核酸或蛋白质在癌症期间发生重大改变的癌症发病过程

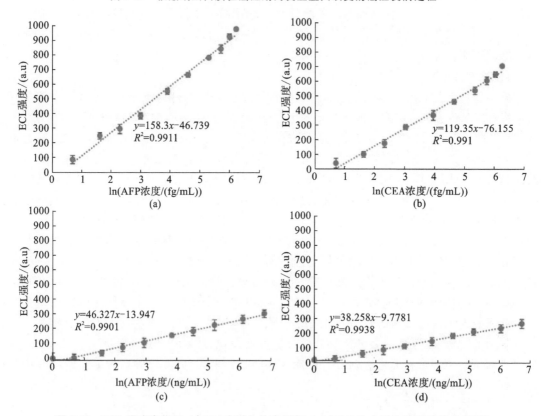

图 5-18　ECL 强度变化((a)与(b)为引入纳米材料,(c)与(d)为未引入特定的纳米材料)

材料加入免疫传感器修饰(AFP 含量:第一种和第三种方法为 1.36 fg·mL⁻¹,CEA 含量:第二种和第四种方法分别为 1.90 fg·mL⁻¹ 和 0.46 ng·mL⁻¹)后,LODS 发生了显著的变化,相应地,通过选择性、稳定性、重现性和可行性检验,验证了纳米生物材料开发高灵敏度、高效率免疫传感器的能力。

5.6 电化学传感器的发展趋势

随着人们生活水平以及工农业生产自动化水平的不断提高,对相应的化学分析手段也提出了更高的要求,这就推动了电化学传感器技术和性能不断向前发展以适应这种需求。与此同时,材料科学、微型化技术、电子学及生物技术的不断发展和相互融合,使得电化学传感器未来的发展趋势将沿着以下几个方向。

(1) 基于 MEMS 技术的微型化电化学传感器。

基于微电子机械系统(MEMS)技术的微型化传感器(尺寸从微米到几毫米的传感器的总称)的研发与逐步实用化是未来发展的热点之一。预测认为,微型化传感器件在 21 世纪每年的销售额将以 20%~30% 的速度增长。

(2) 构建环境监测中应用的新型电化学传感器。

随着工农业生产的快速发展为社会发展带来巨大经济利益的同时,有机化学品、重金属、有毒气体及农药残留等环境污染问题也日益增加。目前,水体、大气及土壤检测用的传感器未实用化。构建和研发无污染、高效率和低成本的新型环保型传感器也将成为未来的热点。

(3) 生物、医用急需研发的新型电化学传感器。

探测肿瘤标志物、蛋白质、DNA、RNA、微生物及细胞等传感器已经出现,而诸如脉搏、血流量、血压、血气等生理传感器也亟待研发和实用化,还需进一步提高其灵敏度、准确性、选择性,使其微型化、低成本、高效率。

(4) 工业过程及工业安全控制的电化学传感器。

我国的工业过程控制技术水平还很低,无论是工业过程中的工艺控制和安全控制都不够完善。为尽快解决工业生产中所面临的类似问题,还需要重点开发压力、温度、流量、位移以及有毒、有害、易燃、易爆气体的传感器。

5.7 实验:铂钴双金属/多孔金/石墨烯复合纸电极的制备、表征及其葡萄糖电化学传感测试

5.7.1 实验目的

(1) 了解铂钴双金属、多孔金和石墨烯纸材料的制备方法;

(2) 了解纳米材料的电化学传感特性;

(3) 掌握电化学传感测试实验的基本操作。

5.7.2 实验原理

纳米材料由于具有生物相容性强、催化活性高、比表面积大和体积小等特点,故而显现出独特的电子、光学、磁学、力学和催化特性,尤其是铂基双金属纳米材料对葡萄糖的电化学

氧化过程具有较高的催化活性和抗毒化能力,与常用的基于葡萄糖氧化酶的电化学葡萄糖生物传感器相比,基于金属铂电极的无酶型葡萄糖传感器具有稳定性高、抗干扰能力强、制备过程简单、价格低廉等优点。纳米多孔金(NPG)是一种具有双连续和随机分布的韧带-孔隙结构单元的单片纳米材料,它的孔隙可以在纳米到微米间进行调控。这种独特的结构和表面化学特性赋予其许多优良性质,比如低密度、大比表面积和高催化活性,使得其在催化、传感、能量转换与存储等多功能和多样化应用方面具有相当大的吸引力。石墨烯基薄膜由于其自身具有良好的导电性、柔韧性和机械强度,可以在不加入任何组件的情况下,被直接应用于制备轻薄柔性可弯曲的自支撑基础电极。再将其他功能纳米材料负载到石墨烯基薄膜上,制得功能化石墨烯复合材料。因为纳米粒子和石墨烯基体之间的结合并不需要分子键来连接,对石墨烯表面电子结构并无太大的影响,许多组分都可以沉积在石墨烯的片层上从而赋予石墨烯新的功能性应用。将纳米粒子和石墨烯结合起来,不但能突破石墨烯和这些纳米材料自身本质属性的束缚,丰富二者原有的本体特性,而且可以产生许多新的功能性应用,在储能、催化、光电等领域都拥有广泛的应用前景。

电流型无酶葡萄糖传感器是运用计时电流法对葡萄糖进行定量测定。因为该类型传感器对葡萄糖的线性范围和选择性均优于电位型、伏安型传感器,所以是无酶葡萄糖传感器中研究最多的一类。

本实验以 NPG 膜和石墨烯纸(graphene paper,GP)为载体,通过一步电沉积法在 NPG/GP 复合膜表面负载铂钴双金属合金纳米粒子,构建了新型 PtCo/NPG/GP 柔性复合纸电极。利用 X 射线衍射仪(XRD)、扫描电子显微镜(SEM)和 X 射线光电子能谱(XPS)等多种表征手段对制备的 PtCo/NPG/GP 复合膜进行表征,并用循环伏安法和计时电流法研究其葡萄糖的电化学催化氧化性能。

5.7.3 仪器、试剂和材料

电化学工作站;电解池;电子天平;铂电极;饱和甘汞电极;X 射线衍射仪;扫描电子显微镜;X 射线光电子能谱仪;X 射线荧光光谱仪。

金银合金叶;氧化石墨烯水溶液;六水合氯铂酸;六水合氯化钴;硫酸钠;氢碘酸;去离子水;血液样品。

5.7.4 实验内容

1. GP 的制备

氧化 GP 采用简单的滴涂-铸模法制备。

(1)将分散良好的氧化石墨烯溶液滴涂于干净的载玻片上,在室温下放置至溶液中至水分完全蒸发。

(2)将拥有光滑表面的氧化 GP 层从载玻片上剥离下来,即得到黄褐色的氧化 GP。氧化 GP 的尺寸可以通过选择不同尺寸模板进行调整,它的厚度可以通过使用不同体积的氧化石墨烯溶液进行调整。

(3)室温条件下,氧化 GP 被直接沉浸在 55% 的氢碘酸溶液中数小时,黄褐色的氧化 GP 被逐渐还原为黑色 GP。

(4)将氢碘酸还原后的氧化 GP 用乙醇和去离子水冲洗数次并在室温下干燥,即得所需

GP,放入干燥器中保存备用。

2. NPG 的制备

NPG 采用去合金法制备。

(1) 将金银合金纸用剪刀剪成 1 cm×1 cm 的小片,用载玻片将其轻轻浸入浓硝酸溶液中,待其飘浮在空气-硝酸溶液界面时移去载玻片。

(2) 在 30 ℃恒温、避光条件下反应 6 h。

(3) 用载玻片将其转移至去离子水中 15 min,清洗表面残留硝酸银溶液,反复三次,保存在水中,待用。

3. NPG/GP 复合材料的制备

(1) GP 分别用乙醇和超纯水清洗 3 次,室温下干燥数小时。

(2) 将制备好的 NPG 膜转移至无支撑的 GP 上,并滴加 10 μL Nafion 溶液,待干燥后便得到 NPG/GP 复合材料,放入干燥器中保存备用。

4. 铂钴/多孔金/石墨烯纸复合材料的制备

(1) 将上述制备的 NPG/GP 复合材料作为工作电极,采用三电极体系,于 0.2 mol/L Na_2SO_4、5 mmol/L $H_2PtCl_6 \cdot 6H_2O$、15 mmol/L $CoCl_2 \cdot 6H_2O$ 混合溶液中用循环伏安法电沉积铂钴合金纳米粒子,沉积电位为−1.0～0.0 V,沉积速率为 250 mV/s,沉积圈数为 20 圈。

(2) 取出反应后的复合材料用去离子水清洗干净,室温干燥,即制得铂钴/多孔金/石墨烯纸(PtCo/NPG/GP)复合电极,放入干燥器中保存备用。

(3) 将电解液换为 0.2 mol/L Na_2SO_4、5 mmol/L $H_2PtCl_6 \cdot 6H_2O$,在同样的条件下,制备 Pt/NPG/GP 复合电极。

5. PtCo/NPG/GP 复合材料的 X 射线衍射、表面形貌及 X 射线光电子能谱分析

(1) 使用 X 射线衍射仪(XRD)对所制备的 NPG/GP、Pt/NPG/GP、PtCo/NPG/GP 复合材料分别进行了物象与结构表征。

(2) 使用扫描电子显微镜(SEM)对所制备的 GP、NPG/GP、Pt/NPG/GP、PtCo/NPG/GP 复合材料的表面形貌进行观察。

(3) 运用 X 射线光电子能谱仪(XPS)对 PtCo/NPG/GP 复合材料的组成和元素价态进行分析。

(4) 运用 X 射线荧光光谱仪(XRF)对合成的 PtCo/NPG/GP 复合材料中铂、钴、金三种金属的含量进行分析。

6. PtCo/NPG/GP 膜的电化学活性表面积测试

(1) 以 PtCo/NPG/GP 复合膜作为工作电极,饱和甘汞电极作为参比电极,铂丝作为辅助电极装入电解池,连接好电路。

(2) 将 50 mL 配制好的硫酸溶液(0.5 mol/L)注入电解池。

(3) 打开电化学测试系统电源,启动测试软件,选择"循环伏安"测试法,具体实验参数设置如下,电位区间:−0.2～1.4 V;扫速:0.05 V/s;循环周期:6。采用相同方法对 NPG/GP 和 Pt/NPG/GP 电极进行测试。

7. PtCo/NPG/GP 膜对葡萄糖的电化学催化氧化测试

(1) 以 PtCo/NPG/GP 复合膜作为工作电极,汞/氧化汞电极作为参比电极,铂丝作为辅助电极装入电解池,连接好电路。

(2) 将 50 mL 配制好的氢氧化钠溶液(0.1 mol/L)注入电解池。

(3) 打开电化学测试系统电源,启动测试软件,选择"循环伏安"测试法,具体实验参数设置如下,电位区间:$-0.6\sim0.8$ V;扫速:0.05 V/s;循环周期:6。采用相同方法对 NPG/GP 和 Pt/NPG/GP 电极进行测试。

8. PtCo/NPG/GP 膜的葡萄糖电化学传感测试

(1) 以 PtCo/NPG/GP 复合膜作为工作电极,汞/氧化汞电极作为参比电极,铂丝作为辅助电极装入电解池,连接好电路。

(2) 将 50 mL 配制好的氢氧化钠溶液(0.1 mol/L)注入电解池。

(3) 打开电化学测试系统电源,启动测试软件,选择"计时电流曲线"测试法,具体实验参数设置如下,测试电位:-0.1 V;向扰动的 0.1 mol/L NaOH 溶液中连续滴加 0.1 mol/L 和 1.0 mol/L 的葡萄糖,观察并记录电流与时间的变化。

9. 传感器选择性测试

(1) 以 PtCo/NPG/GP 复合膜作为工作电极,汞/氧化汞电极作为参比电极,铂丝作为辅助电极装入电解池,连接好电路。

(2) 将 50 mL 配制好的氢氧化钠溶液(0.1 mol/L)注入电解池。

(3) 打开电化学测试系统电源,启动测试软件,选择"计时电流曲线"测试法,具体实验参数设置如下,测试电位:-0.1 V;向扰动的 0.1 mol/L NaOH 溶液中连续滴加 0.1 mol/L 葡萄糖、抗坏血酸、尿酸、多巴胺、Cl^-、SO_4^{2-}、NO_3^-、Na^+、K^+,观察并记录电流与时间的变化。

(4) 通过比较 PtCo/NPG/GP 复合膜电极对葡萄糖和其他干扰物质的电流响应变化来检测其选择性。

10. 传感器重现性与稳定性测试

(1) 以 PtCo/NPG/GP 复合膜作为工作电极,汞/氧化汞电极作为参比电极,铂丝作为辅助电极装入电解池,连接好电路。

(2) 将 50 mL 配制好的氢氧化钠溶液(0.1 mol/L)注入电解池。

(3) 打开电化学测试系统电源,启动测试软件,选择"计时电流曲线"测试法,具体实验参数设置如下,测试电位:-0.1 V;向扰动的 0.1 mol/L NaOH 溶液中连续滴加 0.1 mol/L 葡萄糖,观察并记录电流与时间的变化。

(4) 通过考察同一根电极在一定时间段内对 10 mmol/L 葡萄糖的电流响应变化来检测其稳定性。

(5) 通过考察五根相同电极对 10 mmol/L 葡萄糖的电流响应变化来检测其重现性。

11. PtCo/NPG/GP 膜对实际血液样品的测试

(1) 以 PtCo/NPG/GP 复合膜作为工作电极,汞/氧化汞电极作为参比电极,铂丝作为辅助电极装入电解池,连接好电路。

(2) 将 50 mL 配制好的氢氧化钠溶液(0.1 mol/L)注入电解池。

(3) 打开电化学测试系统电源,启动测试软件,选择"计时电流曲线"测试法,具体实验参数设置如下,测试电位:-0.1 V;向扰动的 0.1 mol/L NaOH 溶液中连续滴加经离心稀释处理后的实际血液样品,观察并记录电流与时间的变化。

（4）通过标准曲线计算血液样品中葡萄糖的含量、加标回收率以及相对标准偏差。

（5）通过与商业血糖仪检测结果对比，验证此传感器的精密度与准确性。

5.7.5 实验结果与讨论

1. PtCo/NPG/GP 复合材料的形貌表征

图 5-19 展示了我们自制的 GP 的横截面的 SEM 图。图中我们可以看到 GP 拥有均匀

的厚度（10 μm），由多层单层 GP 组成，因而呈现出典型的层层叠加的微观结构以及明显的褶皱表面特性。插入的俯视图展示了石墨烯为黑色并带有明亮的金属光泽，这来源于它良好的电子传输性能。因此它被用来作为一个高度导电、灵活的衬底来支撑单层多孔金膜从而构建一个无支撑的 NPG/GP 材料，从其 SEM 图（图 5-20(a)）可以清楚地看到 GP 与多孔金的边界部分，同时 GP 固有的褶皱特征依然清晰可见。更高倍数下的 SEM 图显示了我们制备的多孔金大约为 100 nm 厚，表

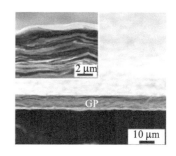

图 5-19　自制 GP 横截面的 SEM 图

面呈现明显的多孔结构（图 5-20(b)）。图 5-20(c)和图 5-20(d)为 NPG/GP 材料表面的高倍 SEM 图，从图中可以看出通过去合金过程制备的 NPG 膜展示了一个特征的双连续的韧带-多孔结构。这符合以前文献的报道。这些韧带相互连接形成了一个网状结构，孔尺寸在 15～80 nm 之间（图 5-20(e)），而且韧带表面很光滑。支撑在 GP 上的三维 NPG 的这种骨架结构为负载功能化纳米粒子提供了大的比表面积和足够的空间。在这个工作中，我们把 NPG/GP 材料作为纸质电极来电沉积 Pt 纳米粒子，如图 5-21(a)和图 5-21(b)所示。电沉积后，NPG 骨架结构依然保存，但它的表面开始变得粗糙。从更高放大倍数的 SEM 图可以看到，NPG 的韧带部分被一层紧密排列的 Pt 纳米粒子覆盖，它们的尺寸均小于 5 nm（图 5-21

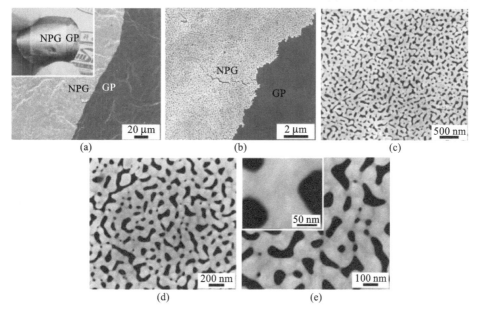

(a)　　　　　　　　　(b)　　　　　　　　　(c)

(d)　　　　　　　　　(e)

图 5-20　不同放大倍数的 NPG/GP 材料的 SEM 图（插入图为 NPG/GP 材料的照片）

(c))。图 5-22 展示了不同放大倍数的 PtCo/NPG/GP 材料的 SEM 图。可见 NPG 骨架的韧带部分上负载了大量超细的 PtCo 合金纳米粒子,同时还有一层超薄的膜覆盖在它的表面,这可能是基于钴的氧化物或氢氧化物。

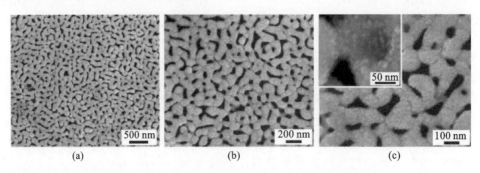

图 5-21　不同放大倍数的 Pt/NPG/GP 材料的 SEM 图

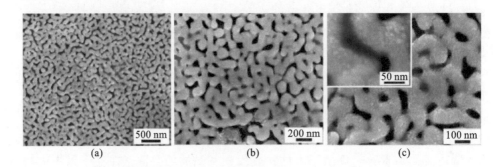

图 5-22　不同放大倍数的 PtCo/NPG/GP 材料的 SEM 图

2. PtCo/NPG/GP 复合材料的 X 射线衍射表征

从图 5-23 中我们可以看出金、铂、钴三种金属呈现出明显的面心立方结构。其中 NPG/GP 复合材料在 $2\theta = 23.4°$ 的位置有一个非常明显的峰,这是经过氢碘酸还原后的 GP 中 C(002) 晶面的特征衍射峰,根据布拉格公式计算得出石墨烯层间距为 0.36 nm,这种结果源于在氢碘酸还原过程中石墨烯的 π-π 相互作用,导致石墨烯呈层层堆叠结构,同时证明了 GP 被还原的彻底性。其余 4 个峰符合 NPG/GP 复合材料中金(111)、(200)、(220)、(311)

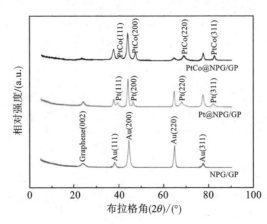

图 5-23　NPG/GP、Pt/NPG/GP、PtCo/NPG/GP 复合材料的 X 射线衍射谱图

晶面的衍射峰。在电沉积 Pt 纳米粒子之后,在 39.4°、46.4°、67.9° 和 81.9° 处又分别出现了 4 个明显衍射峰,他们符合面心立方结构的 Pt(111)、(200)、(220)、(311)晶面。至于 PtCo/ NPG/GP,除了峰位置发生些许变化之外,上述那些特征衍射峰仍然清晰可见,表明单相 PtCo 合金纳米材料的形成。与 Pt/NPG/GP 复合材料中 Pt 纳米粒子的衍射峰相比,PtCo/ NPG/GP 复合材料中 PtCo 合金纳米粒子的衍射峰转移到了更高的 2θ 处。这可能是由于当部分钴原子代替铂原子时晶格间距减小所致。而且从图中还可以看出 PtCo/NPG/GP 复合材料中 PtCo 合金纳米粒子的衍射峰要明显比 Pt/NPG/GP 复合材料中 Pt 纳米粒子的宽,这说明 PtCo 合金纳米粒子的平均尺寸要比 Pt 纳米粒子的小。根据 Scherrer 公式($d = 0.9\lambda_{K_\alpha}/B_{(2\theta)}\cos\theta_B$),我们可以得到 Pt 和 PtCo 合金纳米粒子的平均尺寸分别为 3.5 nm 和 2.8 nm。

3. PtCo/NPG/GP 复合材料的 XPS 表征

图 5-24(a)为 C 1s 的 XPS 谱图,图中显示在结合能 284.9 eV 处有一个主峰,286.5 eV 处有一个弱峰,依次对应了 GP 中 C≡C/C—C 键和 C—O 键,其中峰高和面积决定了相应共价键的含量,可以得出 C/O 的原子比为 6∶1,符合我们以前准备的 GP 材料。而且含氧官能团急剧减少也证明了氧化 GP 被还原。图 5-24(b)中 84.4 eV 和 88.1 eV 处一对强峰分别对应多孔金中金的 $4f_{7/2}$ 和 $4f_{5/2}$ 处的结合能。图 5-24(c)在 71.5 eV、72.3 eV、74.9 eV 和 75.7 eV 处分别展示了 4 个特征峰。其中 71.5 eV 和 74.9 eV 处两个特征峰分别对应于铂钴合金纳米粒子中 Pt $4f_{7/2}$ 和 Pt $4f_{5/2}$,而 72.3 eV 和 75.7 eV 处的两个弱峰可能对应于 PtO 和 PtO_2 的结合能。与纯金属铂的标准 XPS 谱图相比,铂钴合金中 Pt 4f 的结合能蓝移了 0.3 eV,这表明电荷从钴转移到了铂并形成了双金属铂钴合金。电荷从钴转移到了铂也

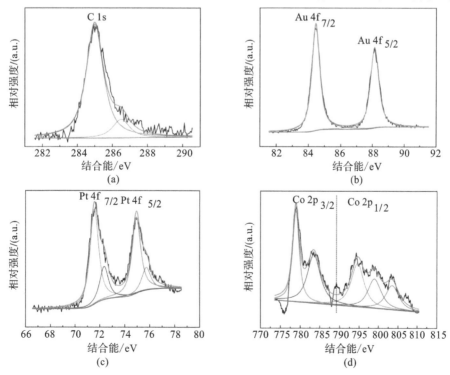

图 5-24　PtCo/NPG/GP 复合材料的 XPS 谱图

导致了铂钴合金纳米粒子中铂 d 带中心的降低,这从本质上增加了反应物在铂钴合金纳米粒子表面的吸附/脱附能力。图 5-24(d)为 PtCo/NPG/GP 复合材料中 Co 2p 的 XPS 谱图,778.9 eV 和 793.5 eV 处两个峰分别为 Co $2p_{3/2}$ 和 Co $2p_{1/2}$ 的特征峰,其自旋能量差为 15.6 eV,这与其他文献上报道的 Co_3O_4 的标准 XPS 谱图吻合。另外,798.9 eV 和803.5 eV处的两个 Co $2p_{1/2}$ 的卫星峰符合 Co^{2+} 的结合能,表明可能有 CoO 形成。这些结果证明我们通过循环伏安电沉积法制备的 PtCo/NPG/GP 复合材料由高含量的铂钴合金和少量多种价态的金属氧化物组成。

4. PtCo/NPG/GP 复合材料的 XRF 表征

PtCo/NPG/GP 复合材料的 XRF 谱图如图 5-25 所示;不同元素的表面含量如表 5-1 所示。结果显示铂元素含量为 23.99%,钴元素含量为 5.98%,铂、钴原子百分比为17.50:23.09,接近于 1:1。这一系列实验结果和数据都表明了铂、钴粒子通过在不同电位下发生氧化还原反应生长在 NPG/GP 复合碳基材料上。

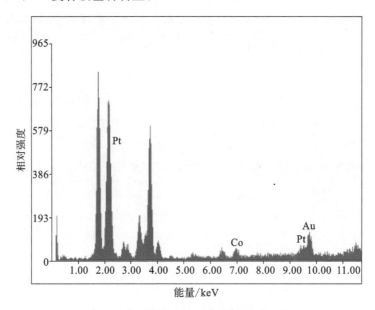

图 5-25 PtCo/NPG/GP 复合材料的 XRF 谱图

表 5-1 不同元素表面含量的比较

元素	质量百分比/(%)	原子个数百分比/(%)
Co	5.98	17.50
Pt	23.99	23.09
Au	69.03	60.41

5. 循环伏安测试技术下电化学活性表面积的计算

循环伏安测试技术是在给电极施加恒定扫描速度的电压下,持续观察电极表面电流和电位的关系,从而表征电极表面发生的反应以及探讨电极反应机理的一种测试方法,是电化学传感测试中最常用的一种技术手段,用来研究活性物质的电化学性质和行为。对于一个给定的电极,在一定扫描速度下对这个电极进行循环伏安测试,通过氢的吸附/脱附区域的阴极和阳极峰面积即可计算出这种电极材料的电化学活性表面积。

$$S_{ECSA} = 0.1 \frac{Q_{ads}}{Q_{ref} L_{Pt}} \tag{1}$$

其中,Q_{ads}指总的氢的吸附电荷;Q_{ref}指在平滑铂电极上氢的吸附电荷(0.21 mC·cm^{-2});L_{Pt}指铂的负载量(mg)。

根据计算结果,PtCo/NPG/GP 复合电极拥有一个高的电化学活性表面积(22.9 m^2·g^{-1}),相对于 Pt/NPG/GP 复合电极(16.1 m^2/g)而言增加了 48%。拥有高的活性表面积的电极材料通过提供更高的电极/电解液接触面积和更多的活性位点可以为电化学反应中的质量和电荷传输提供很多优势,这也是他们在电化学传感系统中被广泛用来检测目标分析物的原因。

6. 循环伏安测试技术下葡萄糖的电催化氧化分析

对于一个给定的电极,在一定扫描速度下对这个电极进行循环伏安测试,通过研究其电流与电压的变化,可以表征电极表面发生的反应以及探讨电极反应机理。对不同材料在含 10 mmol·L^{-1} 葡萄糖的 0.1 mol·L^{-1} 氢氧化钠溶液中进行了循环伏安测试,结果表明,加入葡萄糖后复合电极对葡萄糖表现出了显著的电催化能力,结果如图 5-26 所示。其中,空白指 PtCo/NPG/GP 复合电极在不含葡萄糖的 0.1 mol·L^{-1} 氢氧化钠溶液中的 CV 曲线。而随着葡萄糖的加入,NPG/GP 复合电极在 0～0.4 V 电势范围内出现了多个氧化峰,这些氧化峰可能归功于葡萄糖及其相关中间产物的氧化。在低电势条件下,每个葡萄糖分子通过释放出一个质子而生成电吸附中间物,它们阻碍了葡萄糖在金活性位点上的直接电氧化。随着电势的正移,Au—OH 开始形成并直接催化氧化葡萄糖,因而在 0～0.4 V 间产生了一个宽的氧化峰。当电势再次增加时,电流密度又开始下降,这是由于氧化金的形成阻碍了葡萄糖的氧化。在负向扫描时,随着电势的负移,氧化金开始被还原,大量的活性位点再次产生来直接催化氧化葡萄糖,因而在 +0.15 V 产生了一个大而宽的氧化峰。

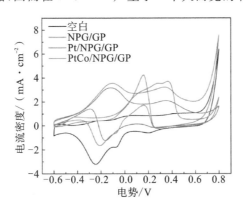

图 5-26 不同电极材料在 0.1 mol·L^{-1} NaOH 溶液中对 10 mmol·L^{-1} 葡萄糖的电催化氧化循环伏安曲线图

而 Pt/NPG/GP 和 PtCo/NPG/GP 复合电极,在正向扫描中 −0.10 V 和 +0.35 V 处分别出现了两对明显的氧化还原峰。其中,−0.1 V 处的氧化峰可能来源于铂电极上异头碳的脱氢,而 0.35 V 处的氧化峰符合金、铂和钴或氧化钴对葡萄糖的氧化。在负向扫描过程中,+0.15 V 处左右产生的氧化峰也是由于 Pt/NPG/GP 和 PtCo/NPG/GP 复合电极上相应氧化物的还原。和 NPG/GP 复合电极相比,Pt/NPG/GP 和 PtCo/NPG/GP 复合电极在更低的起始电位下对葡萄糖氧化表现出了更高的电流响应。更重要的是,PtCo/NPG/GP 复合电极表现出对葡萄糖提升的电催化能力。这可能源于 PtCo/NPG/GP 复合电极大的活性表面积,PtCo 合金纳米粒子的电子效应和 NPG 之间的协同效应以及少量氧化钴的存在对葡萄糖氧化的促进作用。

其中葡糖糖的催化氧化机理如下。

$$Au+OH^- \longrightarrow AuOH+e^- \tag{2}$$

$$Pt+2OH^- \longrightarrow Pt(OH)_2+2e^- \tag{3}$$

$$Pt(OH)_2+2OH^- \longrightarrow PtO(OH)_2+H_2O+2e^- \tag{4}$$

$$Co_3O_4+OH^-+H_2O \longrightarrow 3CoOOH+e^- \tag{5}$$

$$CoOOH+OH^- \longrightarrow CoO_2+H_2O+e^- \tag{6}$$

$$2AuOH+C_6H_{12}O_6 \longrightarrow 2Au+C_6H_{10}O_6+2H_2O \tag{7}$$

$$PtO(OH)_2+C_6H_{12}O_6 \longrightarrow Pt(OH)_2+C_6H_{10}O_6+H_2O \tag{8}$$

$$2CoO_2+C_6H_{12}O_6 \longrightarrow 2CoOOH+C_6H_{10}O_6 \tag{9}$$

7. 计时电流测试技术下葡萄糖的电化学传感性能分析

计时电流法是一种简单且应用广泛的电化学检测技术。它的工作原理:在工作电极与参比电极之间施加一个阶跃电势作为激励,由氧化还原反应产生的随时间变化的响应电流流过工作电极和对电极。通过考察其电流随时间的变化,研究电极或器件的传感性能,得到电流与分析物浓度的线性曲线等数据,计算线性范围、灵敏度、检出限等传感器性能参数。

从图 5-27(a)可知,随着葡萄糖的加入,响应电流呈阶梯形上升,用此电极构建的传感器对葡萄糖响应迅速且在 3 s 时间内达到稳态电流值的 95%。这是因为修饰在电极表面的 PtCo 纳米粒子和 NPG 以及 GP 不仅具有良好的生物相容性,而且还能加快电子传递。由内插图可知该传感器对葡萄糖的检测下限可以达到 5 $\mu mol \cdot L^{-1}$(信噪比为 3);由校正曲线图(图 5-27(b))可得到该传感器的电流响应和葡萄糖的浓度呈现出良好的线性关系,线性方程为:$I(mA/cm^2)=0.00252+0.00784C(mmol \cdot L^{-1})$,$R^2=0.9988$;线性范围为 35 $\mu mol \cdot L^{-1} \sim 30 \ mmol \cdot L^{-1}$,灵敏度为 7.84 $\mu A \cdot cm^{-2}$。

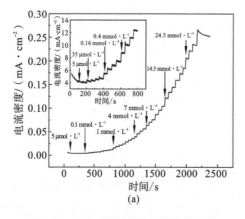 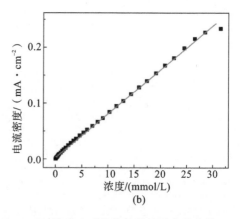

图 5-27 PtCo/NPG/GP 材料在扰动的 0.1 mol/L NaOH 溶液中对葡萄糖的计时电流曲线

8. 传感器选择性测试

一些电活性物质,如 AA、UA、DA 等,与葡萄糖共存于体内且氧化电位接近,因此会对葡萄糖的检测产生一定的干扰。对不同电位下 NPG/GP 和 PtCo/NPG/GP 复合电极上葡萄糖和干扰物的计时电流响应进行了比较。对于 NPG/GP 复合电极,当应用电势大于 0.1 V时,10 mmol $\cdot L^{-1}$ 葡萄糖展示出了很强的计时电流响应,明显高于 10 mmol $\cdot L^{-1}$

AA、UA 和 DA。当应用电势低于 0 时,葡萄糖和其他干扰物质的电化学响应明显降低。然而,对于 PtCo/NPG/GP 复合电极,葡萄糖在应用电势为 -0.1 V 时表现出了最大的电流响应,而 AA、UA 和 DA 的电流响应很小,可忽略不计。

9. 传感器重现性与稳定性测试

稳定性与重现性也是传感器的两个重要参数。通过保存在室温下的同一根 PtCo/NPG/GP 复合电极定期检测该传感器对 10 mmol·L^{-1} 葡萄糖的电流响应变化来检测其稳定性;通过考察五根相同电极对 10 mmol·L^{-1} 葡萄糖的电流响应变化来检测其重现性。结果表明,经过 30 天的后处理后,电流响应仍能达到最初电流响应值的 88%,相应的相对标准偏差(RSD)为 3.5%,由此可认为该传感器稳定性良好。五根电极对 10 mmol·L^{-1} 葡萄糖电流响应的 RSD 为 1.7%,因此,我们可以认为此传感器拥有杰出的重现性。

10. 计时电流测试技术下实际血液样品的检测分析

运用计时电流法对体外实际血液样品进行了检测,通过标准曲线计算样品的加标回收率和 RSD,并与商业血糖仪的检测结果做对比,验证研制的传感器的精密度与准确性。

由表 5-2 可知,基于 PtCo/NPG/GP 复合电极对不同血液样品的检测结果与商业葡萄糖血糖仪的检测结果相吻合,样品的加标回收率为 95.2%~103.6%,RSD 为 1.56%~3.80%。这些结果表明我们提出的电化学葡萄糖传感器用于血液样品的测定拥有很好的精密度与准确性。

表 5-2　PtCo/NPG/GP 修饰电极对实际血液样品的检测

样本	检出限 /(mmol·L^{-1})	参考限 /(mmol·L^{-1})	增加浓度范围 /(mmol·L^{-1})	加标回收率 /(%)	相对标准偏差 /(%)[a]
血液 1	3.63	3.78	0.05	95.3	2.57
			0.10	103.2	3.25
			0.20	102.5	3.78
血液 2	6.65	6.42	0.50	103.6	3.22
			1.00	101.8	2.53
			3.00	96.8	1.56
血液 3	7.22	6.95	1.00	97.4	2.75
			5.00	95.2	2.15
			10.00	101.2	3.80

参 考 文 献

[1] Lowe C R, Hin B F, Cullen D C, et al. Biosensors[J]. Makromolekulare Chemie Macromolecular Symposia, 1984, 19(1):133-144.

[2] Arduini F, Micheli L, Moscone D, et al. Electrochemical Biosensors Based on Nanomodified Screen-printed Electrodes: Recent Applications in Clinical Analysis[J]. Trends in Analytical Chemistry, 2016, 79:114-126.

[3] Abu-Salah K M, Alrokyan S A, Naziruddin K M, et al. Nanomaterials as Analytical Tools for Genosensors[J]. Sensors, 2010, 10(1):963-993.

[4] Kurbanoglu S, Ozkan S A, Merkoçi A. Nanomaterials-based Enzyme Electrochemical Biosensors Operating through Inhibition for Biosensing Applications[J]. Biosensors & Bioelectronics, 2017, 89(2):886.

[5] Arkan E, Saber R, Karimi Z, et al. A Novel Antibody-antigen Based Impedimetric Immunosensor for Low Level Detection of HER2 in Serum Samples of Breast Cancer Patients via Modification of a Gold Nanoparticles Decorated Multiwall Carbon Nanotube-ionic Liquid Electrode[J]. Analytical Chimical Acta, 2015, 874:66-74.

[6] Beiranvand S, Abbasi A R, Roushani M, et al. A Simple and Label-free Aptasensor Based on Amino Group-functionalized Gold Nanocomposites-prussian Blue/carbon Nanotubes as Labels for Signal Amplification[J]. Journal of Electroanalytical Chemistry, 2016, 776:170-179.

[7] Güner A, Çevik E, Şenel M, et al. An Electrochemical Immunosensor for Sensitive Detection of Escherichia Coli O157:H7 by Using Chitosan, MWCNT, Polypyrrole with Gold Nanoparticles Hybrid Sensing Platform[J]. Food Chemistry, 2017, 229:358-365.

[8] Li S M, Wang Y S, Hsiao S T, et al. Fabrication of a Silver Nanowire-reduced Graphene Oxide-based Electrochemical Biosensor and Its Enhanced Sensitivity In the Simultaneous Determination of Ascorbic Acid, Dopamine, and Uric Acid[J]. Journal of Materials Chemistry C, 2015, 3(36):9444-9453.

[9] Wu Q, Hou Y, Zhang M, et al. Amperometric Cholesterol Biosensor Based on Zinc Oxide Film at Silver Nanowires-graphene Oxide Modified Electrode[J]. Analytical Methods, 2016,8(8):1806-1812.

[10] Storhoff J J, Lazarides A A, Mucic R C, et al. What Controls the Optical Properties of DNA-Linked Gold Nanoparticle Assemblies? [J]. Journal of the American Chemical Society, 2016, 125(6):1643-1654.

[11] Hakimian F, Ghourchian H, Hashemi A S, et al. Ultrasensitive Optical Biosensor for Detection of miRNA-155 Using Positively Charged Au Nanoparticles[J]. Scientific Reports, 2018, 8(1):2943.

[12] Yang W, Lu W, Chen H, et al. Fabrication of Highly Sensitive and Stable Hydroxylamine Electrochemical Sensor Based on Gold Nanoparticles and Metal-Metalloporphyrin Framework Modified Electrode[J]. Acs Applied Materials & Interfaces, 1944, 8(28):18173-18181.

[13] Dong Y. PtAu Alloy Nanoflowers on 3D Porous Ionic Liquid Functionalized Graphene-wrapped Activated Carbon Fiber as a Flexible Microelectrode for Near-cell Detection of Cancer[J]. NPG Asia Materials, 2016, 8(12):e337.

[14] Sheng Q, Shen Y, Zhang J, et al. Ni Doped Ag@C Core-shell Nanomaterials and their Application in Electrochemical H_2O_2 Sensing[J]. Analytical Methods, 2016, 9(1):163-169.

[15] Fekry A M. A New Simple Electrochemical Moxifloxacin Hydrochloride Sensor

Built on Carbon Paste Modified with Silver Nanoparticles[J]. Biosensors & Bioelectronics，2017，87：1065-1070.

[16] Yusoff N，Rameshkumar P，Mehmood M S，et al. Ternary Nanohybrid of Reduced Graphene Oxide-nafion@silver Nanoparticles for Boosting the Sensor Performance in Non-enzymatic Amperometric Detection of Hydrogen Peroxide［J］. Biosensors & Bioelectronics，2017，87：1020-1028.

[17] Chen A，Chatterjee S. Nanomaterials Based Electrochemical Sensors for Biomedical Applications[J]. Chemical Society Reviews，2013，42(12)：5425-5438.

[18] Zhang L，Wang J，Tian Y. Electrochemical In-vivo Sensors Using Nanomaterials Made from Carbon，Noble Metals，or Semiconductors［J］. 2014，181(13-14)：1471-1484.

[19] Skotadis E，Voutyras K，Chatzipetrou M，et al. Label-free DNA Biosensor Based on Resistance Change of Platinum Nanoparticles Assemblies［J］. Biosensors & Bioelectronics，2016，81：388-394.

[20] Muhammad S M，Rameshkumar P，Pandikumar A，et al. An Electrochemical Sensing Platform Based on Reduced Graphene Oxide-cobalt Oxide Nanocubes@platinum Nanocomposite for Nitric Oxide Detection[J]. Journal of Materials Chemistry A，2015，3(27)：14458-14468.

[21] Chen A，Ostrom C. Palladium-Based Nanomaterials：Synthesis and Electrochemical Applications[J]. Chemical Reviews，2015，115(21)：11999.

[22] Li Z，Wang X，Wen G，et al. Application of Hydrophobic Palladium Nanoparticles for the Development of Electrochemical Glucose Biosensor[J]. Biosensors & Bioelectronics，2011，26(11)：4619-4623.

[23] Pilehvar S，Wael K D. Recent Advances in Electrochemical Biosensors Based on Fullerene-C60 Nano-Structured Platforms[J]. Biosensors，2015，5(4)：712-735.

[24] Ma Y，Shen X L，Zeng Q，et al. A Multi-walled Carbon Nanotubes Based Molecularly Imprinted Polymers Electrochemical Sensor for the Sensitive Determination of HIV-p24[J]. Talanta，2017，164：121-127.

[25] Paul K B，Singh V，Vanjari S R，et al. One Step Biofunctionalized Electrospun Multiwalled Carbon Nanotubes Embedded Zinc Oxide Nanowire Interface for Highly Sensitive Detection of Carcinoma Antigen-125[J]. Biosensors & Bioelectronics，2017，88：144-152.

[26] Balamurugan J，Thanh T D，Kim N H，et al. Facile Fabrication of FeN Nanoparticles/nitrogen-doped Graphene Core-shell Hybrid and Its Use as a Platform for NADH Detection in Human Blood Serum［J］. Biosensors & Bioelectronics，2016，83：68-76.

[27] Church J，Wang X，Calderon J，et al. A Graphene-Based Nanosensor for In Situ Monitoring of Polycyclic Aromatic Hydrocarbons（PAHs）[J]. Nanotechnology，2016，16(2)：1620-1623.

［28］ Dalkiran B，Erden P E，Kiliç E. Electrochemical Biosensing of Galactose Based on Carbon Materials：Graphene Versus Multi-walled Carbon Nanotubes［J］. Analytical & Bioanalytical Chemistry，2016，408(16)：4329-4339.

［29］ Gu C J，Kong F Y，Chen Z D，et al. Reduced Graphene Oxide-Hemin-Au Nanohybrids：Facile One-pot Synthesis and Enhanced Electrocatalytic Activity towards the Reduction of Hydrogen Peroxide［J］. Biosensors & Bioelectronics，2016，78：300.

［30］ Komathi S，Muthuchamy N，Lee K P，et al. Fabrication of a Novel Dual Mode Cholesterol Biosensor Using Titanium Dioxide Nanowire Bridged 3D Graphene Nanostacks ［J］. Biosensors & Bioelectronics，2016，84：64.

［31］ Castrignanò S，Valetti F，Gilardi G，et al. Graphene Oxide-mediated Electrochemistry of Glucose Oxidase on Glassy Carbon Electrodes［J］. Biotechnology & Applied Biochemistry，2015，63(2)：157-162.

［32］ Afreen S，Muthoosamy K，Manickam S，et al. Functionalized Fullerene as a Potential Nanomediator in the Fabrication of Highly Sensitive Biosensors.［J］. Biosensors & Bioelectronics，2015，63(63)：354-364.

［33］ Yuan Q，He J，Niu Y，et al. Sandwich-type Biosensor for the Detection of $\alpha 2$, 3-sialylated Glycans Based on Fullerene-palladium-platinum Alloy and 4-mercaptophenylboronic Acid Nanoparticle Hybrids Coupled with Au-methylene Blue-MAL Signal Amplification［J］. Biosens Bioelectron，2018，102：321-327.

［34］ Zhang C，He J，Zhang Y，et al. Cerium Dioxide-doped Carboxyl Fullerene as Novel Nanoprobe and Catalyst in Electrochemical Biosensor for Amperometric Detection of the CYP2C19 * 2 Allele in Human Serum［J］. Biosensors & Bioelectronics，2017，102：94-100.

［35］ Ding S，Das S R，Brownlee B J，et al. CIP2A Immunosensor Comprised of Vertically-aligned Carbon Nanotube Interdigitated Electrodes Towards Point-of-Care Oral Cancer Screening［J］. Biosensors & Bioelectronics，2018，117：68-74.

［36］ Zhang Y，Xiao J，Sun Y，et al. Flexible Nanohybrid Microelectrode Based on Carbon Fiber Wrapped by Gold Nanoparticles Decorated Nitrogen Doped Carbon Nanotube Arrays：in Situ，Electrochemical Detection in Live Cancer Cells［J］. Biosensors & Bioelectronics，2017，100：453.

［37］ Geim A K，Novoselov K S. The Rise of Graphene［J］. Nature Materials，2007，6(3)：183-191.

［38］ Bolotin K I，Sikes K J，Jiang Z，et al. Ultrahigh Electron Mobility in Suspended Graphene［J］. Solid State Communications，2008，146(9)：351-355.

［39］ Abdalhai M H，Fernandes A M，Xia X，et al. Electrochemical Genosensor To Detect Pathogenic Bacteria (Escherichia coli O157：H7) As Applied in Real Food Samples (Fresh Beef) To Improve Food Safety and Quality Control［J］. Journal of Agricultural & Food Chemistry，2015，63(20)：5017.

［40］ Fedorovskaya E O，Bulusheva L G，Kurenya A G，et al. Supercapacitor

Performance of Vertically Aligned Multiwall Carbon Nanotubes Produced by Aerosol-assisted CCVD Method[J]. Electrochemical Acta，2014，139(139)：165-172.

[41] Lu L，Li W，Zhou L，et al. Impact of Size on Energy Storage Performance of Graphene Based Supercapacitor Electrode[J]. Electrochemical Acta，2016，219：463-469.

[42] Bo X，Zhou M，Guo L. Electrochemical Sensors and Biosensors Based on Less Aggregated Graphene[J]. Biosensors & Bioelectronics，2016，89(Pt 1)：167-186.

[43] Szabā T，Magyar M，Hajdu K，et al. Structural and Functional Hierarchy in Photosynthetic Energy Conversion-from Molecules to Nanostructures [J]. Nanoscale Research Letters，2015，10(1)：458.

[44] Sun W，Hou F，Gong S，et al. Direct Electrochemistry and Electrocatalysis of Hemoglobin on Three-dimensional Graphene Modified Carbon Ionic Liquid Electrode[J]. Sensors & Actuators B Chemical，2015，219(2)：331-337.

[45] Kong L. Electrochemistry of Hemoglobin-Ionic Liquid-Graphene-SnO$_2$ Nanosheet Composite Modified Electrode and Electrocatalysis[J]. International Journal of Electrochemical Science，2017，12(3)：2297-2305.

[46] Xu S，Zhan J，Man B，et al. Real-time Reliable Determination of Binding Kinetics of DNA Hybridization Using a Multi-channel Graphene Biosensor[J]. Nature Communications，2017，8：14902.

[47] Myung S，Solanki A，Kim C，et al. Graphene-Encapsulated Nanoparticle-Based Biosensor for the Selective Detection of Cancer Biomarkers[J]. Advanced Materials，2011，23(19)：2221-2225.

[48] Akhavan O，Ghaderi E，Rahighi R. Toward single-DNA Electrochemical Biosensing by Graphene Nanowalls[J]. Acs Nano，2012，6(4)：2904.

[49] Naguib M，Mashtalir O，Carle J，et al. Two-Dimensional Transition Metal Carbides[J]. Acs Nano，2012，6(2)：1322.

[50] Naguib M，Kurtoglu M，Presser V，et al. Two-Dimensional Nanocrystals Produced by Exfoliation of Ti$_3$AlC$_2$[J]. Advanced Materials，2011，23(37)：4248-4253.

[51] Naguib M，Mochalin V N，Barsoum M W，et al. ChemInform Abstract：25th Anniversary Article：MXenes：A New Family of Two-Dimensional Materials [J]. Advanced Materials，2014，26(7)：992-1005.

[52] Wang F，Yang C H，Duan C Y，et al. An Organ-Like Titanium Carbide Material (MXene) with Multilayer Structure Encapsulating Hemoglobin for a Mediator-Free Biosensor[J]. Journal of the Electrochemical Society，2015，162(1)：B16-B21.

[53] Rakhi R B，Nayak P，Xia C，et al. Erratum：Novel Amperometric Glucose Biosensor Based on MXene Nanocomposite[J]. Sci Rep，2016，6：36422.

[54] Liu H，Duan C，Yang C，et al. A Novel Nitrite Biosensor Based on the Direct Electrochemistry of Hemoglobin Immobilized on MXene-Ti$_3$C$_2$[J]. Sensors & Actuators B Chemical，2015，218：60-66.

[55] Zeng Z，Yin Z，Huang X，et al. Single-Layer Semiconducting Nanosheets：

High-Yield Preparation and Device Fabrication[J]. Angewandte Chemie，2011，50(47)：11093-11097.

[56]　Schwierz F. Nanoelectronics：Flat Transistors Get off the Ground[J]. Nature Nanotechnology, 2011, 6(3)：135-136.

[57]　Chhowalla M，Shin H S，Eda G，et al. The Chemistry of Two-dimensional Layered Transition Metal Dichalcogenide Nanosheets[J]. Nature Chemistry, 2013, 5(4)：263-275.

[58]　Sarkar D, Liu W, Xie X, et al. Correction to MoS_2 Field-Effect Transistor for Next-Generation Label-Free Biosensors[J]. Acs Nano, 2014, 8(5)：3992.

[59]　Barlow S M, Boobis A R, Bridges J, et al. The Role of Hazardand Risk-based Approaches in Ensuring Food Safety[J]. Trends in Food Science,2015,46(2)：176-188.

[60]　Liu S,Xie Z M,Zhang W W,et al. Risk Assessment in Chinese Food Safety [J]. Food Control,2013,30(1)：162-167.

[61]　GuoY, Shen G, Sun X, et al. Electrochemical Aptasensor Based on Mutilled Carbon Nanotubes and Graphene for Tetracycline Detection [J]. IEEE Sensors Journal, 2015, 15(3)：1951-1958.

[62]　Zhou L, Li R, Li Z,et al. An Immunosensor for Ultrasensitive Detection of Aflatoxin B1 with an Enhanced Electrochemical Performance Based on Graphene/ Conducting Polymer/Gold Nanoparticles/The Ionic Liquid Composite Film on Modified Gold Electrode with Electrodedeposition[J]. Sensors and actuators B：Chemical,2012,174 (11)：359-365.

[63]　Wen X,Yang Q,Yan Z,et al. Determination of Cadmium and Copper in Water and Food Samples by Dispersive Liqud-liqud Micro-extraction Combined with UV-visspectrophotometry [J]. Microchemical Journal,2011,97(2)：249-254.

[64]　Babel S, Kurniawan T A. Low-cost Absorbents for Heavy Metals Uptake From Contaminated Water：A review[J]. Journal of Hazardous Materials, 2003, 97 (1-3)：219-243.

[65]　Wang D F, Guo L H, Huang R, et al. Surface Enhanced Electrocheminesecence for Ultrasensitive Detection of Hg^{2+}[J]. Electrochemical Acta, 2014,150：123-128.

[66]　Li M, Kong Q K, Bian ZQ, et al. Ultrasensitive Detection of Lead Ion Sensor Based on Gold Nanodendrites Modified Electrode and Electrochemiluminescent Quenching of Quantum Dots by Electrocatalytic Silver/Zinc Oxide Coupled Structures[J]. Biosensors and Bioelectronics，2015,65：176-182.

[67]　Tang S. Label Free Electrochemical Sensor for Pb^{2+} Based on Graphene Oxide Mediated Deposition of Silver Nanoparticles[J]. Electrochemical Acta,2015,187：286-292.

[68]　Li Y G，Wu Y Y. Coassembly of Graphene Oxide and Nanowires for Large-area Nanowire Alignment[J]. Journal of the American Chemical Society, 2009,131(16)：5851-5857.

[69]　Mehta J, Vinayak P, Tuteja S K, et al. Graphene Modified Screen Printed

Immunosensor for Highly Sensitive Detection of Parathion [J]. Biosensors and Bioelectronics，2016,83:339-346.

[70] Yusa V，Millet M，Coscolla C，et al. Analytical Methods for Human Biomonitoring of Pesticides. A review[J]. Analytical Chemical Acta,2015,891(3):15-31.

[71] Fei A R，Liu Q，Huan J，et al. Label-free Impedimetric Aptasensor for Detection of Femtomole Level Acetamiprid Using Gold Nanoparticles Decorated Multiwalled Carbon Nanotube-reduced Graphene Oxide Nanoribbon Composites [J]. Biosensors and Bioelectronics，2015,70:122-129.

[72] Porterfield D M. Measuring Metabolism and Biophysical Flux in the Tissue, Celluar and Sub-celluar Domains: Recent Developments in Self-referencing Ampermetry for Physiological Sensing[J]. Biosensors and Bioelectronics,2007,22(7):1186-1196.

[73] Karimi A ，Hayat A，Andreescu S. Biomolecular Detection at ssDNA-conjugated Nanoparticles by Nano-impact Electrochemistry [J]. Biosensors and Bioelectronics，2017,87: 501-507.

[74] Čadková M，Dvořáková V，Metelka R，et al. Alkaline Phosphatase Labeled Antibody-based Electrochemical Biosensor for Sensitive HE$_4$ Tumor Marker Detection[J]. Electrochemical Communications，2015,59:1-4.

[75] Forzani E S,Rivas G A,Solis V M. Amperometric Detemination of Dopamine on an Enzymatically Modified Carbon Paste Electrode [J]. Journal of Electroanalytical Chemistry,1995,382(1-2):33-40.

[76] Chen W，Cai S，Ren Q Q，et al. Recent advances in electrochemical sensing for hydrogen peroxide:A review[J]. Analyst, 2012, 137: 49-58.

[77] Matos R C，Pedrotti J J，Angnes L. Flow-injection System with Enzyme Reactor for Differential Amperometric Determination of Hydrogen Peroxide in RainWlater [J]. Analytical Chemical Acta,2001,441(1):73-79.

[78] Han X,Huang W,Jia J,et al. Direct Electrochemistry of Hemoglobin in Egg-phosphatidylcholine Films and Its Catalysis to H$_2$O$_2$ [J]. Biosensors and Bioelectronics，2002,17(9):741-746.

[79] Zhu L L，Xu J Q. PtW/MoS$_2$ Hybrid Nanocomposite for Electrochemical Sensing of H$_2$O$_2$ Released from Living Cells[J]. Biosensors and Bioelectronics,2016,6(80): 601-606.

[80] You T Y，Niwa O，Tomita M，et al. Characterization of Platinum Nanoparticle-embedded Carbon Film Electrode and its Detection of Hydrogen Proxide [J]. Analytical Chemistry,2003,75(9):2080-2085.

[81] Han C H，Hong D W，Kim I J，et al. Synthesis of Pd or Pt/titanate nanotube and its Application to Catalytic Type Hydrogen Gas Sensor[J]. Sensors and Actuators B: Chemical,2007,128(1):320-325.

[82] Guascito M R，Filippo E，Malitesta C，et al. A New Amperometric Nanostructured Sensor for the Analytical Determination of Hydrogen Peroxide [J].

Biosensors and Bioelectronics,2008, 24(4):1057-1063.

[83]　Miao X M, Yuan R, Chai Y Q, et al. Direct Electrocatalytic Reduction of Hydrogen Peroxide Based on Nafion and Copper Oxide Nanoparticles Modified Pt Electrode [J]. Journal of Electroanalytical Chemistry,2008,612(2):157-163.

[84]　Dai Z, Liu S, Bao J, et al. Nanostructured FeS as a Mimic Peroxidase for Biocatalysis and Biosensing [J]. Chemistry-A European Journal,2009,15(17):4321-4326.

[85]　Zhang L H, Zhai Y M, Gao N, et al. Sensing H_2O_2 with Layer-by-layer Assembled Fe_3O_4-PDDA Nanocomposite Film [J]. Electrochemistry Communications, 2008,10(10): 1524-1526.

[86]　Zeng H H, Zhang L. A Luminescent Lanthanide Coordination Polymer Based on Energy Transfer from Metal to Metal for Hydrogen Peroxide Detection[J]. Biosensors and Bioelectronics,2017,3(89): 721-727.

[87]　Torriero A J, Piola H D, Martinez N A, et al. Enzymatic Oxidation of Tert-butylcatechol in the Presence of Sulfhydryl Compounds: Application to the Amperometric Detection of Penicillamine [J]. Talanta,2007,71(3):1198-1204.

[88]　Popovic K D, Tripkovic A V, Adzic R R. Oxidation of Glucose on Single-crystal Platinum Electrodes: A Mechanistic Study [J]. Journal of Electroanalytical Chemistry,1992,339(1-2):227-245.

[89]　Vassilyev Y B, Khazova O A, Nikolaeva N N. Kinetics and Mechanism of Glucose Electrooxidation on Different Electrode-catalyst: Part. Adsorption and Oxidation on Platinum[J]. Journal of Electroanalytical Chemistry and Interfacial Electrochemistry, 1985,196(1):105-125.

[90]　Beden B, Largeaud F, Kokoh K B, et al. Fourier Transform Infrared Spectroscopic Investigation of the Electrocatalytic Oxidation of Glucose: Identification of Reactive Intermediates and Reaction Products [J]. Electrochemical Acta, 1996, 41 (5): 701-709.

[91]　Luo P, Zhang F, Baldwin R P. Coparison of Metallic Electrodes for Constant-potential Amperomertric Detection of Cabonhydrates, Amino Acids and Related Compounds in Flow Systems[J]. Analytical Chemical Acta,244(1):169-178.

[92]　Nagy L, Nagy G, Hajos P. Copper Electrode Based Amperomertric Detector Cell for Sugar and Organic Acid Measurements[J]. Sensors and Actuatorss B: Chemical, 2001,76(1-3):494-499.

[93]　Park S, Boo H, Chung T D. Electrochemical Non-enzymatic Glucose Sensors [J]. Analytical Chemical Acta,2006,556(1):46-57.

[94]　Wang J, Thomas D F, Chen A. Nonenzymatic Electrochemical Glucose Sensor Based on Nanoporous PtPb Networks[J]. Analytical Chemistry,2008,80(4):997-1004.

[95]　Wang F, Hu S. Electrochemical Sensors Based on Metal and Semiconductor Nanoparticles[J]. Microchimica Acta,2009,165(1):1-22.

[96]　Manesh K M, Santhosh P, Gopalan A, et al. Electrospun Poly（vinylidene

fluoride)/Poly(aminophenylboronic acid) Composite Nanofibrous Membrane as a Novel Glucose Sensor [J]. Analytical Biochemistry,2007,360(2):189-195.

[97] Myung Y, Jang D M, Cho Y J, et al. Nonenzymatic Amperometric Glucose Sensing of Platinum, Copper Sulfide, and Tin Oxide Nano-carbon Nanotube Hybrid Nanostructures[J]. The Journal of Physical Chemistry C,2009,113(4):1251-1259.

[98] Qing K, Li X Y, Qing Y C. An Electro-catalytic Biosensor Fabricated with Pt-Au Nanoparticle-decorated Titania Nanotube Array[J]. Bioelectro Chemistry,2008,74(1): 62-65.

[99] Shobha Jeykmari D R,Sriman Narayanan S. A Novel Nanobiocomposite Based Glucose Biosensor Using Neutral Red Functionalized Carbon Nanotubes [J]. Biosensors and Bioelectronics,2008,23(9):1404-1411.

[100] Zhang L, Zhou C, Luo J, et al. A Polyaniline Microtube Platform for Direct Electron Transfer of Glucose Oxidase and Biosensing Applications [J]. Journal of Materials Chemistry B,2014,3(6):1116-1124.

[101] Perfezou M, Turner A, Merkoçi A. Cancer Detection Using Nanoparticle-based Sensors[J]. Chemical Society Reviews, 2012, 41(7): 2606-2622.

[102] Winter J M. Biomarkers in Pancreatic Cancer: Diagnostic, Prognostic, and Predictive Fong[J]. Journal of Cancer,2012(6): 530-538.

[103] Peterson M L, Ma C, Spear B T. Zhx2 and Zbtb20: Novel Regulators of Postnatal Alpha-fetoprotein Repression and Their Potential Role in Gene Reactivation During Liver Cancer[C]//Seminars in Cancer Biology. Academic Press, 2011, 21(1): 21-27.

[104] Wang H, Li H, Zhang Y, et al. Label-free immunosensor based on Pd nanoplates for amperometric immunoassay of alpha-fetoprotein [J]. Biosensors and Bioelectronics, 2014,53: 305-309.

[105] Hammarström S. The carcinoembryonic Antigen (CEA) Family: Structures, Suggested Functions and Expression in Normal and Malignant Tissues[C]//Seminars in Cancer Biology[J]. Academic Press, 1999, 9(2): 67-81.

[106] Bertino G, Ardiri A, Malaguarnera M, et al. Hepatocellualar Carcinoma Serum Markers[C]//Seminars in Oncology. WB Saunders, 2012, 39(4): 410-433.

[107] Zhuo Y, Yuan P X, Yuan R, et al. Bienzyme Functionalized Three-layer Composite Magnetic Nanoparticles for Electrochemical Immunosensors[J]. Biomaterials, 2009, 30(12): 2284-2290.

[108] Wulfkuhle J D, Liotta L A, Petricoin E F. Proteomic Applications for the Early Detection of Cancer[J]. Nature Reviews Cancer, 2003, 3(4): 267-275.

[109] Chikkaveeraiah B V, Bhirde A A, Morgan N Y, et al. Electrochemical Immunosensors for Detection of Cancer Protein Biomarkers[J]. American Chemical Society Nano, 2012, 6(8): 6546-6561.

[110] Chen X, Ma Z. Multiplexed Electrochemical Immunoassay of Biomarkers

Using Chitosan Nanocomposites[J]. Biosensors and Bioelectronics, 2014, 55: 343-349.

[111] Qiu H, Huang X. Effects of Pt Decoration on the Electrocatalytic Activity of Nanoporous Gold Electrode Toward Glucose and its Potential Application for Constructing a Nonenzymatic Glucose Sensor[J]. Journal of Electroanalytical Chemistry, 2010, 643(1): 39-45.

[112] Scanlon M D, Salaj-Kosla U, Belochapkine S, et al. Characterization of Nanoporous Gold Electrodes for Bioelectrochemical Applications[J]. Langmuir, 2011, 28 (4): 2251-2261.

[113] Lang X Y, Fu H Y, Hou C, et al. Nanoporous Gold Supported Cobalt Oxide Microelectrodes as High-performance Electrochemical Biosensors [J]. Nature Communications, 2013, 4:2169.

[114] Xia B Y, Wu H B, Li N, et al. One-Pot Synthesis of Pt-Co Alloy Nanowire Assemblies with Tunable Composition and Enhanced Electrocatalytic Properties[J]. Angewandte Chemie International Edition, 2015, 54(12): 3797-3801.

[115] Ernst S, Heitbaum J, Hamann C H. The Electrooxidation of Glucose in Phosphate Buffer Solutions: Part I. Reactivity and Kinetics Below 350 mV/RHE[J]. Journal of Electroanalytical Chemistry and Interfacial Electrochemistry, 1979, 100(1-2): 173-183.

[116] Zhao F, Xiao F, Zeng B. Electrodeposition of PtCo Alloy Nanoparticles on Inclusion Complex Film of Functionalized Cyclodextrin-ionic Liquid and Their Application in Glucose Sensing[J]. Electrochemistry Communications, 2010, 12(1): 168-171.

[117] Dong X C, Xu H, Wang X W, et al. 3D Graphene-cobalt Oxide Electrode for High-performance Supercapacitor and Enzymeless Glucose Detection [J]. American Chemical Society Nano, 2012, 6(4): 3206-3212.

（肖 菲 佘 俊 许 云）

第6章
金属有机框架材料及传感器应用

节能减耗是实现社会可持续发展的重要途径,而新材料的制备与应用在节能减耗方面起着举足轻重的作用。与此同时,我国国民经济的各个领域,从日常生活到航空航天都需要材料的开发与支持。因此,新型材料的研究与开发,尤其是结构功能一体化的新材料的开发,具有非常重要的科学意义和现实意义,是我国"十二五"优先发展领域之一。

微纳结构材料由于其结构特性,在多方面表现出优异的性能。新型微纳结构材料的开发与应用,特别是结构功能一体化新材料的制备与研究具有极其重要的科学意义。21世纪是一个全新的世纪。有人把21世纪称为材料科学的时代,也有人把21世纪称为应用科学的时代。MOFs材料正是由材料科学和应用科学集成发展起来的一种新型材料,是目前新材料领域的研究热点与前沿之一,可成为继沸石、活性炭等之后的新一代功能性材料。

6.1 MOFs材料概述

金属有机框架(metal-organic frameworks,MOFs)材料是由金属离子与有机配体配位形成的,有机分子通过配位键与无机金属中心杂化形成立体网络结构晶体,故而也被称为多孔配位聚合物,其骨架具有柔韧性,又得名"软沸石"。虽然MOFs材料已经存在了几十年,但是直到20世纪90年代末期,美国的Yaghi研究小组和日本的Kitagawa研究小组才合成了具有稳定孔结构的MOFs材料,使其成为材料领域的研究热点和前沿。第一代的MOFs材料诞生于20世纪90年代中期,孔结构还需要客体分子的支撑,倘若除去客体分子,骨架就会发生坍塌,最终得到的是不稳定的孔结构。后来,研究人员开始使用阴离子配体、阳离子配体和中性配体组装成配位聚合物,合成了新一代的MOFs材料。这类的MOFs材料的有机配体主要以含羧基的有机阴离子配体为主,有时还混合了含氮的杂环有机中性配体。新一代的MOFs材料克服了上一代的缺点,当引入或移走客体分子,或者施加一定的外界刺激时,材料的骨架会发现轻微改变,但是不会坍塌。在克服了孔结构稳定性的问题以后,MOFs材料的独特优势开始被研究人员关注。近几十年来,各式各样MOFs材料犹如雨后春笋般层出不穷,发展相当迅猛。截止2017年初,已存在的MOFs材料就多达70000种。MOFs材料是由有机组分和无机组分相结合而成的,故而相比于传统的多孔材料,其具备多种优点：①种类繁多。目前已经有一百多万种有机化合物被成功合成出来,这些有机小分子本身可以作为配体,包括聚羧酸酯、磷酸酯、磺酸酯、咪唑酯、胺类、吡啶类、酚类等,而经过进一步修饰以后又可以作为新的配体,所以从原则上来说,新型结构的 MOFs 材料的数量没有上限,可谓是无穷无尽。②孔隙率和比表面积大,材料晶体密度小。MOFs 材料具有超高的孔隙率,最高可达到 90% 自由体积,比表面积极大,最高可超过 7000 m^2/g。③孔尺寸可调控。其孔尺寸可以通过控制有机配体的尺度由超微孔到介孔,各种孔尺寸的范围内进行精细调控,可用于多种分离过程及选择性的催化反应,如立体手性配体,从而实现非对称催化。④功能性极强。可在合成的过程中引入不同性能的功能基团,性能可调控,甚至具备一些生物相容性和类酶作用,可成为仿生催化剂、人造酶、生物活性物质或药物的载体等等。这些特点使得 MOFs 材料在多个领域具有潜在的应用价值,受到化学、化工、材料、生物等领域的研究人员的高度重视,同时研究内容也越来越丰富。

6.2　MOFs 材料的主要研究方向

早期关于 MOFs 材料的研究主要集中在材料合成方面,而近些年对其性能的研究越来越受到关注。材料合成方面也从寻找新结构向以应用为导向进行转变。主要研究方向包括以下几个方面。

6.2.1　材料合成

MOFs 领域的最主要研究方向是材料合成。一方面来说,使用不同的金属离子和有机配体组合,可制备出结构新型的 MOFs 材料;而另一方面,可以以应用为导向,针对应用进行靶向合成。随着 MOFs 材料领域的不断深入发展,寻找具备新功能的 MOFs 材料已成为研究热点。因此,目前材料合成方向由最初的制备新型结构转变为以应用为目标,例如,提升二氧化碳捕集性能,甲烷、氢气等气体的存储能力等。功能和应用已经成为材料合成的主要目标之一。

6.2.2　储能性能

由于 MOFs 材料具有高的比表面积和孔隙率,以及功能性的孔道,可作为能源气体(包括氢气、甲烷等气体)的存储介质。这是 MOFs 材料性能方面研究最多的性能之一,也是 MOFs 材料的重要应用之一。尤其是在甲烷的存储方面,具有极好的潜力。

6.2.3　分离性能

分离功能是 MOFs 材料最有可能实现大规模工业化应用的领域之一,也是目前研究较为广泛、较为深入的应用之一。MOFs 材料由于其特殊的结构特征,在气相、液相分离方面都表现出极佳的性能,有望在实际应用中发挥重要作用。研究较多的是二氧化碳的捕集性能,例如,煤电厂产生的废气,以及预燃气中捕获二氧化碳等。另一方面,较为系统的研究包括燃油中含氮和含硫物的脱出、同分异构体的分离、烷烃与烯烃的分离、废水处理等。

6.2.4 催化性能

MOFs 材料在催化方面同样研究甚广。首先,由于其具有规整有序的多孔结构,因此其活性位点具有单一性,有利于催化反应选择性的提高。其次,MOFs 材料的孔尺寸可以在大范围内调控,因此不论是较小的无机分子、较大的有机分子或者生物分子,都有足够的反应空间,并具有限域效应。此外,由于使用手性配体,一些 MOFs 材料具有很好的不对称催化剂反应性能。最后,MOFs 材料的催化活性多种多样,例如金属离子的路易斯酸位点、桥连基团的质子酸性位点、负载金属的活性中心等。在催化领域,MOFs 材料具备区别于其他催化材料的独特的性能。

6.2.5 稳定性

在实际应用中,MOFs 材料的稳定性也非常重要。目前,许多已合成的 MOFs 材料在某些方面性能优异,但是稳定性较差,难以实现真正的工业应用。稳定性包括三个方面:热稳定性、化学稳定性和机械稳定性。一般来说,MOFs 材料在更高的温度下会降解,影响了其在高温领域的应用。而在化学稳定性方面,某些 MOFs 材料在水中或者其他溶剂中或者在硫化氢等气体存在的条件下不太稳定,故而应用范围受到很大限制。在机械稳定性方面,某些 MOFs 材料骨架柔韧性较大,如果外界压力较大,其骨架容易发生变形,甚至骨架坍塌。因此,需要开发具有更好稳定性的 MOFs 材料,稳定性成为其工业应用的重要前提之一,也是目前的一大研究热点。

6.2.6 其他方面

由于 MOFs 材料由无机和有机组分结合而成,所以某些无机、有机的物理性质协同整合以后,MOFs 材料表现出良好的光学、磁性性质等,如具有二次谐波产生以用于非线性光学领域等。MOFs 材料在其他方面也有广泛应用,可作为化学传感器,在溶剂化显色、蒸气显色、干涉量度分析、局部表面等离子共振、胶态晶体、阻抗频谱、机电传感等方面发挥作用。此外,通过选择适当的金属、有机配体和结构,MOFs 材料也可以作为良好的药物控释载体,具备一些优良性能,如生物可降解性、抗菌活性、显影性等生物医学性质。

6.3 常见的 MOFs 材料

6.3.1 IRMOF 系列材料

Yaghi 等合成的 IRMOFs(isoreticular metal-organic frameworks)系列是最有代表意义的 MOFs 系列之一(图 6-1),是由次级结构单元[Zn_4O]$^{6+}$ 无机基团与一系列芳香羧酸配体,以八面体形式桥连自组装而成的微孔晶体 $Zn_4O(R1-BDC)_3$。最简单的是 IRMOF-1,为立方晶体,比表面积高,孔道结构有序,孔容积较大,表现出一定的储氢性能。科研人员对这种材料的功能进行了大量研究。在此基础上,该研究小组以具有八面体构型的[$Zn_4O(CO_2)_6$]团簇为基本结构单元,在合成的过程中,选择不同的反应物,改变配体中 R 基团的种类,如图

6-1 所示,通过使用含有二羧酸的配体,得到一系列具有相同结构的 IRMOF-n($n=1\sim16$)。其孔道尺寸可以进一步达到 28.8 Å,孔隙率可达到 91.1%,这些特点也是传统无机多孔材料例如沸石等难以具有的。

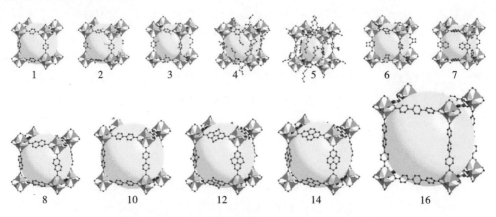

图 6-1　IRMOF 系列材料结构(IRMOF-n,$n=1\sim8$)

6.3.2　MIL 系列材料

MIL(materials of institute lavoisier)系列也是非常著名的一类材料,由法国凡尔赛大学 Férey 研究组首次合成。而 MIL-53(Cr)是最有代表性的 MIL 材料。其制备方法是将 $Cr(NO_3)_3$、对苯二甲酸、氢氟酸和水按照 1:1:1:280 的物质的量比混合,在高压下经过水热反应并煅烧去除杂质得到,其晶体由八面体的 $CrO_4(OH)_2$ 和苯二羧酸互相桥连而成,具有三维的菱形孔道结构(图 6-2)。目前所合成的该系列的材料主要是采取变换中心金属离子的方法。研究者们采用不同的过渡金属元素和二羧酸(如琥珀酸、二羧酸)等有机配体进行配位,合成了多种结构的 MIL 系列材料。骨架极具柔韧性是 MIL 系列材料最神奇的特点,在客体分子吸附、温度、压力等外界因素变化刺激下,其结构会在大孔和窄孔这两种形态之间转变,这一现象是著名的"呼吸现象",也是研究重点之一。并且,MIL-100 和 MIL-101 这两种材料孔径达到了 25~34 Å,而 MIL-101 的比表面积达到了 5900 $m^2 \cdot g^{-1}$,原因在于带 Cr^{3+} 的无机基团与二羧酸配体形成了超四面体结构,这些次级单元在空间中通过与氧原子的共价键又形成了更大的拓扑表面。该材料在气体存储方面具有广泛的应用前景。

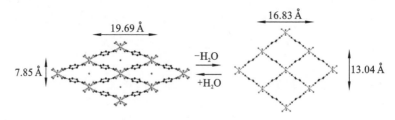

图 6-2　MIL-53 材料的呼吸作用

6.3.3　CPL 系列材料

CPL(coordination pillared-layer)系列材料由日本京都大学 Kitagawa 研究小组首次合成。CPL 系列材料的结构由六配位金属元素与中性的含氮杂环类的苯酚等配体配位而成,其中的四个配位位置是金属和吡嗪类羧酸配体连接而成的二维平面结构,剩余的两个位置则是金属与线形二齿有机配体配位形成,由此形成 CPL 系列材料独特的层状结构。比较具有代表性的 CPL-1 的合成方法是 $Cu(ClO_4)_2$、Na_2pzdc 和吡嗪在水溶液中通过反应制得。通过改变不同的有机配体,可以得到不同孔径和比表面积的一系列 CPL 材料。此类 MOFs 材料的最大特点是在吸附客体分子时,材料的晶体骨架结构会在一个临界点发生明显的吸附膨胀,孔道结构发生巨大变化,且材料吸附客体分子的能力也发生了改变。虽然目前这个现象在分子吸附能力和力学性质方面具有研究价值,但是还没有具体的理论来解释这一过程的机理。CPL 系列材料和 Kitagawa 研究组合成的 $CuAF_6$(A=Si、Ge、P 等)系列材料都具有骨架结构稳定、密度低、结构可调等优点,在存储氢气和甲烷等气体方面具有良好的应用前景。

6.3.4　ZIF 系列材料

Yaghi 研究小组合成了另一组著名的 MOFs 材料,类沸石咪唑酯骨架(zeolitic imidazolate frameworks,ZIFs)材料。它是利用 Zn^8 或者 Co^8 与咪唑配体反应,制备出类沸石结构的 MOFs 材料。这一类 MOFs 材料是几种典型的硅铝分子筛结构,如图 6-3 所示。在这类结构中,硅铝分子筛的四面体的 Si 或 Al 被过渡金属取代,而氧原子被咪唑配体取代。ZIF-5 是一个具有 gar 拓扑的混合 Zn^8 和 In(Ⅲ)金属的类沸石咪唑酯配位聚合物。在 ZIF 系列材料中,ZIF-8 和 ZIF-11 的气体吸附性质、热稳定性、化学稳定性研究很多。这两种材料具有永久的孔道性质(比表面积 $1810\ m^2/g$)、热稳定性高(能加热到 550 ℃)和良好的化学稳定性,可以在沸腾的碱性水溶液和有机溶剂中保持稳定。这类 ZIFs 材料含有有机咪唑酯,通过和过渡金属交联形成四面体骨架结构,能够高效地、有选择性地捕获汽车尾气和烟道气中的二氧化碳。

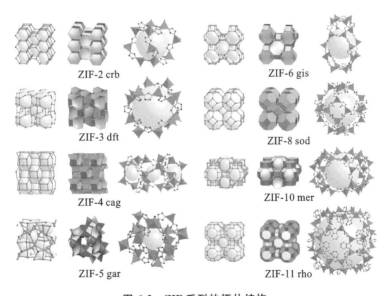

图 6-3　ZIF 系列的拓扑结构

6.3.5 PCN 系列材料

PCN(porous coordination network)系列材料是美国德克萨斯 A&M 大学 Zhou 研究小组合成的。他们采用含金属铜离子的硝酸铜分别和 H₃TACTB 配体以及 HTB 配体,在酸性环境中,75 ℃条件下,反应 48 h 制得 PCN 系列中的两种比较典型的材料,PCN-6′和 MOF-HTB′。PCN 系列材料具有多个立方八面体纳米孔笼,在空间上形成类似于 Cu-BTC 的孔笼-孔道状拓扑结构。PCN 系列材料在气体存储方面最具代表性的是 PCN-14,其比表面积可以达到 2176 m²/g。

6.3.6 UiO 系列材料

UiO(University of Oslo)系列材料是近来受到科研人员广泛关注的一种基于金属锆(Zr)的新型 MOFs 材料。最典型的是 UiO-66,在二氧化碳和甲烷气体分离方面,该材料展现出较高的选择性和工作容量,以及较低的再生成本。这种 MOFs 材料是由含有 Zr 的正八面体[Zr₆O₄(OH)₄]与 12 个对苯二酸有机配体相连接,形成包含八面体中心孔笼和八个四面体角笼的三维微孔结构,如图 6-4 所示。这两种孔笼之间通过三角窗口相连。该材料的热稳定性很高,超过 500 ℃,还能够在多种有机溶剂中保持骨架的结构稳定性,也是目前已知 MOFs 材料中稳定性较好的系列材料之一。因此,优异稳定性使这类材料可应用于分离等领域。此外,—SO₃H 和—CO₂H 等基团的引入可以极大地提高 UiO-66 对二氧化碳的捕集效果。此外,类似于 UiO 材料的 Zr-NDC 稳定性良好,还表现出一定的荧光性,能够在探测领域发挥作用。

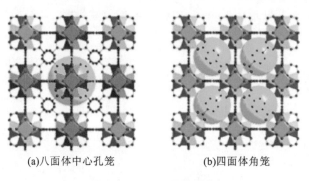

(a)八面体中心孔笼　　　　(b)四面体角笼

图 6-4　UIO-66 晶体结构

6.3.7 混合配体 MOFs 材料

除了使用单一有机配体以外,利用多种不同的配体进行混合,也可以作为调节 MOFs 材料结构的一种有效途径。可以通过改变配体的比例,获得一系列具有不同孔结构的 MOFs 材料。Thompson 等将母体材料(ZIF-7,ZIF-8,ZIF-90)的有机配体,在反应溶液汇总按照不同的比例进行混合,可以得到一组 ZIF-7-8 和 ZIF-8-90 的杂化材料。ZIF-8-90 材料能保持与母体材料相似的立方晶胞,而 ZIF-7-8 则从立方晶胞转变为斜方六面体晶胞。这些发现可以为针对特定应用调节 MOFs 材料结构方面提供一个新的思路。

6.3.8 混合金属 MOFs 材料

由于可引入不同的功能性金属,含有多种金属的 MOFs 材料受到研究者的关注,Su 等制备了含有 Zn 和 Co 的混合金属有机 MOFs 材料,并发现其具有手性特征。Nayak 等使用 2-吡嗪羧酸和铁、银金属团簇制备了一种三维混合金属 MOFs 材料。不同金属离子的配位结构不同,可以为调控 MOFs 材料结构、发现 MOFs 新功能和优化性能提供新的策略和方法。这种混合金属 MOFs 材料在催化剂以及功能材料领域具有一定前景。

6.4 MOFs 材料的制备方法

从应用的角度来说,MOFs 材料可针对目标分子的不同,通过金属离子和有机配体的具体配位情况进行精准设计和控制,故而其功能性强,在气体储存与分离、催化、能源、传感等许多研究领域中扮演极其重要的角色。在这些新的应用领域中,MOFs 材料的诸项性能包括机械、电子、光学、热学、磁性为设计和构建先进多功能器件提供了有力基础。

对于许多先进的纳米技术应用来说,MOFs 材料总是以粉末的形式沉积在固体基底上,在电子领域中尤其如此。而表面支撑的 MOFs 薄膜作为一种新的形式也越来越受到人们的广泛关注。MOFs 薄膜不仅保持了相应粉体的固有性质,而且为新的体系结构提供了可能性。制备表面支撑薄膜的方法也多种多样,包括逐层法、电化学沉积、化学气相沉积、原子层沉积、水热合成等。此外,MOFs 材料在基底上的尺寸、形貌、分布、取向也会显著影响该材料的物理和化学性能。因此,上述这些机遇和挑战激发科研工作者们进一步探索新的制备方法,开发具有特殊形貌、优异性能的基底支撑的 MOFs 材料。尤其是对于电化学分析领域,电化学传感器广泛应用于环境监测、食品质量控制、医疗诊断和化学治疗检测等领域。由于具备超高孔隙度、大比表面积和孔隙体积、可调结构、物理化学性质稳定等优势,MOFs 材料可作为高效的电化学传感器的核心部分,在电化学传感分析领域内极具潜力。首先,MOFs 材料修饰电极本身就是一种电化学信号探针。其次,由于材料本身富含大量的活性位点,MOFs 材料也可作为催化剂,高效催化具有氧化还原性质的媒介物质。再者,MOFs 材料稳定有序的微孔结构可使之成为一种负载识别或者信号探针的平台,其特殊的目标识别能力归因于氢键、π-π 相互作用、开放的活性位点、范德华力等,而目标分析物则包括离子、有机小分子、生物分子等。另一方面,MOFs 材料巨大的比表面积和孔隙率可使目标分子扩散到孔道内部,并且孔道尺寸与形状可使其对目标分子进行选择性吸附、容纳和高效催化。这意味着经过特殊设计的 MOFs 材料对目标分析物将拥有较高的灵敏度和良好的选择性,而灵敏度和选择性是评估传感器性能优异与否的重要因素,对于电化学检测传感器来说其潜力无穷,意义非凡。尽管 MOFs 材料的特殊性质使其具备成为新型电化学传感器电极材料的可能,但信号的转化仍然是基于 MOFs 材料的电化学传感器的主要挑战之一。一般来说,由于导电性较差,只有一部分的 MOFs 材料能够作为电化学传感器的电极材料并能达到电化学检测的要求。因此,设计电化学活性高、导电性良好的 MOFs 材料依然是满足实际检测应用的重要核心部分。而幸运的是,MOFs 多孔有序的结构非常有利于引入其他导电材料以提升导电性,使其与其他材料诸如碳纳米材料、导电聚合物等进行结合,形成功能化的复合 MOFs 材料。所形成的复合 MOFs 材料集多孔、有序、导电、活性高等诸项优势于一体，电化学性能得以大幅度提升，进一步扩展了 MOFs 材料在电流型传感器、电位型传感器、电阻型传感器、光电化学传感器等电分析检测方面的应用。

6.5 基于溶液的 MOFs 材料的制备

6.5.1 基底功能化

基底功能化是目前最方便的一种方法。这种方法是固定单层分子于初始基底表面，使其暴露出特定的基团诸如羧基、羟基、氨基、吡啶等，而这些功能化的基团可以用来锚定金属或金属氧节点和有机接头，从而有利于基底表面的 MOFs 薄膜的生长成核。许多情况表明，在合适的条件下，这种基底功能化的方法将会导致具有定向和高度结构完善性的 MOFs 薄膜的形成，而其生长方向可由基团的种类和负载量来控制[40]（图 6-5）。

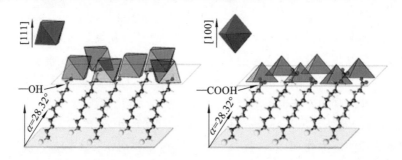

图 6-5　金表面单层组装羟基与羧基实现 $Cu_3(BTC)_2(HKUST-1)$ 不同方向的定向生长

6.5.2 界面合成

所谓界面合成，指的是 MOFs 薄膜的界面合成可通过金属离子和有机配体的自组装，而这种自组装被限制发生在两种不互溶的溶液界面或者空气溶液界面，随着自组装的不断进行，最终形成自支撑的 MOFs 薄膜。这种液液界面合成 MOFs 薄膜首次由 Ameloot 等报道。而对于界面合成这种方法来说，形成均匀自支撑的 MOFs 薄膜的一个关键要求在于有机与无机溶剂的溶解度，当两种不互溶的溶剂接触时，结晶只发生在液-液界面，并且薄膜的生长速率是由在各自溶剂中的不同前驱体扩散速率决定的。液-液界面合成法已广泛应用于多种 MOFs 的制备，诸如 ZIF-8、MOF-5、MOF-2、MIL-53(Al)。另一方面，液-液界面合成还可以用于形成特殊形貌的 MOFs 薄膜，如三维中空结构等。以 $Cu_3(BTC)_2$ 为例，如图6-6 所示，金属盐溶液和有机配体溶液通过两支注射器控制流速，流入反应器进行配位自组装。由于表面活性剂聚乙烯醇的作用，其在界面配位自组装完成后形成了三维中空结构。

类似于液-液界面，气-液界面也为二维 MOFs 纳米片的组装提供了一个极好的平台。Makiura 等报道了一种新的气-液界面合成法，制备了大面积均匀的 NAFS-13 纳米片。如图 6-7 所示，首先，通过乙醇分子在水表面的扩散，分子构筑单元在水-空气表面实现预定向。然后存在于水相中的金属离子与表面配体进行配位自组装，从而引发纳米片的形成。含有配体 PdTCPP 的乙醇溶液分散于硝酸铜溶液中，PdTCPP 分子与铜离子配位，在气-液界面

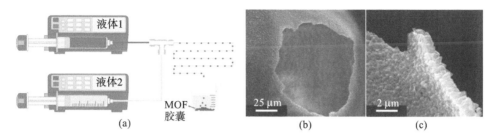

图 6-6 [Cu₃(BTC)₂]的合成及扫描电子显微镜图

处平铺形成二维的 NAFS-13 纳米片,片层厚度约为 0.3 nm。

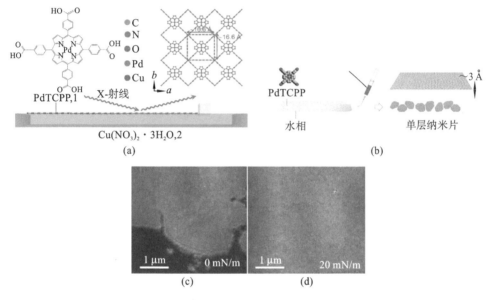

图 6-7 NAFS-13 的合成过程及其布儒斯特角显微镜图

6.5.3 自下而上模块化组装

自下而上模块化组装法制备 MOFs 薄膜由 Kitagawa 最早提出。由金属卟啉结构单元和金属离子支架结合而成的 MOFs 薄膜具有可控的膜厚度和生长取向,其厚度和取向可由朗格缪尔-布洛杰特法(LB)逐层生长调控。类似于界面合成,二维 MOFs 纳米片通过朗格缪尔-布洛杰特法转移到基底上,通过重复这一步骤可得到 MOFs 薄膜,其厚度可由操作次数来控制。

不同于界面二维组装 MOFs 纳米片,Zhang 等进一步开发了表面活性剂辅助的方法来制备超薄 MOFs 纳米片,并进一步转移到基底上。这种方法可用于合成超薄双 MOFs 纳米片 M-TCPP(Fe)(M=Co、Cu、Zn)。以二维 Co-TCPP(Fe)纳米片为例(图 6-8),引入表面活性剂聚乙烯吡咯烷酮,可被选择性吸附在 MOFs 表面,调控 Co-TCPP(Fe)各向异性的生长,并形成 10 nm 厚的超薄 Co-TCPP(Fe)纳米片,且 Co-TCPP(Fe)纳米片分散于溶液中,形成二维悬浮液,使用自下而上模块化组装成为 MOFs 薄膜。

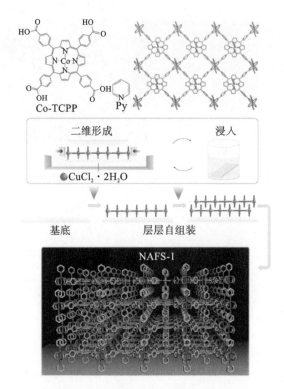

图 6-8　二维 Co-TCPP(Fe)纳米片制备过程

6.5.4　电化学沉积

　　一般来说,有三种电化学方法可以制备 MOFs 薄膜材料,即阳极沉积、电泳沉积、阴极沉积(图 6-9)。对于阳极沉积方法,整个过程中金属电极作为阳极在较高的正电压下失去电子,逐渐溶解,其形成的金属离子在双电层迅速与存在于电解液中的有机配体进行反应,完成配位自组装,随着反应的不断进行,在阳极最终得到 MOFs 材料。整个过程时间较短,容易控制,可以在一个温和的环境中进行,避免了传统水热等方法需要高温高压的条件,这种方法被广泛用于在金属基底上制备 MOFs 薄膜,如$Cu_2(BTC)_3$、$Zn_3(BTC)_2$、MIL-100(Fe)、Zn(TPTC)等。值得注意的是,并不是所有的金属都适用于阳极沉积,在某些情况下,相关腐蚀会抑制 MOFs 的生长。

　　电泳沉积也是一种可取的方法。在这一过程中,两个电极浸入含有表面带电 MOFs 颗粒的溶液中。当两个电极加上电压以后,产生的电场驱动着 MOFs 颗粒向相对电荷的方向迁移,因此形成了 MOFs 薄膜。Hod 等用电泳沉积法在导电玻璃上合成了 HKUST-1、Al-MIL-53、UiO-66 和 NU-1000 等 MOFs 材料。

　　阴极沉积法是由 Dinca 等首次开发的。三电极体系中工作电极、参比电极和对电极并不参与 MOFs 薄膜的合成反应,只是起到提供电子的作用。阴极沉积的关键步骤是在阴极附近获得局部碱性区域,在这一区域,有机配体将会去质子化。这些去质子化的有机配体将会与溶液中的金属离子反应,在阴极表面形成 MOFs 薄膜。MOF-5、$Zn_4O(BDC)_3$等 MOFs 材料均可由阴极沉积法制备得到。

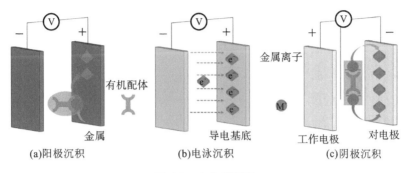

(a)阳极沉积　　　　　(b)电泳沉积　　　　　(c)阴极沉积

图 6-9　电化学沉积

6.6　基于真空的 MOFs 薄膜的制备

大部分已经报道的关于沉积 MOFs 薄膜的过程都包含了有机溶剂中的化学反应。对于许多微电子制造工艺来说,基于溶液的 MOFs 薄膜制备方法存在着一些缺点,即合成过程中溶剂的潜在污染。基于真空的 MOFs 薄膜制备法(包括化学气相沉积和原子层沉积法)则避免了这一问题。

6.6.1　化学气相沉积

化学气相沉积法制备 MOFs 薄膜包含了气体在基底表面的吸附和化学反应。这种沉积方法也可以生产具有严格控制尺寸的涂层,也可在一些具有相对复杂形状的图案化基底上沉积。Ameloot 等采用化学气相沉积法制备了 ZIF-8 薄膜且其厚度可调(图 6-10)。在这项工作中,化学气相沉积法包括两步:第一步是金属氧化物沉积,第二步是气固反应。首先使用原子层沉积在硅片上沉积 3~15 nm 的氧化锌薄膜,随后让其保持在 100 ℃二甲基咪唑气氛下 30 min,最终得到高度结晶均匀的 ZIF-8 薄膜(图 6-11)。

6.6.2　原子层沉积

原子层沉积同样是一种化学气相薄膜沉积技术。但是与化学气相沉积不同的是,原子层沉积采用的是自限制的表面反应以便更好地控制薄膜的厚度。这项技术依赖于表面自饱和的气体反应。首先是在基底上沉积单层挥发性的金属前驱体,再进一步沉积第二层挥发性的有机配体,重复这两步即可调控其薄膜的厚度。而成功沉积的关键在于选择合适的挥发性前体。Ahvenniemi 等采用原子层沉积成功地在硅基底上制备了 Ca-BDC 薄膜(图 6-12);Lausund 等使用四氯化锆和 1,4-苯二甲酸为前驱体,在全气氛条件下采用原子层沉积制备了 UiO-66。此外,原子层沉积也可以作为一种辅助方法,在基底上沉积金属氧化物薄膜作为成核层,促进 MOFs 薄膜的非均匀成核。

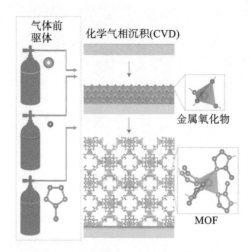

图 6-10　化学气相沉积 ZIF-8 薄膜

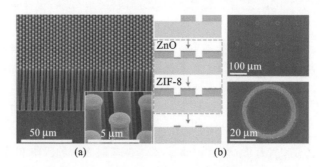

图 6-11　ZIF-8 涂层硅柱阵列扫描电子显微镜图

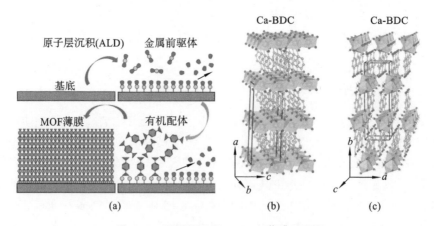

图 6-12　原子层沉积 Ca-BDC 薄膜示意图

6.7 MOFs 材料在电化学传感器中的应用

电化学传感器,顾名思义就是将信号以电化学信号形式输出的传感器。MOFs 材料可以作为电化学传感器中的传感介质,用来与特异性识别物质的结合。MOFs 材料本身存在一些固有的性质,如比表面积较大、表面原子配位不全以及表面反应活性较强等,导致材料表面的活性位点发生变化,其催化活性和吸附能力都得到较大的提升,这些优势为电化学生物传感的研究提供了新的出路。新型 MOFs 材料电化学传感器与传统的电化学传感器相比,不仅实现了更快速更便捷的检测,同时检测结果的精确度和可靠性均得到了提升,现在广泛应用于电流型传感器、电阻型传感器、光电化学传感器、电致发光传感器等电化学传感器。随着 MOFs 材料与电化学传感器的不断结合和不断深入,新型基于 MOFs 材料的电化学传感器具有良好的发展空间。

6.7.1 电流型传感器

电流型传感器的工作原理是在电位恒定的情况下,被测物质发生定电势电解,通过扩散控制下极限电流与浓度的线性关系来检测分析物浓度的变化。Wang 等报道了三种基于铜基 MOFs 材料的电流型传感器。首先以均苯三甲酸为配体,以醋酸铜为铜源,以氨基化石墨烯纸为柔性导电衬底,通过界面合成方法,在衬底上成功合成了铜基 MOFs 纳米立方体(HKUST),并发现其具备一定的两亲性,进一步使用水-油两相进行界面限域,使之在柔性的氨基化石墨烯纸表面上定向组装,形成有序排列,并发现了这种金属有机框架材料具备电化学检测乳酸和葡萄糖的双功能(图 6-13)。作为电流型传感器,其检出限较低、线性范围宽、灵敏度高、选择性好、稳定性好、柔韧性优异,可应用为一种新型的非酶的柔性汗液传感器;Wang 等又进一步以异烟酸为有机配体,硝酸铜为铜源,以三维石墨烯包覆的单根活化碳纤维为柔性基底,首先在基底上成功制备了海绵状铜,通过电化学阳极诱导的方法,将海绵状的单质铜原位转化成雾凇状的铜基 MOFs 材料——Cu(INA)$_2$(图6-14)。MOFs 薄膜材料具备微孔、介孔和大孔分级多孔结构,能够快速转移离子、电子和分析物,具备优异的电化学乳酸和葡萄糖传感性能,且稳定性好,为新一代基于 MOFs 材料的无酶汗液传感器开辟了新的思路。Wang 等还由自然界中的穆雷结构出发,受到咖啡环效应的启发,首先以改性的 A4 纸为柔性衬底使用蒸发驱动组装"咖啡环",这些圆圈由氢氧化铜纳米线自组装形成,再以萘二甲酸为配体,在氢氧化铜纳米线上完成异质外延定向组装。由于晶轴匹配的缘故,可实现 MOFs 材料的定向组装,组装完成后,最终形成了仿生穆雷自相似结构的铜基 MOFs 材料。这种穆雷结构 MOFs 材料分级多孔,同样具备微孔、介孔和大孔,且孔道相互连接,尺寸匹配,满足自然界穆雷定律,传输速率快,导电性和传输性能有明显提升,可作为一种柔性汗液传感器检测汗液中的乳酸与葡萄糖,电化学性能优异,稳定性好,为制备基于仿生型MOFs 材料的汗液生物传感器提供了一种简单的方法(图 6-15)。

6.7.2 电阻型传感器

生物分子与修饰过程中的电极表面的相互作用可通过电化学阻抗谱来进行分析。这种

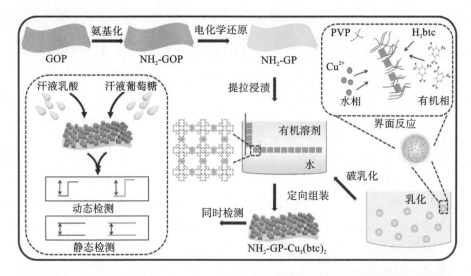

图 6-13　$Cu_3(btc)_2$ 在氨基化石墨烯纸上的界面组装和汗液乳酸与葡萄糖电化学检测

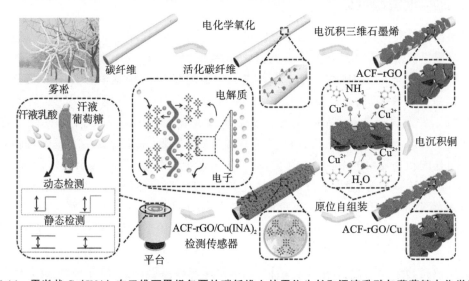

图 6-14　雾凇状 $Cu(INA)_2$ 在三维石墨烯包覆的碳纤维上的原位生长和汗液乳酸与葡萄糖电化学检测

电阻型传感器是基于目标分子识别以后的电子传递阻力的变化原理进行工作的。Deep 等报道了一种基于镉 MOFs 的电阻型生物传感器,该传感器可用于农药检测。该材料包含由羧基与氨基反应形成的酰胺基团,尚未配位的羧基可与抗体共价结合。在生物传感系统中,MOFs 材料巨大的比表面积使其有大量与抗体分子结合的位点,因此,电阻型免疫传感器展现了高灵敏度和特异性的检测性能。尤其是铁基和铝基 MOFs,可作为一种生物平台用于适体和抗体的固定、痕量重金属离子的测定和食品安全评估。基于 MOFs 的电阻型传感器也可用于气体传感器。环糊精衍生的 MOFs 可以和二氧化碳反应,形成碳酸烷基酯,这一特性可用于设计高灵敏度和高选择性的电阻型传感器。此外,对水蒸气敏感的 MOFs 材料可作为电阻型湿度传感器。这些研究表明基于 MOFs 材料的电阻型传感器有着广阔的应用前景。

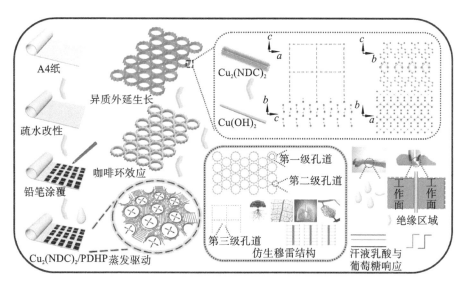

图 6-15 蒸发驱动与异质外延在改性 A4 纸上定向自组装 $Cu_2(NDC)_2$ 和汗液乳酸与葡萄糖电化学检测

6.8 光电化学传感器

光电化学检测是一种富有前景的分析技术。这种技术灵敏度高、分析速度快、成本低，原理是基于光照射下，电极表面光活性物质和分析物之间的电子转移产生光电信号。卟啉作为一种染料敏化剂可提供光电转换效率，在光电化学传感器体系中得到应用。卟啉改性的电极产生的阴极和阳极光电流，由于强烈光吸收与发射，光捕集相关的电子转移反应，被广泛研究。特别是，基于卟啉的 MOFs 材料有望具备优异的光电化学功能。与卟啉化合物相比，MOFs 材料中的卟啉结构由于框架中的扩展共轭，具有更好的化学稳定性、更小的能带、更强的电子空穴结合时间等许多优点。上述的这些特点有利于光诱导的电子转移过程，提高光电转换效率。Zhang 等报道了一种基于锆卟啉的生长在导电玻璃上的 MOFs，用于光电化学传感器。其高孔隙率和可调结构利于可见光捕集，可以促进氧和多巴胺的富集。该传感器展现了增强的多巴胺的光电活性。此外，由于磷基团和 Zr-O 位点配位空间位阻的存在，锆卟啉 MOFs 可以进一步作为光电化学的信号探针，用于检测无标记磷蛋白质。因此，此类生物传感器表现出对酪蛋白的良好选择性和高灵敏度。

6.9 电致发光传感器

电致发光作为一种有效的电化学分析方法，由于其灵敏度高、背景信号小、线性范围宽而受到广泛关注。在 MOFs 材料上固定发光体具备一定优势，包括增强发光信号、可重复使用、操作简单。因此，许多基于 MOFs 材料的电致发光传感器被制备出来应用于电化学分析。例如，一种由钌复合物和锌离子组成的 MOFs 材料，如图 6-16 所示，进一步结合石墨烯材料，展现出 MOFs 和石墨烯之间的快速电子转移，对可卡因检测灵敏度高、性能良好。Fu

等制备了铁基 MOFs 作为一种芘衍生物的能量受体,通过共振能量的转移表现出猝灭的影响。这种开关式的电致发光传感器对于多巴胺的检测有着较宽的线性范围。此外,Ma 等开发了银纳米粒子掺杂铅 MOFs 复合材料,β-环糊精作为电致发光探针用于前列腺特异性抗原无标记免疫传感器,该传感器展现了优异的传感性能。上述这些应用充分说明了基于 MOFs 材料的电致发光传感器将成为一种设计电化学体系的优异平台。

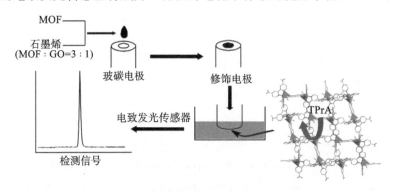

图 6-16　Ru-MOF 修饰电极的制备与测试

6.10　结论与展望

各种各样的基底支撑的 MOFs 材料被应用于大量的先进电子器件中。目前这些研究仍然停留在实验阶段。MOFs 材料具有结构复杂、多样,以及功能化程度高等特点,目前,关于 MOFs 材料的研究总体上来说向结构更加复杂、功能性更强、更稳定的面向实际应用性能研究方向发展。对于 MOFs 材料,仅仅依靠实验手段是难以实现其进一步研究的,计算化学在这些方面具有优势,我们可以进一步完善其构效关系。下面对 MOFs 材料的设计和应用进行展望。

(1)概念创新。作为一种具有比较复杂微纳结构的多孔材料,如何科学地表征这种结构是设计 MOFs 材料的基础,而设计 MOFs 材料是合成与应用的基础。诸如 MOFs 材料的储气性能、分离性能、催化性能、热稳定性、化学稳定性等,需要充分利用计算化学中的因素隔离、参数系统调节、微观信息显示和大参数空间研究等,开发新的材料表征参数,例如吸附度参数、微观选择性、两字有效孔径等,可以解决目前常规表征材料的结构难以和材料的各种应用关联的问题。因此,可以针对 MOFs 本身的特点和相关应用的需要,建立新的概念以便更科学、更有效地表征 MOFs 材料,这是目前的一个研究前沿与热点话题。

(2)方法创新。正是由于 MOFs 材料的特殊结构和物理化学特性,以及相关的潜在应用,MOFs 材料的研究难度在不断加大。因此除了上述概念方面的创新,也需要开发出新的更为高效的研究方法。这同样也可以用到计算化学工具,通过量化计算,进行大规模材料设计与筛选。针对 MOFs 材料的各种特点,开发出的新的高效的制备和研究方法,获得更深入更全面的了解,是 MOFs 材料的研究重点之一。

(3)探索 MOFs 材料新功能。关于前期 MOFs 材料的研究,主要是以新结构、大比表面积、超大孔等作为目标的 MOFs 材料的合成。而目前的 MOFs 材料的合成与实际应用紧密结合,而 MOFs 材料的性能研究也会成为重点。我们可以去寻找 MOFs 材料的新性能。例如,二氧化碳的捕获不仅需要追求高选择性、大工作容量,还要进一步考虑二氧化碳的解析能,以及材料的水稳定性等方面。MOFs 材料作为药物载体,不仅需要考虑载药量、药物的扩散动力学,还要进一步考虑 MOFs 材料的生物相容性和降解性能。MOFs 材料的骨架柔韧性也影响了其稳定性和力学性能。由于 MOFs 材料的稳定性和力学性能是其应用中的重要性能,所以我们需要开展系统深入的研究,可以通过计算化学来进行模拟,采用材料柔性分子力场以及分子动力学模拟,来获得 MOFs 材料动力学过程的稳态性能,尤其是材料性能随时间的动态演变。这些复杂的问题都不能回避,也是十分重要的研究领域。

(4) 虚拟 MOFs 材料的设计与筛选开发。由于 MOFs 材料种类繁多,结构变化万千,因此如果我们可以通过计算的方法,进行大规模、广泛的 MOFs 材料虚拟合成,并针对某一性质进行初步筛选,只针对筛选后的部分结构进行实验研究,一方面可以避免实验研究的盲目性,节省人力物力财力,另一方面可以更容易获得性能优异的 MOFs 材料。因此,开发虚拟 MOFs 材料的分子设计与性能初筛,具有重大的科学和现实意义,同样也是目前 MOFs 材料领域的研究热点之一。不过美中不足的是此种设计方法仍需进一步完善。因此,这是一个充满生机的研究领域。

从另一个方面来说,虽然 MOFs 材料表现出极强的吸引力,但是在这些材料可以大规模生产、真正工业化和商业化之前,还有很长的路要走。从 MOFs 材料本身的性质来说,需要不断进行探索、优化和调控,才能应用于更复杂、更广泛的领域。而从传感器的角度来说,随着人们生活水平以及工农业生产的自动化水平不断提高,对相应的化学分析手段、检测机制也提出了更高的要求,这就推动了电化学传感器技术和性能不断向前飞速发展以适应这种需求。与此同时,材料科学、微型化技术、电子学及生物技术的不断发展和相互融合,使得基于 MOFs 材料的电化学传感器未来的发展趋势将沿着以下几个方向。

(1) 基于 MEMS 技术的微型化电化学传感器。

基于微电子机械系统(MEMS)技术的微型化传感器(尺寸从微米到几毫米的传感器的总称)的研发与逐步实用化是未来发展的热点之一。而 MOFs 作为核心材料将发挥其更大的优势。

(2) 构建环境监测中应用的新型电化学传感器。

随着工农业生产的快速发展为社会发展带来巨大经济利益的同时,有机化学品、重金属、有毒气体及农药残留等环境污染问题也日益突出。目前,水体、大气及土壤检测用的传感器未实用化。构建和研发无污染、高效率和低成本的 MOFs 环保型传感器也将成为未来的热点。

(3) 生物、医用急需研发的新型电化学传感器。

探测肿瘤标志物、蛋白质、DNA、RNA、微生物及细胞等传感器已经涌现,而诸如脉搏、血流量、血压、血气等基于 MOFs 的生理传感器也亟待研发和实用化。还需进一步提高其灵敏度、准确性、选择性,使其具有微型化、低成本、高效率的优点。

(4) 工业过程及工业安全控制的电化学传感器。

我国的工业过程控制技术水平还很低,无论是工业过程中的工艺控制和安全控制都不够完善。为尽快解决工业生产中所面临的类似问题,还需要重点开发压力、温度、流量、位移以及有毒、有害、易燃、易爆气体的基于 MOFs 的传感器。

6.11 实验:雾凇状铜基 MOFs 薄膜的原位电化学制备、表征及其电化学性能测试

6.11.1 实验目的

(1)了解电化学方法制备铜基 MOFs 材料的基本原理和实施方法;
(2)了解 MOFs 材料的电化学特性;
(3)掌握电化学性能相关测试实验的基本操作。

6.11.2 实验原理

MOFs 材料是由有机配体和金属离子或团簇通过配位键自组装形成的具有分子内孔隙的有机-无机杂化材料,内部有着不同的框架孔隙结构,从而表现出不同的吸附性能、光学性质、电磁学等性质,在现代材料学方面呈现出巨大的发展潜力和诱人的发展前景。特别对于电化学传感器领域,其类酶作用、稳定性等特点使其具有取代酶的潜力,对新一代无酶的电化学传感器意义重大,更受到广泛青睐。而 MOFs 材料的形貌和尺寸控制被视为探索其物理化学性质的一个有效战略。现有的合成方法主要有微波法、水热法、气相沉积法和原子层沉积法。微波法无法实现 MOFs 的原位生长;水热法难以在微小的基底材料上原位制备尺寸均一、形貌规整的 MOFs 材料,且需要高温高压的反应条件,并且可能会产生对健康和环境有害的物质;而气相沉积法和原子层沉积法虽可在基底材料上有效控制其尺寸和形貌,但是方法较为复杂,耗能耗时。因此,开发一种简便快速、环境友好、能原位有效生长尺寸均一、形貌规整的 MOFs 修饰的复合薄膜的方法对于实现 MOFs 在电化学传感器领域乃至更广泛的应用仍然是一个巨大的挑战。

而另一方面,碳纤维是一种由有机纤维碳化及石墨化处理而得到的微晶石墨材料。碳纤维价格便宜、尺寸较小、无毒无害、化学稳定性好、导电性良好,因此常被应用于微电极的制作当中。而三维网状结构的石墨烯包覆的碳纤维较单纯碳纤维而言,导电性能更好,稳定性更佳,尤其是在电化学传感器领域可作为优良的碳纤维微电极基底。相比现有的在诸如硅片、导电玻璃等较大且刚性基底上制备 MOFs 材料,在三维石墨烯包覆的柔性碳纤维上原位制备了有序雾凇状 MOFs 材料——Cu(INA)₂,可实现 MOFs 材料在微小碳基底上的均匀有序组装,为制备功能化的碳基复合 MOFs 材料提供一种有效的方法。本实验通过电化学阳极溶出法原位制备一种雾凇状铜基 MOFs/三维石墨烯包覆碳纤维复合微电极,解决目前 MOFs 制备过程中难以原位合成尺寸均一、形貌规整的 MOFs 材料,且合成方法复杂、污染环境、耗能耗时等技术问题。

在本实验中,采用两电极体系,其中电解液为加入异烟酸的 N,N-二甲基甲酰胺溶液,将三维石墨烯包覆的活化碳纤维作为阳极,铂丝电极作为阴极,设置正的工作电压,利用阳极溶出原理,即金属铜在阳极正电位下失去电子成为金属铜离子,而电解液中的作为配体的异烟酸沿着三维石墨烯表面与还未扩散的铜离子迅速完成自组装,并进一步结晶成核,随着金属铜的不断溶解与 MOFs 的不断组装,三维石墨烯所形成的网络结构使 MOFs 材料均匀成

核,最终形成了 $Cu(INA)_2$ 独特的雾凇状的形貌。在温和的条件下,我们通过电化学自组装的方法,控制金属离子的产生和与有机配体的配位来原位生长雾凇状的 MOFs 材料,避免了高温高压等苛刻的反应条件。

6.11.3 仪器、试剂和材料

上海辰华 Chi760E 电化学工作站;电解池;水浴锅;电子天平;铂电极;饱和甘汞电极;银、氯化银电极;容量瓶;鼓风干燥箱;Bruker D8 ADVANCEX 射线衍射仪;场发射 HitachiX-660 扫描电子显微镜。

碳纤维;硫酸;硝酸;硝酸铜;硫酸钠;氯化钠;铁氰化钾;亚铁氰化钾;氧化石墨烯水溶液;异烟酸;N,N-二甲基甲酰胺;去离子水。

6.11.4 实验内容

1. 实验溶液的配制

(1) 配置 0.1 mol/L、体积比为 1∶1 的混合酸液(HNO_3 与 H_2SO_4),用于活化碳纤维。

(2) 配置 3 mg/mL 氧化石墨烯溶液,用于电沉积三维石墨烯。

(3) 配置含有 1 mmol/L Na_2SO_4 的 0.01 mol/L $Cu(NO_3)_2$ 溶液,用于电沉积铜单质。

(4) 以 N,N-二甲基甲酰胺与水为溶剂(体积比为 1∶1),配置饱和的异烟酸溶液,用于原位制备铜基 MOFs 薄膜材料。

2. 三维石墨烯包覆的活化碳纤维衬底的制备

(1) 碳纤维的活化。用水和乙醇清洗后,烘干。采用三电极体系,即碳纤维(CF)为工作电极,饱和甘汞电极为参比电极,铂电极为辅助电极,混合酸液为电解液,安装好电解池,接好实验电路。采用恒电位工作模式,设置恒电位为 3 V,活化时间为 120 s,制备出活化碳纤维(ACF)。取出工作电极,用去离子水洗净,冷风吹干,放入干燥器中保存备用。

(2) 电沉积三维石墨烯。同样采用三电极体系,即活化碳纤维为工作电极,饱和甘汞电极为参比电极,铂电极为辅助电极,将电解液换为 3 mg/mL 氧化石墨烯溶液,安装好电解池,接好实验电路。打开电化学测试系统电源,启动测试软件,采用恒电位工作模式,设置恒电位为 -0.8 V,电沉积时间为 5 min,制备出三维石墨烯包覆的活化碳纤维,即 ACF-rGO。运行结束以后小心取出工作电极,用去离子水洗净,放入鼓风干燥箱于 50 ℃ 干燥 2 h 以后,放入干燥器中保存备用。

3. 雾凇状铜基 MOFs 薄膜材料的制备

(1) 前驱体的制备。使用三维石墨烯包覆的活化碳纤维为柔性衬底,采用三电极体系,即三维石墨烯包覆的活化碳纤维为工作电极,饱和甘汞电极为参比电极,铂电极为辅助电极,电解液为含有 1 mmol/L Na_2SO_4 的 0.01 mol/L $Cu(NO_3)_2$ 溶液,安装好电解池,接好实验电路。打开电化学测试系统电源,启动测试软件,采用恒电位工作模式,设置恒电位为 -0.35 V,电沉积时间为 10 min,得到单质铜包裹的柔性微电极,即 ACF-rGO/Cu。运行结束以后小心取出工作电极,用去离子水洗净,放入鼓风干燥箱于 50 ℃ 干燥 2 h 以后,放入干燥器中保存备用。

(2) 原位转化。采用两电极体系,单质铜包裹的柔性微电极为阳极,铂电极为阴极,饱和异烟酸溶液为电解液,安装好电解池,并将整个电解池置于恒温 50 ℃ 的水浴环境中,接好实验电路。打开电化学测试系统电源,启动测试软件,采用恒电位工作模式,设置恒电位为 2.7 V,运行时间为 3 min,得到微观为雾凇状铜基 MOFs 材料的柔性微电极,运行结束以后小心取出工作电极,用去离子水洗净,放入鼓风干燥箱于 50 ℃ 干燥 2 h,即得 ACF-rGO/Cu(INA)$_2$。

4. CF、ACF、ACF-rGO、ACF-rGO/Cu 及 ACF-rGO/Cu(INA)$_2$ 的 X 射线衍射及表面形貌分析

（1）用 X 射线衍射仪测试 CF、ACF、ACF-rGO、ACF-rGO/Cu 和 ACF-rGO/Cu(INA)$_2$,在 5°～90°的范围内进行扫描,并进行图谱对比分析。

（2）用扫描电子显微镜对 CF、ACF、ACF-rGO、ACF-rGO/Cu 和 ACF-rGO/Cu(INA)$_2$ 表面形貌进行观察。

5. ACF-rGO/Cu(INA)$_2$ 电化学性能测试

（1）采用三电极体系,以 ACF-rGO/Cu(INA)$_2$ 作为工作电极,铂电极作为辅助电极,银、氯化银电极作为参比电极,装入电解池,连接好电路。

（2）将配制好的 0.1 mol/L NaCl 溶液（含有 1.0 mmol/L K$_3$Fe(CN)$_6$ 和 1.0 mmol/L K$_4$Fe(CN)$_6$）注入电解池,作为电解液。

（3）打开电化学测试系统电源,启动测试软件,选择“循环伏安”测试法,具体实验参数设置如下,初始电位：−0.6 V;低电势：−0.6 V;高电位：+0.8 V;终止电势：−0.6 V;扫描速率：50 mV/s;循环周期：1 圈。保存循环伏安曲线,由峰电流与转移电子数等关系,计算电化学活性面积。

（4）重复过程 5 中(1)(2)步骤,启动测试软件,选择“开路电位测试”,等到开路电位示数稳定时记录开路电位值。再选择“电化学阻抗谱”测试法,具体参数设置如下,电压：所记录的开路电位值;扰动幅度：5 mV;起始频率：100 kHz;终止频率：0.01 Hz。记录电化学阻抗谱图,并进行拟合,得到相关参数。

（5）重复过程 5 中(1)步骤,将电解质换成 0.1 mol/L 的 NaCl 溶液。打开电化学测试系统电源,启动测试软件,选择“循环伏安”测试法,具体实验参数设置如下,初始电位：−0.6 V;低电势：−0.6 V;高电位：+0.8 V;终止电势：−0.6 V;扫描速率依次为 10 mV/s,20 mV/s,50 mV/s,100 mV/s,200 mV/s;循环周期：1 圈。保存循环伏安曲线,通过峰电流与扫描速率的关系,判断是否为扩散控制;通过峰电位与扫描速度的关系,计算电子转移数、电子转移系数和电子转移速率。

6.11.5 实验结果与讨论

1. 循环伏安测试技术下电化学活性面积的计算

[Fe(CN)$_6$]$^{3-}$/[Fe(CN)$_6$]$^{4-}$ 氧化还原电对可作为一种探针来考察电极的电化学行为,由 Randles-Sevcik 方程计算电化学活性面积。

$$i_p = 2.69 \times 10^5 n^{3/2} A D^{1/2} v^{1/2} c$$

式中：i_p 是峰电流;$n=1$,是电子转移数;$D=6.3\times10^{-6}$ cm·s^{-1},是扩散系数;$v=50$ mV·s^{-1},是扫描速率;$c=1$ mmol/L,是浓度。由峰电流大小及其他已知参数,可计算出电化学活性面积 A。

2. 多扫速循环伏安测试技术下转移电子数、电子转移系数、电子转移速率的计算

循环伏安测试技术是在给电极施加恒定扫描速度的电压下,持续观察电极表面电流和电位的关系,从而表征电极表面发生的反应以及探讨电极反应机理的一种测试方法,是电化学测试中最常用的一种技术手段,用来研究活性物质的电化学性质和行为。对于一个给定的电极,在一定扫描速度下对这个电极进行循环伏安测试,通过研究其电流随电压的变化,计算出电子转移速率,以及扩散控制等相关情况。由扫描速率的二分之一次方与峰电流的线性关系,判断该材料是否为扩散控制,进一步计算转移电子数、电子转移系数和电子转移速率。根据 Laviron 方程进行相关计算。

$$E_{pa} = E^{\ominus} + \frac{RT}{(1-\alpha)nF} + \frac{RT}{(1-\alpha)nF}\ln v$$

$$E_{pc} = E^{\ominus} + \frac{RT}{\alpha nF} - \frac{RT}{\alpha nF}\ln v$$

式中:E_{pa} 和 E_{pc} 分别为阳极峰电位和阴极峰电位;n 为电子转移数;α 为电子转移系数;R 为摩尔气体常数($8.314\ J \cdot mol^{-1} \cdot K^{-1}$);$F$ 为法拉第常数($96500\ C \cdot mol^{-1}$),v 为扫描速率($50\ mV \cdot s^{-1}$);T 为温度($298\ K$),均为已知数。通过对循环伏安多扫速下的阳极峰电位、阴极峰电位和扫描速率的自然对数的线性关系拟合,可得到线性方程的斜率,再由方程的斜率,可计算出转移电子数(计算过程中转移电子数最后处理为整数)和电子转移系数。再进一步由 Laviron's 理论计算电子转移速率。

$$k_s = \frac{\alpha nFv}{RT}$$

6.11.6 案例分析

以上述实验为例,进行材料制备、物理表征和电化学性能测试。

1. 观察材料的微观形貌

如图 6-17 所示,单根碳纤维直径为 5 μm,表面光滑,电化学活化以后碳纤维表面出现许多线状纹路,进一步沉积三维石墨烯后,碳纤维被石墨烯纳米片所包覆,形成三维网状结构,排布整齐有序,作为一个支撑基底。在电沉积铜单质后,海绵状的铜将三维石墨烯完全覆盖,进一步原位转化以后,雾淞状 MOFs 材料 $Cu(INA)_2$ 在三维石墨烯表面形成(图 6-18),表面多孔,存在介孔和大孔,且孔洞均一。

2. 材料的 XRD 物理表征

如图 6-19 所示,三维石墨烯包覆的活化碳纤维(ACF-rGO)在 25° 显示一个较宽的碳衍射峰,电沉积铜以后,除碳峰以外,铜包覆的碳基材料(ACF-rGO/Cu)显示 43.5°、50.5°、74.3°位置的衍射峰,为单质铜的衍射峰。转化为 $Cu(INA)_2$ 后,MOFs 材料的衍射峰位置为 10.7°、21.6°、22.8°,该结果表明材料的成功原位转化。

图 6-20 为相关材料的电化学性能测试图。通过图 6-20(a)阻抗拟合得到每个材料的电荷传递电阻,碳纤维(CF)155 Ω,活化碳纤维(ACF)90 Ω,三维石墨烯包覆的活化碳纤维(ACF-rGO)60 Ω,雾淞状 MOFs 材料(ACF-rGO/$Cu(INA)_2$)125 Ω。

通过图 6-20(b)计算电化学活性面积,由公式计算得到 CF、ACF、ACF-rGO 和 ACF-rGO/$Cu(INA)_2$ 的电化学活性面积分别为 0.17 cm^2、0.56 cm^2、1.11 cm^2 和 0.93 cm^2。

根据图 6-20(c),对峰电流和扫速的二分之一次方进行线性拟合,拟合结果良好,得出雾淞状 MOFs 材料 ACF-rGO/$Cu(INA)_2$ 是由扩散控制。根据图 6-20(d)可知,由一价、二价、三价铜氧化还原峰电位与扫速线性关系计算,在 50 mV/s 时,Cu(0)/Cu(Ⅰ)、Cu(Ⅰ)/Cu

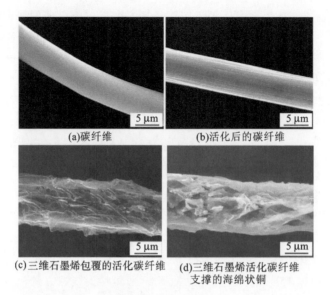

(a)碳纤维　　　　　　　　(b)活化后的碳纤维

(c)三维石墨烯包覆的活化碳纤维　　(d)三维石墨烯活化碳纤维
　　　　　　　　　　　　　　　支撑的海绵状铜

图 6-17　SEM 图

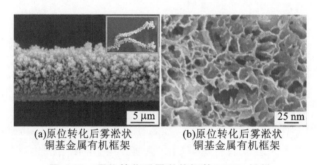

(a)原位转化后雾淞状　　　(b)原位转化后雾淞状
铜基金属有机框架　　　　铜基金属有机框架

图 6-18　原位转化后雾淞状铜基 MOFs 材料

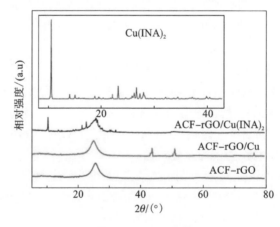

图 6-19　XRD 谱图

（Ⅱ）和 Cu(Ⅱ)/Cu(Ⅲ)电子转移速率分别为 1.59 mV/s、1.13 mV/s 和 1.70 mV/s,表明 MOFs 复合材料的电子转移速率较快。

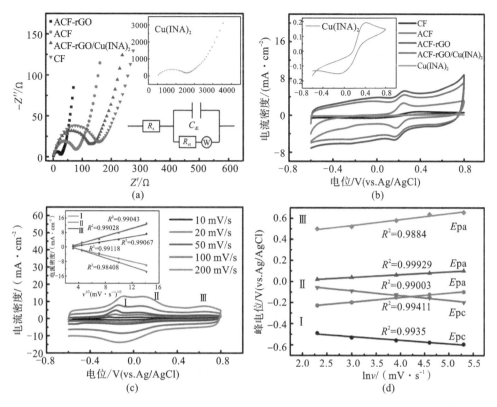

图 6-20 雾凇状 MOFs 材料 Cu(INA)₂ 的电化学性能测试图

参 考 文 献

[1] Yaghi O M. Reticular Chemistry-Construction, Properties, and Precision Reactions of Frameworks[J]. Journal of the American Chemical Society, 2016, 138: 15507-15509.

[2] Kitagawa S, Kitaura R, Noro S. Functional Porous Coordination Polymers[J]. Angewandte Chemie International Edition, 2004, 43: 2334-2375.

[3] Moghadam P Z, Li A, Wiggin S B, et al. Development of a Cambridge Structural Database Subset: A Collection of Metal-Organic Frameworks for Past, Present, and Future[J]. Chemistry of Materials, 2017, 29: 2618-2625.

[4] Wilmer C E, Leaf M, Lee C Y, et al. Large-scale screening of hypothetical metal-organic frameworks[J]. Nature Chemistry, 2011, 4: 83.

[5] Furukawa H, Cordova K E, O'Keeffe M, et al. The Chemistry and Applications of Metal-Organic Frameworks[J]. Science, 2013, 341:123044.

[6] Eddaoudi M, Kim J, Rosi N, et al. Systematic Design of Pore Size and Functionality in Isoreticular MOFs and Their Application in Methane Storage[J]. Science, 2002, 295: 469-472.

[7] Serre C, Millange F, Thouvenot C, et al. Very Large Breathing Effect in the First Nanoporous Chromium(Ⅲ)-Based Solids: MIL-53 or CrⅢ(OH) · {O₂C-C₆H₄-CO₂} · {HO₂C-

C_6H_4-$CO_2H\}_x$ · H_2O_y[J]. Journal of the American Chemical Society, 2002, 124: 13519-13526.

[8] Kondo M, Okubo T, Asami A, et al. Rational Synthesis of Stable Channel-Like Cavities with Methane Gas Adsorption Properties: [{Cu_2(pzdc)$_2$(L)}$_n$] (pzdc = pyrazine-2,3-dicarboxylate; L = a Pillar Ligand)[J]. Angewandte Chemie International Edition, 1999, 38: 140-143.

[9] Noro S I, Kitagawa S, Kondo M, et al. A New, Methane Adsorbent, Porous Coordination Polymer [{$CuSiF_6$(4,4'-bipyridine)$_2$}$_n$] [J]. Angewandte Chemie International Edition, 2000, 39: 2081-2084.

[10] Wang B, Côté A P, Furakawa H, et al. Colossal cages in zeolitic imidazolate frameworks as selective carbon dioxide reservoirs[J]. Nature, 2008, 453: 207.

[11] Park K S, Ni Z, CôtéA P, et al. Exceptional chemical and thermal stability of zeolitic imidazolate frameworks[J]. Proceedings of the National Academy of Sciences, 2006, 103: 10186-10191.

[12] Ma S, Zhou H C. A Metal-Organic Framework with Entatic Metal Centers Exhibiting High Gas Adsorption Affinity[J]. Journal of the American Chemical Society, 2006, 128: 11734-11735.

[13] Ma S, Sun D, Ambrogio M, et al. Framework-Catenation Isomerism in Metal-Organic Frameworks and Its Impact on Hydrogen Uptake[J]. Journal of the American Chemical Society, 2007, 129: 1858-1859.

[14] Cavka J H, Jakobsen S, Olsbye U, et al. A New Zirconium Inorganic Building Brick Forming Metal Organic Frameworks with Exceptional Stability[J]. Journal of the American Chemical Society, 2008, 130:13850-13851.

[15] Yang Q, Jobic H, Salles F, et al. Probing the Dynamics of CO_2 and CH_4 within the Porous Zirconium Terephthalate UiO-66 (Zr): A Synergic Combination of Neutron Scattering Measurements and Molecular Simulations[J]. Chemistry-A European Journal, 2011, 17: 8882-8889.

[16] Thompson J A, Blad C R, Brunelli N A, et al. Hybrid Zeolitic Imidazolate Frameworks: Controlling Framework Porosity and Functionality by Mixed-Linker Synthesis[J]. Chemistry of Materials, 2012, 24: 1930-1936.

[17] Su Z, Fan J, Okamura T, et al. Ligand-Directed and pH-Controlled Assembly of Chiral 3d-3d Heterometallic Metal-Organic Frameworks[J]. Crystal Growth & Design, 2010, 10: 3515-3521.

[18] Nayak S, Harms K, Dehnen S. New Three-Dimensional Metal-Organic Framework with Heterometallic [Fe-Ag] Building Units: Synthesis, Crystal Structure, and Functional Studies[J]. Inorganic Chemistry, 2011, 50: 2714-2716.

[19] Brown A J, Brunelli N A, Eum K, et al. Interfacial Microfluidic Processing of Metal-organic Framework Hollow Fiber Membranes[J]. Science, 2014, 345: 72-75.

[20] Peng Y, Li Y, Ban Y, et al. Metal-organic Framework Nanosheets as Building Blocks for Molecular Sieving Membranes[J]. Science, 2014, 346: 1356-1359.

［21］ Rodenas T，Luz I，Prieto G，et al. Metal-organic Framework Nanosheets in Polymer Composite Materials for Gas Separation[J]. Nature Materials，2014，14：48.

［22］ Wang Z，Knebel A，Grosjean S，et al. Tunable Molecular Separation by Nanoporous Membranes[J]. Nature Communications，2016，7：13872.

［23］ Zhang T，Lin W. Metal-organic Frameworks for Artificial Photosynthesis and Photocatalysis[J]. Chemical Society Reviews，2014，43：5982-5993.

［24］ Allendorf M D，Schwartzberg A，Stavila V，et al. A Roadmap to Implementing Metal-Organic Frameworks in Electronic Devices：Challenges and Critical Directions[J]. Chemistry-A European Journal，2011，17：11372-11388.

［25］ Zacher D，Shekhah O，Wöll C，et al. Thin Films of Metal-organic Frameworks [J]. Chemical Society Reviews，2009，38：1418-1429.

［26］ Shekhah O，Liu J，Fischer R A，et al. MOF Thin Films：Existing and Future Applications[J]. Chemical Society Reviews，2011，40：1081-1106.

［27］ Bétard A，Fischer R A. Metal-Organic Framework Thin Films：From Fundamentals to Applications[J]. Chemical Reviews，2012，112：1055-1083.

［28］ Bradshaw D，Garai A，Huo J. Metal-organic Framework Growth at Functional Interfaces：Thin Films and Composites for Diverse Applications[J]. Chemical Society Reviews，2012，41：2344-2381.

［29］ Liu W，Yin X B. Metal-organic Frameworks for Electrochemical Applications [J]. Trac Trends in Analytical Chemistry，2016，75：86-96.

［30］ Kumar P，Deep A，Kim K H. Metal Organic Frameworks for Sensing Applications[J]. Trac Trends in Analytical Chemistry，2015，73：39-53.

［31］ Lei J，Qian R，Ling P，et al. Design and Sensing Applications of Metal-organic Framework Composites[J]. Trac Trends in Analytical Chemistry，2014，58：71-78.

［32］ Cui Y，Li B，He H，et al. Metal-organic Frameworks as Platforms for Functional Materials[J]. Accounts of Chemical Research，2016，49：483-493.

［33］ Kreno L E，Leong K，Farha O K，et al. Metal-organic Framework Materials as Chemical Sensors[J]. Chemical Reviews，2012，112：1105-1125.

［34］ Moon H R，Lim D W，Suh M P. Fabrication of Metal Nanoparticles in Metal-organic Frameworks[J]. Chemical Society Reviews，2013，42：1807-1824.

［35］ Falcaro P，Ricco R，Doherty C M，et al. MOF Positioning Technology and Device Fabrication[J]. Chemical Society Reviews，2014，43：5513-5560.

［36］ Arnold R，Azzam W，Terfort A，et al. Preparation，Modification，and Crystallinity of Aliphatic and Aromatic Carboxylic Acid Terminated Self-Assembled Monolayers[J]. Langmuir，2002，18：3980-3992.

［37］ Liu Y F，Lee Y L. Adsorption Characteristics of OH-terminated Alkanethiol and Arenethiol on Au(Ⅲ) Surfaces[J]. Nanoscale，2012，4：2093-2100.

［38］ Wang H，Chen S，Li L，et al. Improved Method for the Preparation of Carboxylic Acid and Amine Terminated Self-Assembled Monolayers of Alkanethiolates[J].

Langmuir, 2005, 21: 2633-2636.

[39] Liu J, Schüpbach B, Bashir A, et al. Structural Characterization of Self-assembled Monolayers of Pyridine-terminated Thiolates on Gold[J]. Physical Chemistry Chemical Physics, 2010, 12: 4459-4472.

[40] Zhuang J L, Terfort A, Wöll C. Formation of Oriented and Patterned Films of Metal-organic Frameworks by Liquid Phase Epitaxy: A review[J]. Coordination Chemistry Reviews, 2016, 307: 391-424.

[41] Otsubo K, Kitagawa H. Metal-organic Framework Thin Films with Well-controlled Growth Directions Confirmed by X-ray Study[J]. APL Materials, 2014, 2: 124105.

[42] Makiura R, Motoyama S, Umemura Y, et al. Surface Nano-architecture of a Metal-Organic Framework[J]. Nature Materials, 2010, 9: 565.

[43] Motoyama S, Makiura R, Sakata O, et al. Highly Crystalline Nanofilm by Layering of Porphyrin Metal-organic Framework Sheets[J]. Journal of the American Chemical Society, 2011, 133: 5640-5643.

[44] Xu G, Yamada T, Otsubo K, et al. Facile "Modular Assembly" for Fast Construction of a Highly Oriented Crystalline MOF Nanofilm[J]. Journal of the American Chemical Society, 2012, 134: 16524-16527.

[45] Haraguchi T, Otsubo K, Sakata O, et al. A Three-dimensional Accordion-like Metal-organic Framework: Synthesis and Unconventional Oriented Growth on a Surface [J]. Chemical Communications, 2016, 52: 6017-6020.

[46] Ameloot R, Vermoortele F, Vanhove W, et al. Interfacial Synthesis of Hollow Metal-organic Framework Capsules Demonstrating Selective Permeability[J]. Nature Chemistry, 2011, 3: 382.

[47] Yang Y, Wang F, Yang Q, et al. Hollow Metal-organic Framework Nanospheres via Emulsion-Based Interfacial Synthesis and Their Application in Size-Selective Catalysis[J]. ACS Applied Materials & Interfaces, 2014, 6: 18163-18171.

[48] Biswal B P, Bhaskar A, Banerjee R, et al. Selective Interfacial Synthesis of Metal-organic Frameworks on a Polybenzimidazole Hollow Fiber Membrane for Gas Separation[J]. Nanoscale, 2015, 7: 7291-7298.

[49] Lu H, Zhu S. Interfacial Synthesis of Free-standing Metal-Organic Framework Membranes[J]. European Journal of Inorganic Chemistry, 2013,2:1294-1300.

[50] Tsuruoka T, Kumano M, Mantani K, et al. Interfacial Synthetic Approach for Constructing Metal-organic Framework Crystals Using Metal Ion-doped Polymer Substrate [J]. Crystal Growth & Design, 2016, 16: 2472-2476.

[51] Makiura R, Konovalov O. Interfacial Growth of Large-area Single-layer Metal-organic Framework Nanosheets[J]. Scientific Reports, 2013, 3: 2506.

[52] Xu G, Otsubo K, Yamada T, et al. Superprotonic Conductivity in a Highly Oriented Crystalline Metal-organic Framework Nanofilm[J]. Journal of the American

Chemical Society, 2013, 135: 7438-7441.

[53] Zhao M, Wang Y, Ma Q, et al. Ultrathin 2D Metal-organic Framework Nanosheets[J]. Advanced Materials, 2015, 27: 7372-7378.

[54] Hod I, Bury W, Karlin D. M, et al. Directed Growth of Electroactive Metal-organic Framework Thin Films Using Electrophoretic Deposition[J]. Advanced Materials, 2014, 26: 6295-6300.

[55] Li W J, Liu J, Sun Z H, et al. Integration of Metal-organic Frameworks into an Electrochemical Dielectric Thin Film for Electronic Applications [J]. Nature Communications, 2016, 7: 11830.

[56] Ameloot R, Stappers L, Fransaer J, et al. Patterned Growth of Metal-organic Framework Coatings by Electrochemical Synthesis[J]. Chemistry of Materials, 2009, 21: 2580-2582.

[57] Li W J, Lü J, Gao S Y, et al. Electrochemical Preparation of Metal-organic Framework Films for Fast Detection of Nitro Explosives [J]. Journal of Materials Chemistry A, 2014, 2: 19473-19478.

[58] Campagnol N, Van Assche T, Boudewijns T, et al. High Pressure, High Temperature Electrochemical Synthesis of Metal-organic Frameworks: Films of MIL-100 (Fe) and HKUST-1 in Different Morphologies[J]. Journal of Materials Chemistry A, 2013, 1: 5827-5830.

[59] Li M, Dincă M. Selective Formation of Biphasic Thin Films of Metal-organic Frameworks by Potential-controlled Cathodic Electrodeposition[J]. Chemical Science, 2014, 5: 107-111.

[60] Li M, Dincă M. Reductive Electrosynthesis of Crystalline Metal-organic Frameworks[J]. Journal of the American Chemical Society, 2011, 133: 12926-12929.

[61] Stassen I, Styles M, Grenci G, et al. Chemical Vapour Deposition of Zeolitic Imidazolate Framework Thin Films[J]. Nature Materials, 2015, 15: 304.

[62] George S M. Atomic Layer Deposition: An Overview[J]. Chemical Reviews, 2010, 110: 111-131.

[63] Ahvenniemi E, Karppinen M. In Situ Atomic/Molecular Layer-by-Layer Deposition of Inorganic-organic Coordination Network Thin Films from Gaseous Precursors [J]. Chemistry of Materials, 2016, 28: 6260-6265.

[64] Lausund K B, Nilsen O. All-gas-phase Synthesis of UiO-66 Through Modulated Atomic Layer Deposition[J]. Nature Communications, 2016, 7: 13578.

[65] Zhao Y, Kornienko N, Liu Z, et al. Mesoscopic Constructs of Ordered and Oriented Metal-organic Frameworks on Plasmonic Silver Nanocrystals[J]. Journal of the American Chemical Society, 2015, 137: 2199-2202.

[66] Lemaire P C, Zhao J, Williams P S, et al. Copper Benzenetricarboxylate Metal-organic Framework Nucleation Mechanisms on Metal Oxide Powders and Thin Films formed by Atomic Layer Deposition[J]. ACS Applied Materials & Interfaces, 2016, 8:

9514-9522.

[67] Wang Z, Gui M, Asif M, et al. A Facile Modular Approach to the 2D Oriented Sssembly MOF Electrode for Non-enzymatic Sweat Biosensors[J]. Nanoscale, 2018, 10: 6629-6638.

[68] Wang Z, Liu T, Asif M, et al. Rimelike Structure-Inspired Approach toward in Situ-Oriented Self-Assembly of Hierarchical Porous MOF Films as a Sweat Biosensor [J]. ACS Applied Materials & Interfaces, 2018, 10: 27936-27946.

[69] Wang Z, Liu T, Yu Y, et al. Coffee Ring-Inspired Approach toward Oriented Self-Assembly of Biomimetic Murray MOFs as Sweat Biosensor[J]. Small, 2018: 1802670.

[70] Deep A, Bhardwaj S K, Paul A K, et al. Surface Assembly of Nano-metal Organic Framework on Amine Functionalized Indium Tin Oxide Substrate for Impedimetric Sensing of Parathion[J]. Biosensors and Bioelectronics, 2015, 65: 226-231.

[71] Zhang Z, Ji H, Song Y, et al. Fe(Ⅲ)-based Metal-organic Framework-derived Core-shell Nanostructure: Sensitive Electrochemical Platform for High Trace Determination of Heavy Metal ions[J]. Biosensors and Bioelectronics, 2017, 94: 358-364.

[72] Liu C S, Sun C X, Tian J Y, et al. Highly Stable Aluminum-based Metal-organic Frameworks as Biosensing Platforms for Assessment of Food Safety [J]. Biosensors and Bioelectronics, 2017, 91: 804-810.

[73] Gassensmith J J, Kim J Y, Holcroft J M, et al. A Metal-organic Framework-based Material for Electrochemical Sensing of Carbon Dioxide[J]. Journal of the American Chemical Society, 2014, 136: 8277-8282.

[74] Weiss A, Reimer N, Stock N, et al. Surface-modified CAU-10 MOF Materials as Humidity Sensors: Impedance Spectroscopic Study on Water Uptake [J]. Physical Chemistry Chemical Physics, 2015, 17: 21634-21642.

[75] Zhang G Y, Zhuang Y H, Shan D, et al. Zirconium-Based Porphyrinic Metal-organic Framework (PCN-222): Enhanced Photoelectrochemical Response and Its Application for Label-free Phosphoprotein Detection[J]. Analytical Chemistry, 2016, 88: 11207-11212.

[76] Xu Y, Yin X B, He X W, et al. Electrochemistry and Electrochemiluminescence from a Redox-active Metal-organic Framework[J]. Biosensors and Bioelectronics, 2015, 68: 197-203.

[77] Fu X, Yang Y, Wang N, et al. The Electrochemiluminescence Resonance Energy Transfer between Fe-MIL-88 Metal-organic Framework and 3,4,9,10-Perylenetetracar-boxylic Acid for Dopamine Sensing[J]. Sensors and Actuators B: Chemical, 2017, 250: 584-590.

[78] Ma H, Li X, Yan T, et al. Electrochemiluminescent Immunosensing of Prostate-specific Antigen based on Silver Nanoparticles-doped Pb (Ⅱ) Metal-organic Framework [J]. Biosensors and Bioelectronics, 2016, 79: 379-385.

（刘宏芳　王正运）

第 7 章
有机场效应晶体管

7.1 前　　言

场效应晶体管是目前电子产品中应用最多和最广泛的电子元器件,被认为是 20 世纪人类的伟大发明之一,对人类的生活具有划时代的意义。早在 1930 年,Lilienfeld 首先提出了场效应晶体管的原理:通过一个较强的电场在半导体表面引发电路,调节电场强度可实现半导体表面电路大小的调控。1960 年,贝尔实验室 Kahng 和 Atalla 首次研发了第一个基于单晶硅的金属-氧化物-半导体场效应晶体管,实现了在半导体领域中的历史性突破。此后,基于无机半导体的场效应器件在集成电路和记忆元件等方面都有广泛应用,成为电子工业中不可或缺的组成部分。但单晶硅等无机半导体价格比较昂贵,而且易碎还不能大面积生产。此后,为克服这些缺点,人们发展了可用氢化非晶硅和多晶硅薄膜代替单晶硅,此类晶体管目前已在液晶显示中有较广泛的应用。近年来,为了满足人们对电子产品的小型化甚至微型化的要求,场效应晶体管的尺寸也越来越小。研究者发现,当尺寸缩小到一定程度,特别是发展到纳米级,会带来了一系列的问题,而且代价非常大。比如,尺寸变小会对器件的开关状态产生不良的影响,而且会导致能量损耗严重、器件性能降低、热量不断产生等。因此,为了满足电子产品微型化和超微型化的趋势,必须寻找新型场效应晶体管活性材料替代传统的无机材料。

有机场效应晶体管(OFETs)的出现能轻而易举地克服这些尺寸极限带来的问题。1970 年,Heeger、MacDiarmid 和 Shirakawa 三位科学家研究发现碘掺杂的氧化聚乙炔薄膜具有可和金属媲美的导电率,这一发现震惊了科学家,打破了有机/聚合物是绝缘材料的传统思想。基于在有机/聚合物半导体做出的卓越贡献,这三位科学家获得了 2000 年诺贝尔化学奖。有机/聚合物半导体材料的发现引起了人们极大的兴趣,并开启了科学界和工业界的研究热潮。其中,以有机/聚合物半导体材料作为场效应晶体管材料是目前研究最广泛的领域之一。有机场效应晶体管成膜技术多,器件尺寸可以做得更小。而且,相对无机材料,有机材料具有可溶液加工、良好柔韧性、质轻价廉等优点,使其在构筑大面积、低成本、全柔韧性场效应晶体管器件方面显示出潜在的应用前景,这些应用包括大规模互补集成电路、大面积器件、平板显示器的驱动电路、无线射频标签识别、电子书籍、传感器与有机激光等。此外,有机材料的来源广泛、种类繁多,通过对其分子结构进行合理的化学修饰,容易实现对其物理性能和成膜特性的有效调控,为有机场效应晶体管器件提供了源源不断的材料来源。

7.2 有机场效应晶体管的基本结构、原理与性能参数

场效应晶体管基于自由载流子在半导体材料中可控注入的有源器件,主要由半导体层、绝缘层以及三个电极(栅极、源极和漏极)组成。与绝缘层接触的电极为栅极(gate),源极(source)和漏极(drain)直接与半导体层接触。当器件工作时,加载于源极和漏极之间的电压为漏电压(V_{DS}),相应电流为漏电流(I_{DS}),加在栅极上的可变电压为栅电压(V_G)。在外加栅电压的作用下,绝缘层附近的半导体层感应出电荷,在一定的V_{DS}下,感应电荷参与导电,致使半导体的电阻率相对无栅电压时发生了很大的变化。通过改变V_G,半导体层中感应电荷密度也发生变化,进而源极与漏极之间的电路也随着变化。因此,通过调节V_G可实现对I_{DS}有效调控的目的。根据栅极的位置不同,器件一般可以分为顶栅式(top gate)和底栅式(bottom gate)结构。根据半导体层和源、漏极的位置不用,这两类结构又可以分为顶接触式(top contact)和底接触式(bottom contact)(图7-1)。顶接触式器件是聚合物半导体层直接生长在绝缘层上,然后再沉积源极和漏极;而底接触式器件是将聚合物半导体材料生长在源极和漏极上。两种结构各有优缺点。相对底接触式器件,顶接触式器件的接触电阻要小一些,因此器件效果稍好些。但由于顶接触结构不适合于大批量生产器件,限制了其实际应用。

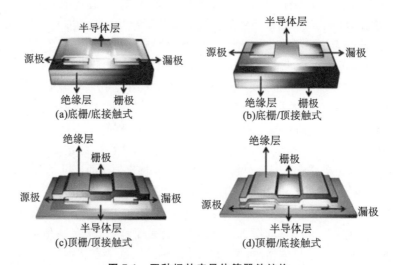

图7-1 四种场效应晶体管器件结构

器件工作时,在一定的V_{DS}下,当V_G为零或者很小时,I_{DS}一般很小,电流特性和绝缘体类似,此时器件处于关闭状态;而当V_G足够大时(大于阈值电压V_T),半导体和绝缘体之间会形成一个导电通道,I_{DS}会随之增大,此时器件处于打开状态。我们将这两种状态的I_{DS}的比值称为开关比。在不同的V_G下,I_{DS}随V_{DS}的变化曲线称为场效应晶体管输出特征曲线;在不同的V_{DS}下,I_{DS}随V_G的变化曲线称为场效应晶体管转移特征曲线。通过输出与转移曲线,可得到表征场效应晶体管性能的重要参数(迁移率、开关比和阈值电压等)。图7-2为典

型的输出和转移曲线。在输出曲线中,我们可以发现:当 V_{DS} 较小时,I_{DS} 随 V_{DS} 线性变化;而当 V_{DS} 增加到一定值时,I_{DS} 达到饱和。通过器件的模型化,可得出 I_{DS} 与 V_G、V_{DS} 分别在线性区及饱和区的关系式。

线性区: $$I_{DS}=C_i\mu(W/L)(V_G-V_T)V_{DS}$$

饱和区: $$I_{DS}=C_i\mu(W/2L)(V_G-V_T)^2$$

其中 μ 为迁移率,C_i 为绝缘层单位面积电容,W 和 L 分别为场效应晶体管导电沟道的宽度和长度。一般通过饱和区的关系式,我们可计算材料的场效应迁移率:

$$\mu=\frac{2L}{WC_i}\left[\frac{\partial(\sqrt{I_{DS}})}{\partial V_G}\right]^2$$

迁移率(μ)是指单位电场下载流子(空穴或电子)的漂移速度,反映了不同电场下载流子的迁移能力,决定了器件的开关速度,是场效应晶体管性能最重要的性能参数。一般来说,聚合物场效应晶体管的迁移率要超过或接近无定形硅的迁移率才具有应用意义。开关比反映了一定 V_G 下器件开关性能的好坏,也是聚合物晶体管中另一个重要参数,比如在逻辑电路及主动显示矩阵等中,开关比非常重要。

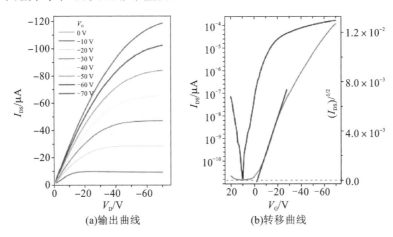

图 7-2　典型输出曲线和转移曲线

7.3　有机场效应晶体管材料

作为场效应晶体管器件最重要的组成部分,有机半导体材料的分子结构及聚集态性质等都深刻影响载流子的传输性能,进而影响器件性能。可以说,有机场效应晶体管的发展同时也伴随着有机材料的创新。因此,对有机半导体材料进行理性的分子设计是提高有机场效应晶体管性能的有效且重要的方法。基于前人的工作,为获得高性能有机场效应晶体管,有机半导体材料在结构和性质上应满足如下要求。

(1) 合适的分子能级。为了使载流子有效地注入和输出,有机材料的轨道能级与源、漏极的功函数应具有很好的匹配性。因此,分子能级的调节是有机材料设计中一个重要的部分。对空穴传输来说,聚合物材料的 HOMO 能级一般在 $-5.5\sim-5.0$ eV 之间;而对于电子传输而言,其 LUMO 能级一般小于 -4.0 eV。调节有机半导体材料的分子能级有很多方法,比如,通过引入侧链或富电子基团,提高其电离能,可实现 HOMO 能级的降低;通过引入吸电子基团,可有效地降低其 LUMO 能级。

(2) 有效 π 轨道重叠和较短分子间距。有效 π 轨道重叠和较短分子间距有利于降低载流子在相邻分子链间跳跃时的壁垒,进而可实现载流子高效传输。这需要材料在结构上具有较好的共平面性以及良好的自组装能力,进而形成紧密的分子堆积。

(3) 恰当的分子排列。器件中聚合物材料分子排列的 π 轨道重叠方向应与电流方向一致,进而可获得较高的迁移率。研究发现,材料以侧立堆积的方式,即 π-π 堆积方向平行于基底,有利于载流子的有效传输。从材料本身来说,这种排列方式与材料的分子规整度等有关。

(4) 良好的溶解性和溶液成膜性,以满足低成本和大面积溶液法制备场效应晶体管器件。

(5) 良好的稳定性,以实现有机半导体材料的实际应用。

基于上面分子设计规则,目前研究者已开发出大量应用于高性能场效应晶体管的有机半导体材料。根据相对分子质量不同,可分为有机小分子场效应晶体管材料和聚合物场效应晶体管材料。另外,根据传输过程中主要载流子的不同,应用于场效应晶体管的有机半导体材料可分为 p 型场效应晶体管材料、n 型场效应晶体管材料和双极性场效应晶体管材料。以空穴作为载流子的材料被定义为 p 型场效应晶体管材料;以电子作为载流子的材料被定义为 n 型场效应晶体管材料;而既能以空穴又能以电子作为载流子的材料被定义为双极性场效应晶体管材料。下面我们从这三个方面对这些有机半导体材料的发展历程做一个简单的介绍,这对高性能有机场效应晶体管材料的分子设计具有指导意义。

7.3.1 p 型有机场效应晶体管材料

p 型有机小分子场效应晶体管材料大致可分为两大类:稠环芳香烃及其衍生物与杂环小分子及其衍生物(图 7-3)。

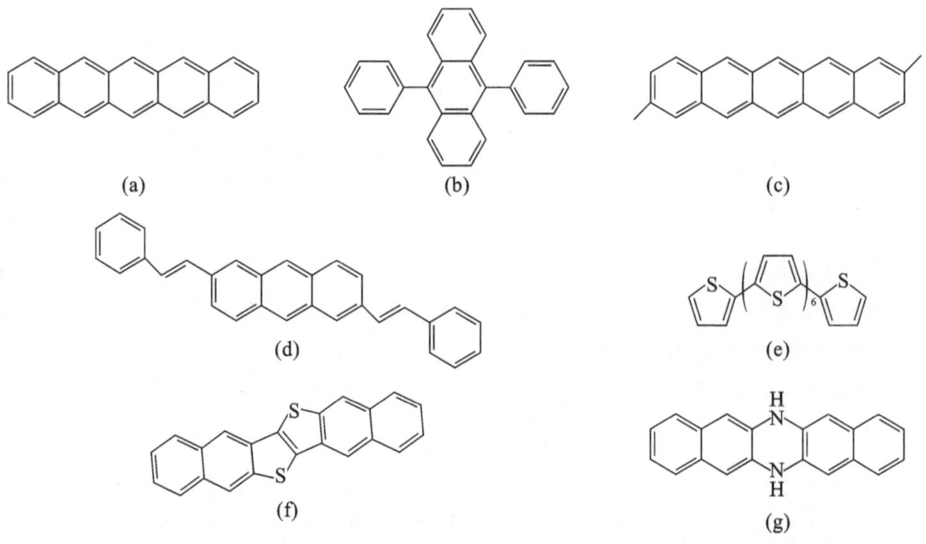

图 7-3 p 型有机小分子场效应晶体管材料的分子结构

苯环是最基本的 π 电子共轭单元,π 电子可在整个共轭环中离域。随着苯环个数的增加,共轭体系增大,有利于增强分子间的作用力,促进分子间的堆积,从而提高其器件性能。因此以苯为基本单元的稠环芳香烃成为有机场效应晶体管材料的一大研究热点。其中,并五苯是稠环芳香烃体系中最经典的材料,早在 1960 年,人们就发现该材料具有半导体特性。2003 年,Kelley 等制作了基于并五苯薄膜的场效应晶体管,空穴迁移率达到了 $5 \, cm^2 \cdot V^{-1} \cdot s^{-1}$。随后,Palstra 等制备了基于并五苯单晶的器件,迁移率高达 $40 \, cm^2 \cdot V^{-1} \cdot s^{-1}$。尽管以并五苯为代表的稠环芳香烃具有优异的器件性能,但此类分子合成较困难、溶解性差,并且稳定性较差,因而限制了其进一步应用。为了克服这些缺点,人们将单键或不饱和键引入稠环芳香烃中,开发了系列稠环芳香烃衍生物。针对线型稠环芳香烃稳定性较差的问题,Pflaum 等将两个苯环引入蒽的中间苯环活性氢的碳位,形成 9,10-二苯基蒽。该聚合物不仅具有较好的稳定性,而且器件性能优异,空穴和电子迁移率分别达到 $13 \, cm^2 \cdot V^{-1} \cdot s^{-1}$ 和 $3.7 \, cm^2 \cdot V^{-1} \cdot s^{-1}$。此外,为了改善稠环芳香烃的溶解性及可加工性,烷基取代是一种有效的手段。Kelley 等制备了基于 2,9-二甲基并五苯的薄膜场效应晶体管,空穴迁移率高达 $2.5 \, m^2 \cdot V^{-1} \cdot s^{-1}$。以碳碳双键和三键为代表的不饱和键,不仅可以作为共轭体系延伸的桥梁,而且可以影响材料的稳定性和器件性能。Meng 等将苯乙烯基引入蒽中,形成苯乙烯基取代蒽。与并五苯相比,HOMO 能级降低了 $0.4 \, eV$,稳定性得到了很大的改善;同时空穴迁移率达到了 $1.3 \, cm^2 \cdot V^{-1} \cdot s^{-1}$,高于同等条件下并五苯的器件性能。

杂环小分子及其衍生物主要指含硫、氮的杂环和稠环。噻吩是重要的五元含硫杂环,可以作为有机场效应晶体管材料的构建单元,其硫原子可以提供一对孤对电子与双键共轭,形成离域的 π 键。早期,人们将寡聚噻吩应用于有机场效应晶体管器件中。研究发现,随着共轭体系的延伸,器件性能不断地提升,比如八联噻吩器件性能最优,达到 $0.33 \, cm^2 \cdot V^{-1} \cdot s^{-1}$。含硫稠环是并苯类的重要拓展,具有更低的 HOMO 能级和更好的分子堆积,显示出更好的稳定性和器件性能。Yamamoto 等报道了一种多苯并二噻吩,迁移率高达 $2.9 \, cm^2 \cdot V^{-1} \cdot s^{-1}$。在有机场效应晶体管材料的设计方面,通过引入氮原子来增强氢键等作用,目前被认为是提高材料稳定性和增强分子堆积的一种有效的方法。基于并五苯,Miu 等设计了含氮的并五苯类似物,晶体结构显示该分子的堆积方式为鱼骨状,迁移率可达到 $0.45 \, cm^2 \cdot V^{-1} \cdot s^{-1}$。

p 型聚合物场效应晶体管材料大致可分为两大类:聚噻吩和给体-受体(D-A)共聚物。

在聚噻吩体系中,聚 3-己基噻吩(P3HT)是目前研究最广泛的一类材料,为聚合物半导体材料中的明星分子,被用来衡量聚合物材料好坏的标准。1999 年,Sirringhaus 等报道了一种高区域规整性 P3HT 材料。研究发现,当材料的区域规整性达到 91% 时,噻吩分子平面倾向站立于基底排列,并且 π-π 堆积层平行于基底,这种堆积方式有利于载流子在主链分子间进行有效的传输,从而显示出较高的迁移率。但是 P3HT 具有较低的电离能(约 $4.8 \, eV$),容易受到氧气和水掺杂,器件寿命较短。为了提高材料的稳定性,人们对该结构进行了化学修饰,其中一种有效的途径是在噻吩环上选择性引入烷基链(PQT-12),增加主链分子的旋转度,提高了材料的电离能,同时降低了 HOMO 能级。该材料的迁移率可达到 $0.2 \, cm^2 \cdot V^{-1} \cdot s^{-1}$,并且其器件在放置 1 个月后,性能没有明显降低。另一种有效的方法是将稠环单元(如并二噻吩、并三噻吩或苯并二噻吩)引入聚噻吩主链中,可降低 π 电子在主链中的离域,进而降低材料的 HOMO 能级;同时可增加整个主链的共平面性,有利于分子有序及紧密的堆积,进而提高器件性能。此类聚合物的分子结构如图 7-4 所示。

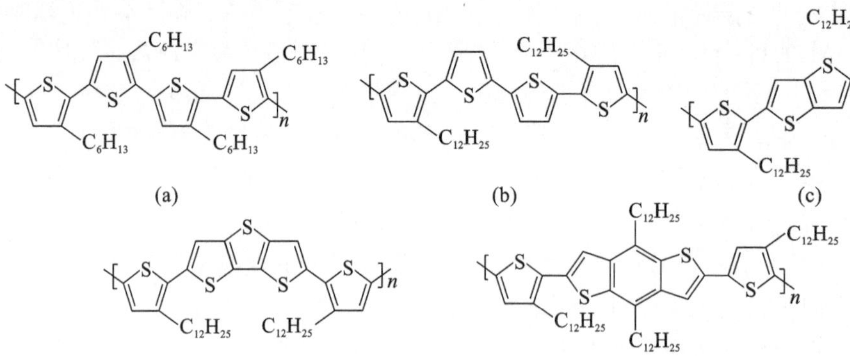

图 7-4 典型聚噻吩类 p 型聚合物场效应晶体管材料的分子结构

另一类材料是给体-受体(D-A)共聚物,是由给体单元和受体单元共聚而成的窄带隙聚合物材料。研究表明,采用这种分子构型可有效地提高链间的相互作用力,促进主链分子间相互堆积,可实现载流子的高效传输。在 D-A 共聚物体系中,目前器件性能最好的是含联吡咯二酮(DPP)、异靛青(ID)或苯并噻二唑(BT)等受体的聚合物材料,其空穴迁移率和开关比分别可达到 8.2 $cm^2 \cdot V^{-1} \cdot s^{-1}$ 和 10^7。其分子结构如图 7-5 所示。

7.3.2 n 型场效应晶体管材料

开发高性能 n 型场效应晶体管材料意义重大,比如可构筑逻辑互补电路,降低器件功耗,并提高其稳定性和抗干扰能力等。然而遗憾的是,高性能的 n 型聚合物材料非常少见,主要原因是材料在器件工作时容易受到氧气和水的影响,器件稳定性较差。而且,目前很难找到稳定的低功函电极。目前在 n 型场效应晶体管材料的设计思路中,降低材料的 LUMO 能级是一个重点。较低的 LUMO 能级不仅可以提高材料的稳定性,而且有利于材料与高功函电极匹配,降低载流子的注入势垒,从而提高器件性能。而开发强拉电子能力的共轭单元是降低材料 LUMO 能级的有效手段。在 n 型小分子和聚合物场效应晶体管材料领域,器件性能较好的是含强拉电子能力的萘四酰亚二胺(NDI)的一类材料,比如 N-环己烷取代的 NDI 小分子和含 NDI 聚合物,电子迁移率分别可达到 6.2 $cm^2 \cdot V^{-1} \cdot s^{-1}$ 和 0.85 $cm^2 \cdot V^{-1} \cdot s^{-1}$。

7.3.3 双极性场效应晶体管材料

双极性场效应晶体管材料可同时表现 p 型材料和 n 型材料的性质。早期简便的一种方法是将 p 型材料和 n 型材料物理共混。例如,Meijer 等将 P3HT 和 PCBM 两种材料共混,使有机半导体层形成相互贯穿的网状结构,空穴/电子迁移率可达到 $3 \times 10^{-5}/7 \times 10^{-4}$ $cm^2 \cdot V^{-1} \cdot s^{-1}$。通过进一步器件优化,随后研究者制备出性能较好的双极性器件,空穴和电子迁移率有所提高,并且具有较好的均衡性。鉴于上述方法,开发具有双极性的单一组分聚合物材料来构筑双极性器件具有很大的挑战,也是最理想的选择。对于有机小分子场效应晶体管材料而言,可通过在 p 型材料中引入吸电子基团,降低材料的 LUMO 能级,使材料具有双极性特征。比如在并五苯分子的基础上引入吸电子氰基单元,可得到具有双极性性质的材料,其空穴和电子迁移率达到 10^{-3} $cm^2 \cdot V^{-1} \cdot s^{-1}$。而对于聚合物场效应晶体管材料来说,采用 D-A 分

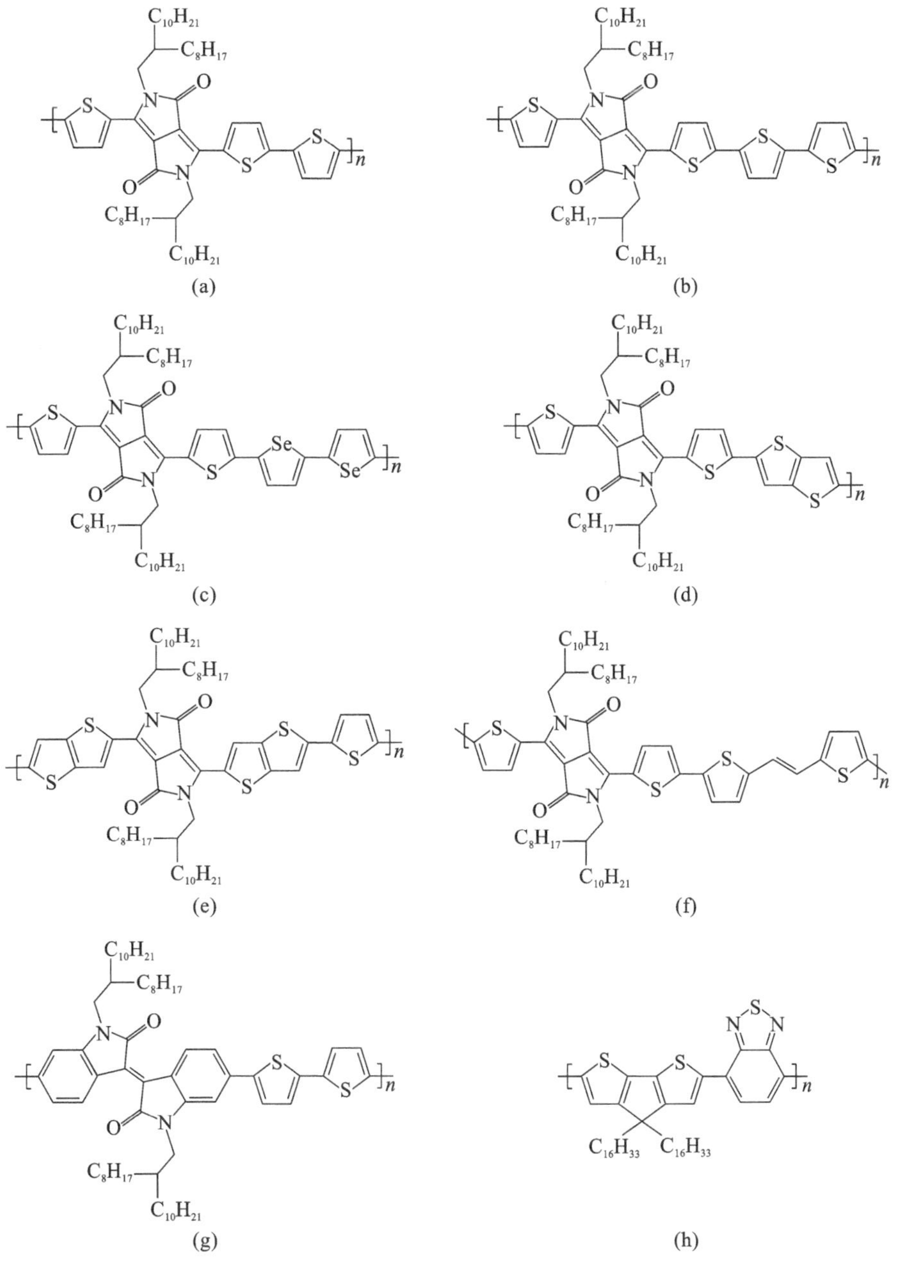

图 7-5 典型的 D-A 结构 p 型聚合物场效应晶体管材料的分子结构

子架构是开发高性能聚合物双极性材料的一种有效策略。比如,研究者设计合成了基于噻吩和噻二唑的双极性共聚物,显示出良好的空穴和电子传输特性。近年来,特别是从 DPP 受体单元的发现以来,人们开发了系列具有优异双极性的聚合物材料,空穴和电子迁移率可达到 $1\ cm^2 \cdot V^{-1} \cdot s^{-1}$,其分子结构如图 7-6 所示。

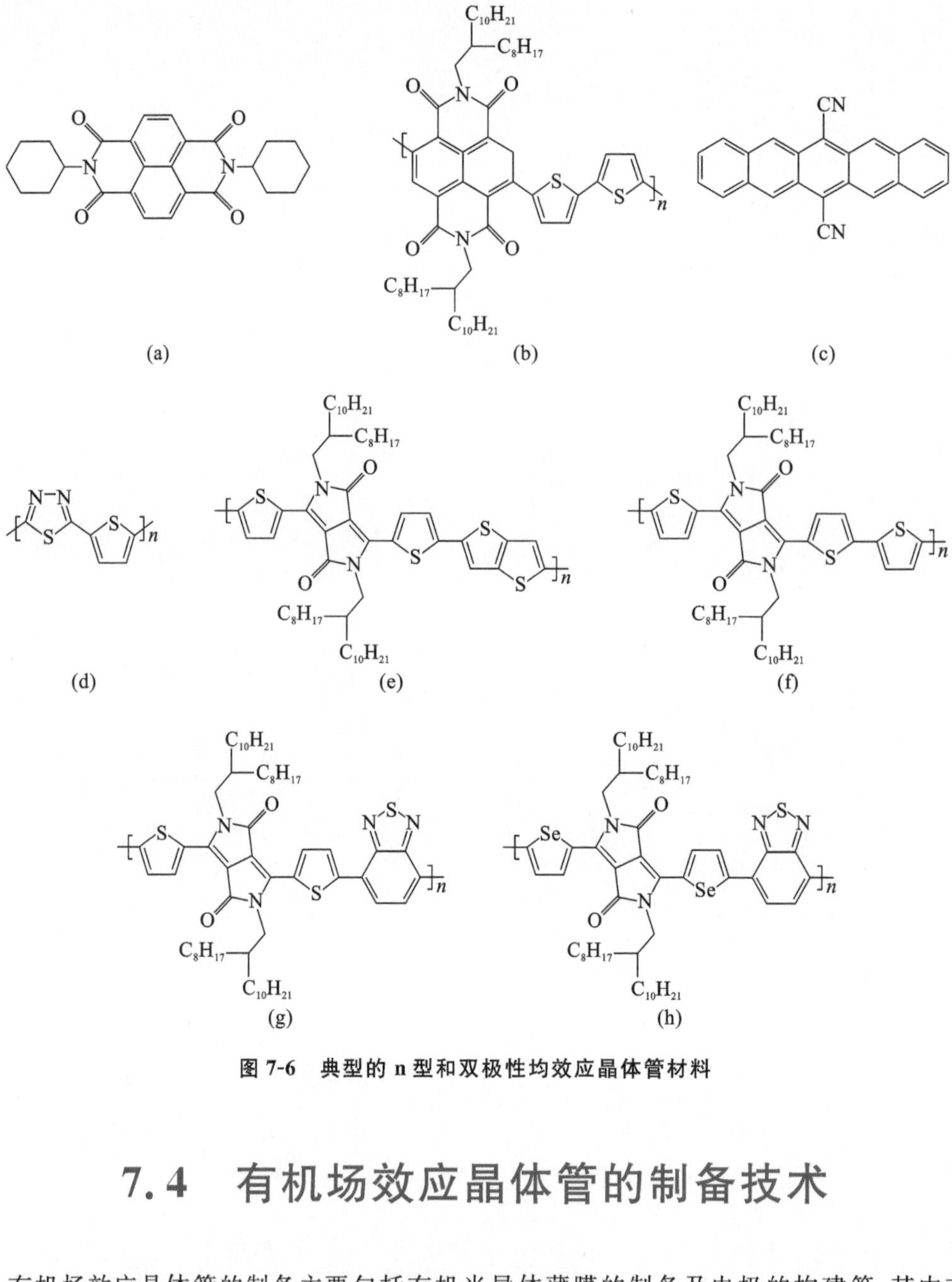

图 7-6　典型的 n 型和双极性均效应晶体管材料

7.4　有机场效应晶体管的制备技术

　　有机场效应晶体管的制备主要包括有机半导体薄膜的制备及电极的构建等,其中有机半导体薄膜的制备对薄膜的结构与表面形貌具有重要的影响,是决定器件性能好坏的关键因素之一。目前使用最广泛的制备技术之一是真空沉积法,主要是在真空条件下,将固体材料加热蒸发,蒸发出来的分子或原子吸附在基板上而形成薄膜。该方法可应用于绝大部分有机小分子场效应晶体管,并且通过控制蒸发速率和沉积温度,可获得具有高迁移率的薄膜。例如,采用真空沉积法形成的蒽衍生物薄膜,迁移率高达 $1.3~cm^2 \cdot V^{-1} \cdot s^{-1}$。

　　近十年来,溶液法制备有机场效应晶体管得到了快速的发展和应用,该方法法具有成本低、工艺简单、条件温和、易于大规模工业生产等优点,这成为有机电子学相对于无机硅电子学竞争优势所在。溶液法主要包括 Langmuir-Blodgett(L-B)膜法、旋涂法、滴注法等。L-B

膜法被称为超分子自组装的最早实例,首先是在液体表面形成单分子层,然后将这层膜转移至基底上,进而得到分子厚度的薄膜,即 L-B 膜,其最大的优势是容易实现致密和有序的半导体层。旋涂法是广泛应用于有机场效应晶体管制备的薄膜技术,主要是利用匀胶机旋转产生的向心力使有机材料均匀分布在基底上而形成薄膜。滴注法被认为是最简单的薄膜制备方法之一,它是将液体滴在基片上,并使其在溶剂或空气的环境中自然挥发成膜的工艺。近年来,为获得低成本的大规模集成电路,人们开发了多种印刷技术来制备晶体管器件,因此,有机电子也被称为"印刷电子"。例如,微触点打印(图 7-7(a))是一种重要的印刷技术,可以消除热或溶剂的影响。Sirringhaus 等使用喷墨打印制备有机晶体管器件(图 7-7(b))。

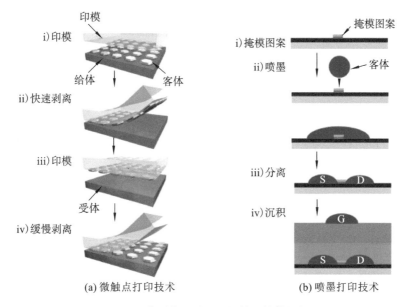

(a) 微触点打印技术 (b) 喷墨打印技术

图 7-7 典型的 n 型和双极性晶体管材料

7.5 有机场效应晶体管的应用

随着有机场效应晶体管材料和加工技术的快速发展,有机场效应晶体管在逻辑电路、发光场效应晶体管、传感器与可穿戴电子设备等领域具有广泛的应用。

7.5.1 逻辑电路

有机场效应晶体管是有机逻辑电路中最基本的单元,而反相器是最小的逻辑电路,一般可以分为两类:单一 p 型(或 n 型)反相器与互补金属氧化物半导体反相器。并且,奇数反相器可以集成到振荡器中,可应用于射频识别或智能卡等方面。Liu 等基于半导体 DPP-DTT 开发了一种单一 p 型柔性电路,显示出高达 92 的增益值和 1.2 kHz 的振荡频率(图 7-8(a))。为了简化逻辑电路的制备工艺与降低其成本,开发双极性的晶体管目前已成为一种有效的策略。Sirringhaus 等基于双极性聚合物材料 PSeDPPBT,开发了一类高效的反相器,其振荡频率达到 182 kHz(图 7-8(b))。

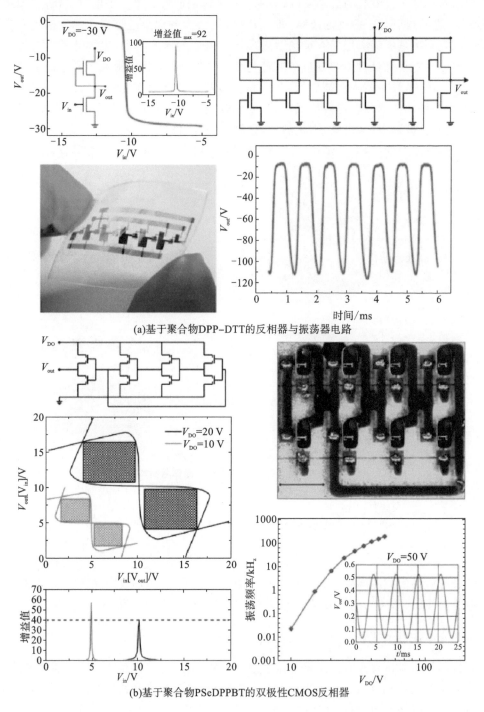

(a)基于聚合物DPP–DTT的反相器与振荡器电路

(b)基于聚合物PSeDPPBT的双极性CMOS反相器

图7-8　有机场效应晶体管在逻辑电路中的应用

7.5.2　发光场效应晶体管

如果将有机场效应晶体管(OFET)的开关功能和有机发光二极管(OLED)的发光功能

结合在一起,即为发光场效应晶体管(LFET)。发光场效应晶体管在柔性显示器、固态发光及光通信等领域显示出潜在的应用。其发光机理主要是空穴和电子分别从源、漏极注入,然后在场效应晶体管沟道复合并产生光,并且其光强可通过调节 V_{DS} 和 V_G 的大小来实现控制。世界上第一个 LFET 器件是由 Sirringhaus 等于 2005 年制备,采用的半导体材料为 MEH-PPV(图 7-9(a))。随后,Winnewisser 等首次制作了近红外的 LFET 器件,其空穴和电子迁移率分别达到 0.1 $cm^2 \cdot V^{-1} \cdot s^{-1}$ 和 0.09 $cm^2 \cdot V^{-1} \cdot s^{-1}$。与 OLED 相比,LFET 的外量子效率(EQE)大致相同(5×10^{-5}),但最大发射峰红移了 50 nm(图 7-9(b))。

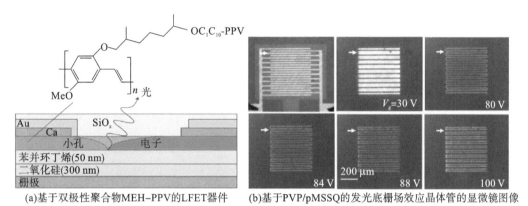

(a)基于双极性聚合物MEH–PPV的LFET器件　　(b)基于PVP/pMSSQ的发光底栅场效应晶体管的显微镜图像

图 7-9　有机场效应晶体管在发光场效应晶体管中的应用

7.5.3　传感器

　　有机材料易于化学修饰与裁剪,有利于通过分子设计来实现对被分析物的特异性识别。此外,有机场效应晶体管的栅极、半导体层与绝缘层等功能层和界面都可以作为传感的作用位点,这样使得器件的信号转换方式非常丰富;另外,有机场效应晶体管的 μ、I_{DS} 或者 V_T 等性能指标都可以作为电输出信号,有利于实现多通道传感。因此,这些特点使得有机场效应晶体管成为构建高性能传感器最理想的载体之一。目前,基于有机场效应晶体管的传感器主要包括气体传感器、液相化学传感器、温度与压力传感器等。

　　化学气体传感器是有机场效应晶体管传感研究领域研究最广泛的分支。经过多年的努力,利用有机场效应晶体管可以检测 NH_3、NO_2、H_2S、SO_2 等多种化学气体,其气体传感作用是通过有机半导体层与被检测气体的 π-π、氢键、偶极等弱相互作用来实现检测的。经过不断的探索,人们发现具有少数分子层的有机场效应晶体管可以减小气体扩散"壁垒",将导电沟道暴露出来并与被检测气体直接作用,大大提升了传感灵敏度。比如,Zhang 等开发了"飞速旋涂"方法,制备了半导体层厚度为 $2 \sim 10$ nm 的超薄薄膜晶体管,对 10 mg/m^3 氨气显示出快速的响应和恢复速度。并且,相比于常规有机场效应晶体管(厚度为 70 nm),其响应信号提高了一个数量级(7-10(a))。

　　液相化学传感器因其在液相中可选择性检测的应用,近年来受到人们大量的关注。比如,Bao 等报道了一种基于聚合物 PⅡ2T-Si 的有机场效应晶体管传感器,并将脱氧核糖核酸功能化的金纳米粒子富载在半导体层表面,可实现海水中重金属 Hg^{2+} 的可选择性检测,并且该传感器在空气和海水环境下显示出很好的稳定性(图 7-10(b))。

　　基于有机场效应晶体管的压力和温度传感器,近年来也得到了快速的发展。2016 年,

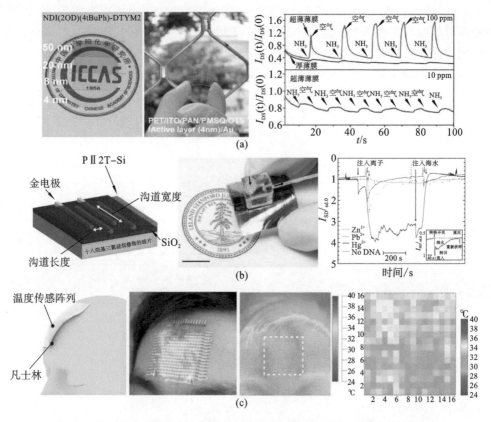

图 7-10 基于有机场效应晶体管的气体传感器、液相化学传感器与温度传感器

Chan 等制备了一种 16×16 OFET 阵列的柔性温度传感器。研究发现,当温度从 20 ℃ 升至 100 ℃ 时,器件显示出 20 倍的输出电流,可产生 100% 的收益率,并且可通过直接与人体接触来实现健康检测(图 7-10(c))。Someya 等将压敏胶和有机场效应晶体管结合,制备出大面积的压力传感阵列(图 7-11(a))。随后,Bao 等采用硅橡胶作为器件的栅极绝缘层和传感的作用位点,当施加一定压力时,可导致绝缘层的变形,进而引发 I_{DS} 的变化(图 7-11(b))。Di 等将悬浮栅引入至有机场效应晶体管中,制备了一种柔性的压力传感器(图 7-11(c)),显示出极高的灵敏度($192\ \text{kPa}^{-1}$),可用于人体脉搏的检测。

7.5.4 可穿戴的电子设备

一般来说,可穿戴的电子设备除了具有柔性的特点,还具有可拉伸和自修复的特性。目前,有两种方法可以制备可拉伸的材料:一种是将功能性分子混入弹性体中,器件的迁移率可以受到压力变化的影响;另一种是开发可拉伸的半导体薄膜。Jeong 等将非共轭单元引入聚合物主链中,使主链分子间形成较强的氢键,显示出较好的可拉伸和自修复的性能,当压力去除时,器件性能可恢复至初始值。Xu 等利用纳米限域效应,将半导体(DPPT-TT)和软弹性体(SEBS)混合,制备了可拉伸半导体薄膜。该软弹性体限制了高分子膜中较大晶粒的移动,但增强了高分子分子链中非晶区域的移动,导致半导体薄膜具有优异的可拉伸,即使在 100% 的应力下,薄膜的迁移率也没有变化(图 7-11(d))。该研究对可穿戴电子设备的发展起到了重要的推动作用。最近,Wang 等研制出了一种可拉伸的有机场效应晶体管阵列。

该晶体管在 100％拉力作用下经过 100 次循环,其平均迁移率仅有轻微的变化,并且可以检测到瓢虫的足迹(图 7-11(e))。

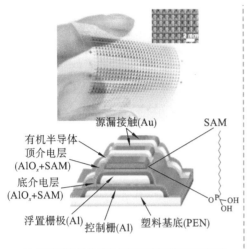

(a)有机浮栅晶体管的图像及其横截面原理图

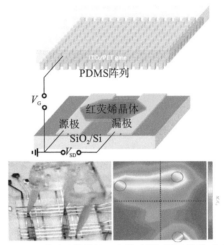

(b)基于有机单晶晶体管的压力传感器图像及其传感阵列

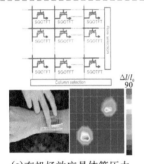

(c)有机场效应晶体管压力传感器的传感阵列图像

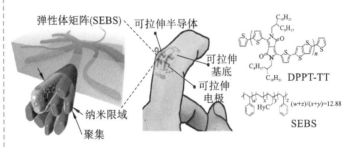

(d)基于聚合物半导体的三维纳米网状结构图像及其化学结构式

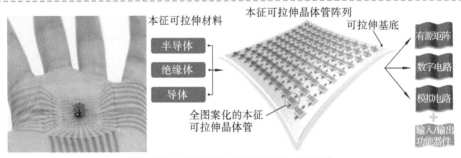

(e)可拉伸的有机场效应晶体管阵列的三维图像

图 7-11 基于有机场效应晶体管的压力传感器与可穿戴的电子设备

综上所述,尽管有机场效应晶体管在其应用领域已取得了较大的突破,但仍然存在一些挑战。首先,器件稳定性对低噪声、低功耗、长寿命有机集成电路的商业化应用具有重要的影响。其次,灵敏度和选择性是传感器的重要参数,主要取决于有机半导体特殊的功能和优异的性能,这样增加了材料设计的难度。此外,LFETs 的 EQE 和传输效率很难同时提高,因此开发具有高迁移率性和发光效率的双极性材料也是一大挑战。总之,探索新的材料和技术对有机场效应晶体管的应用意义重大。

7.6 有机场效应晶体管的发展趋势

随着材料科学和器件物理的发展,有机场效应晶体管已取得了巨大进步,比如有些有机场效应晶体管的器件性能可以和无定形硅相媲美,并显示出潜在的应用前景。可以预测,有机场效应晶体管在未来大面积柔性电路中将获得广泛的应用,对人们的生活也将具有深远的影响。

尽管如此,有机场效应晶体管要实现其真正的应用化,仍然存在巨大的挑战。总的来说,有机半导体的迁移率仍然低于硅等无机半导体,特别是通过溶液法或印刷技术制备的有机场效应晶体管。因此,如何设计高性能的有机半导体材料仍然是该领域最重要的任务,尤其是 n 型或双极性半导体材料。此外,有机半导体的稳定性远不如无机半导体,如何提高有机场效应晶体管的稳定性是目前亟待解决的一个问题。另外,其电荷传输机理目前尚不明确,比如分子结构、分子堆积、分子间的作用力及器件性能之间的关系。这不仅阻碍了我们设计新型的高性能材料,而且不利于预测材料的性质。最后,目前还没有成熟的溶液加工技术,实现有机场效应晶体管器件大面积溶液加工还需要一段艰苦的探索和研究。

7.7 实验:类异靛蓝强吸电子受体单元的设计及其聚合物场效应晶体管性能的研究

7.7.1 实验原理

聚合物半导体材料的电子结构对载流子的有效注入、传输及器件稳定性等方面都有重要的影响。近年来人们发现,一种开发高性能半导体材料最有效的途径是调制聚合物材料的电子结构,包括材料的分子能级、结晶度和分子堆积等。而材料的电子结构由其分子结构决定,因此,探索新型的聚合物构筑单元,特别是吸电子受体单元,对开发高性能聚合物半导体尤为重要。近年来,含酰亚胺的稠环,比如萘酰亚胺(NDI)、异靛蓝(Ⅱ)、并吡咯二酮(DPP)等,因其酰亚胺强吸电子特性受到人们极大的关注。其中,Ⅱ是一类重要的构筑聚合物场效应晶体管材料的受体单元,但是较高的 LUMO 能级限制了其聚合物材料在双极性和 n 型器件上的应用。基于此,我们设计了一类 π 电子共轭延伸的类异靛蓝强吸电子受体单元(Ⅵ,图 7-12)。在该结构中,两个Ⅱ单元通过双键共轭桥相连,具有更强的吸电子性质,有助于降低相应聚合物材料的 HOMO/LUMO 能级,从而有利于电子的注入。而且,延伸的 π 电子共轭体系有助于提高分子的堆积和结晶度。此外,为了进一步提高Ⅵ的吸电子特性,降低其聚合物的分子能级,我们将 4 个 F 原子引入该受体单元中,形成F_4Ⅵ。引入的 F 原子可以通过氢键"锁住"双键和相邻的共轭单元,可增强整个聚合物骨架的共平面性,进而促进载流子在分子链内有效传输。利用这两个受体构筑单元,我们制备了两个含二联噻吩的 D-A 共聚物(**P Ⅵ 2T**,**PF₄ Ⅵ 2T**,图 7-13),系统研究受体单元的分子结构对聚集体和器件性能的影响。

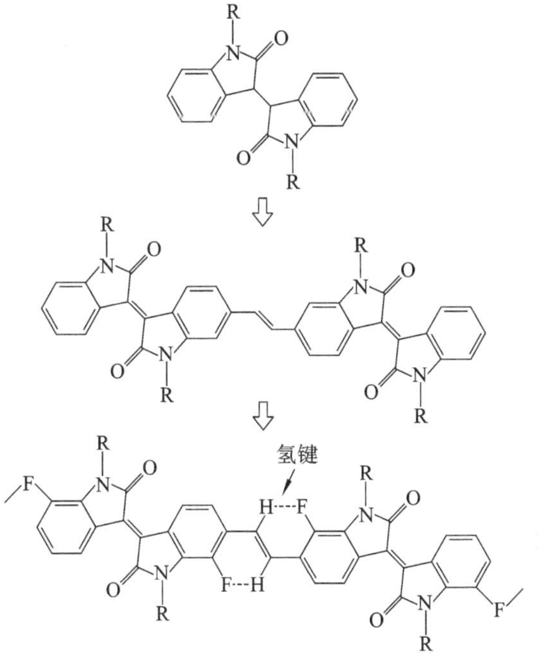

图 7-12 异靛蓝衍生物的设计

7.7.2 实验部分

1. 中间体与聚合物的合成

起始原料 **1a** 和 **1b**，根据文献方法制备所得。

（1）**2a** 的合成：将 5 mL 水合肼加入 **1a**（500 mg，0.889 mmol）的 1,4-二氧六环溶液（20 mL）中，在氮气的保护下，回流反应 1 天。反应完毕后，加水并用 CH_2Cl_2 萃取。收集的有机相减压除去溶剂，用柱色谱分离（流动相：$PE/CH_2Cl_2 = 2/1$），得到黄色油状液体（405 mg，82.1%）。^1H NMR（400 MHz，$CDCl_3$，δ）：7.15（dd，$J_1 = 7.84$ Hz，$J_2 = 1.56$ Hz，1H），7.09（d，$J = 7.8$ Hz，1H），6.95（d，$J = 1.28$ Hz，1H），3.63（t，$J = 7.4$ Hz，2H），3.45（s，2H），1.62（t，$J = 7.4$ Hz，2H），1.26（m，39H），0.88（t，$J = 7.4$ Hz，6H）。^{13}C NMR（100 MHz，$CDCl_3$，δ）：174.63，146.04，125.62，124.82，123.43，121.34，111.71，63.56，40.54，37.10，35.36，33.51，31.92，30.70，30.09，29.69，29.65，29.35，26.65，24.40，22.69，14.11。HR-MALDI-TOF m/z：$[M+H]^+$ 计算值 $C_{32}H_{54}BrNO$，549.68；实测值，549.34。

（2）**2b** 的合成：采用和 **2a** 类似的步骤，产率 79.3%。^1H NMR（400 MHz，$CDCl_3$，δ）：7.18（m，1H），6.90（d，$J = 8.0$ Hz，1H），3.80（t，$J = 7.6$ Hz，2H），3.62（t，$J = 8.0$ Hz，2H），3.50（s，2H），1.64（m，2H），1.32～1.02（m，39H），0.88（m，4H）。^{13}C NMR（100 MHz，$CDCl_3$，δ）：174.08，145.13，142.71，132.49，132.40，126.50，126.46，126.10，120.97，120.93，109.35，109.15，63.50，42.41，42.37，37.24，37.08，35.77，33.61，33.50，31.93，30.42，30.13，30.09，29.98，29.71，29.66，29.59，29.36，26.67，26.62，26.19，26.16，22.69，14.10。HR-MALDI-TOF m/z：$[M+Na]^+$ 计算值 $C_{32}H_{53}BrFNO$，589.67；实测值，589.32。

（3）**3a** 的合成：（Z)-1,2-双甲基锡乙烯（244 mg，0.40 mmol），**1a**（430 mg，0.764 mmol），$Pd_2(dba)_3$（18 mg，0.02 mmol），$P(o-tol)_3$（24 mg，0.08 mmol）加入 20 mL 无水氯苯

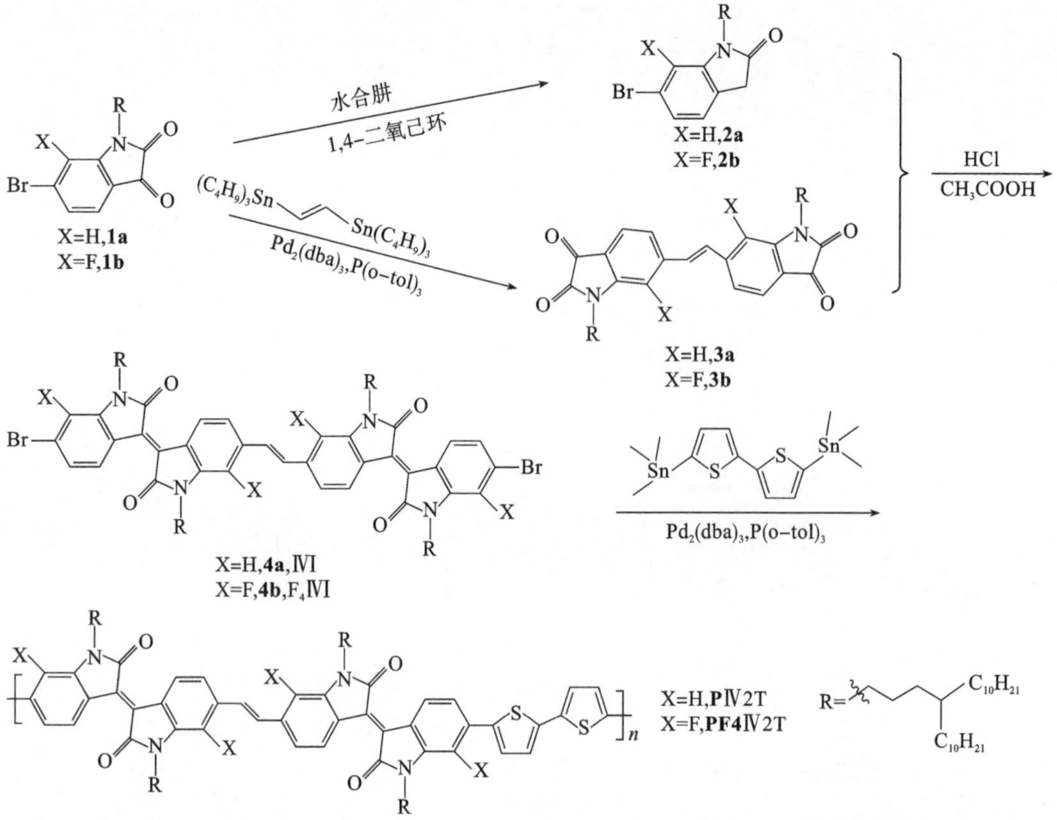

图 7-13 受体单元 Ⅳ 和 F₄Ⅳ 及相应聚合物 PⅣ2T 和 PF₄Ⅳ2T 的合成路线

中,氮气保护下在 130 ℃反应 2 天。冷却至室温,加水,用 CHCl₃ 萃取,收集的有机相减压除去溶剂,用柱色谱分离(流动相:PE/CH₂Cl₂=2/3),得到红色固体(289 mg,72.8%)。^{1}H NMR(400 MHz,C₆D₆,δ):7.30(d,J=7.72 Hz,2H),6.83(s,2H),6.67(d,J=7.76 Hz,2H),6.57(s,2H),3.42(t,J=6.84 Hz,4H),1.55(s,4H),1.32(m,78H),0.91(d,J= 6.92 Hz,12H)。^{13}C NMR(100 MHz,CDCl₃,δ):182.54,158.45,151.60,145.88,132.01, 125.97,122.46,117.57,107.82,40.70,37.10,33.48,31.91,30.78,30.12,29.70,29.64, 29.35,26.64,24.52,22.68,14.11。HR-MALDI-TOF m/z:[M+Na]$^+$ 计算值 C₆₆H₁₀₆N₂O₄, 1014.56;实测值,1014.80。

(4) **3b** 的合成:采用和 **3a** 类似的步骤,产率 68.3%。^{1}H NMR(400 MHz,CDCl₃,δ): 7.52(s,2H),7.47(d,J=8.16 Hz,2H),7.39(t,J=5.52 Hz,2H),3.89(t,J=7.04 Hz, 4H),1.71(s,4H),1.24(m,78H),0.86(d,J=6.36 Hz,12H)。^{13}C NMR(100 MHz,CDCl₃, δ):181.98,158.08,147.11,144.61,137.87,137.78,134.90,134.79,126.08,121.81, 121.31,119.80,43.15,37.09,33.47,31.91,30.47,30.09,29.70,29.65,29.35,26.61, 26.01,22.68,14.11。HR-MALDI-TOF m/z:[M+Na]$^+$ 计算值 C₆₆H₁₀₄F₂N₂O₄,1050.54; 实测值,1050.78。

(5) **4a** 的合成:**3a**(174 mg,0.175 mmol),**2a**(211.8 mg,0.386 mmol)加入 10 mL 醋酸和 5 mL 浓盐酸混合溶液中,氮气保护下回流反应 1 天。冷却至室温,析出的固体用甲醇洗涤,并用柱色谱分离(流动相:PE/CH₂Cl₂=2/1),得到黑色固体(12.08 mg,62.4%)。

^{1}H NMR(400 MHz,CDCl$_3$,δ):9.20(d,$J=8.36$ Hz,2H),9.08(d,$J=8.6$ Hz,2H),7.21(s,2H),7.19(s,2H),7.17(dd,$J_1=8.64$ Hz,$J_2=6.84$ Hz,2H),6.93(s,4H),3.81(t,$J=6.64$ Hz,4H),3.73(t,$J=7.04$ Hz,4H),1.70(t,$J=6.92$ Hz,8H),1.23(m,156H),0.86(d,$J=6.92$ Hz,24H)。^{13}C NMR(100 MHz,CDCl$_3$,δ):168.10,167.77,145.57,145.36,140.97,133.14,131.50,131.07,130.47,130.37,126.29,124.95,121.89,121.44,120.64,111.16,105.21,40.61,40.47,37.16,33.54,31.93,30.95,30.88,30.15,30.12,29.73,29.66,29.37,26.69,24.72,24.56,22.70,14.13。HR-MALDI-TOF m/z:[M＋Na]$^+$ 计算值 C$_{130}$H$_{210}$Br$_2$N$_4$O$_4$,2075.89;实测值,2075.46。

（6）**4b** 的合成:采用和 **4a** 类似的步骤,产率 70.3%。^{1}H NMR(400 MHz,CDCl$_3$,δ):8.88(d,$J=8.52$ Hz,2H),8.77(d,$J=8.64$ Hz,2H),7.30(s,2H),7.13(d,$J=2.28$Hz,2H),7.05(d,$J=2.24$ Hz,2H),3.85(t,$J=7.36$ Hz,8H),1.62(t,$J=7.04$ Hz,8H),1.16(m,156H),0.79(d,$J=7.56$Hz,24H)。^{13}C NMR(100 MHz,CDCl$_3$,δ):166.22,165.90,144.88,143.63,142.42,141.22,132.06,131.16,131.07,130.92,128.52,128.42,125.42,125.01,124.45,123.35,122.84,122.28,118.43,113.46,113.27,41.72,36.20,36.14,36.09,32.54,30.92,29.75,29.64,29.13,29.03,28.72,28.66,28.36,26.07,25.67,25.26,25.14,21.67,13.08。HR-MALDI-TOF m/z:[M＋H]$^+$ 计算值 C$_{130}$H$_{206}$Br$_2$F$_4$N$_4$O$_4$,2125.85;实测值,2125.44。

聚合物 **P Ⅳ 2T** 的合成:**4a**(120 mg,0.05845 mmol),5,5′-双(三甲基锡)-2,2′-二联噻吩(28.75 mg,0.05845 mmol),Pd$_2$(dba)$_3$(1 mg,1.169 μmol),P(o-tol)$_3$(1.4 mg,4.676 μmol)加入反应瓶中,经过三次抽、充气循环,加入 6 mL 无水氯苯,130 ℃下反应 3 天,冷却至室温,加入 100 mL 甲醇。析出的粗产品进行索氏提取(甲醇,丙酮,正己烷,氯仿),收集并浓缩氯仿溶液,采用甲醇溶液重沉淀,得到核磁固体,产率 64%,M_w/M_n(GPC)$=213509/46294$。

聚合物 **PF$_4$ Ⅳ 2T** 的合成:采用和聚合物 **P Ⅳ 2T** 类似的步骤,产率 70.4%,M_w/M_n(GPC)$=75052/32775$。

2. TGBC 器件、反向器的制作与测试

器件采用 n^+-Si/SiO$_2$ 作为基底,基底分别用去离子水、异丙醇和丙酮清洗。源、漏极通过掩模版沉积金电极所得。半导体层通过旋涂聚合物材料的二氯苯溶液(10 mg/mL)得到,并在 160 ℃下退火。随后,80 mg/mL PMMA 溶液旋涂在半导体薄膜上。栅极是通过荫罩技术蒸镀 Al 至衬片上得到。器件的沟道长度 L 和宽度 W 分别是 10 μm 和 1400 μm,器件测试是在空气中使用 Keithley 4200 半导体测试仪进行。载流子迁移率通过公式 $I_{ds}=C_i\mu$ $(W/2L)(V_{gs}-V_T)^2$ 进行计算。

互补型反相器的制作与上述晶体管器件类似。反相器采用康宁玻璃作为基底,并在基底上连接两个类似的双极性 **TGBC** 晶体管器件,这个双极性晶体管具有相同的沟道宽度($W=1400$ μm)和不同的沟道长度($L=20$、40 μm)。共栅极和共漏级分别作为输入电压 V_{in} 和输出电压 V_{out}。反相器的测试在空气中进行。

7.7.3 结果与讨论

1. 材料的合成与性质

图 7-13 给出了受体单元 Ⅳ 和 F$_4$ Ⅳ 和聚合物 **P Ⅳ 2T** 和 **PF$_4$ Ⅳ 2T** 的合成路线。受

体单元的合成采用靛红作为起始原料，分别经过 Wolff-Kishner-Huang、Stille 偶联及缩合等反应制备所得。聚合物的合成采用 Stille 偶联聚合所得，并用索氏提取器分离提纯高聚物。聚合物的相对分子质量采用以三氯苯为流动相的高温凝胶色谱柱(HT-GPC)表征，结果表明，P Ⅵ 2T 和 PF₄ Ⅵ 2T 的平均相对分子质量(M_n)分别为 46300 和 36800。热稳定分析表明这两个材料具有良好的热稳定性，热分解温度超过 300 ℃，可以满足器件退火的要求。差示扫描量热法(DSC)测试显示在 25～300 ℃ 区间没有出现相变。

通过聚合物材料的紫外吸收光谱(图 7-14,表 7-1)，我们发现，P Ⅵ 2T 在薄膜状态下的最大吸收(λ_{max})相对于溶液状态下没有出现明显的红移现象，而 PF₄ Ⅵ 2T 显示出 9 nm 红移，原因可能是 F 原子的引入增强了聚合物材料的固体堆积效应。相比于 P Ⅵ 2T,PF₄ Ⅵ 2T 的光学吸收无论在溶液状态还是在固体状态下出现了红移和增强的 0-0 振动吸收峰，表明 F 原子的引入赋予了 PF₄ Ⅵ 2T 分子骨架良好的共平面性。通过吸收边(λ_{max}^{film})计算得到 P Ⅵ 2T 和 PF₄ Ⅵ 2T 的光学带隙(E_g^{opt})分别为 1.61 eV 和 1.57 eV。PF₄ Ⅵ 2T 较小的 E_g^{opt} 说明主链分子间和分子内可能有更好的相互作用。理论计算表明，由于 F−H 相互作用的存在，PF₄ Ⅵ 2T 相比较于 P Ⅵ 2T 具有更小的苯环-噻吩环二面角，意味着 PF₄ Ⅵ 2T 主链骨架具有更好的共平面性，这一结果与光学吸收性质一致。循环伏安法(CV)测试显示这两个聚合物具有很强的氧化峰(图 7-15)，此现象与文献报道的大多数异靛蓝聚合物一致。与已报道的 P Ⅱ 2T 相比，P Ⅵ 2T 具有较低的 HOMO/LUMO 分子能级，归因于强的吸电子受体单元 Ⅵ 的存在。而且，F 的引入导致 F₄ Ⅵ 2T 具有更低的 HOMO/LUMO 分子能级(−5.74/−4.17 eV)。密度泛函理论(DFT)计算表明，PF₄ Ⅵ 2T 相比于 P Ⅵ 2T 具有更低的分子能级(−5.16/−3.27 eV vs−5.00/−3.05 eV)，与实验测试数据一致。

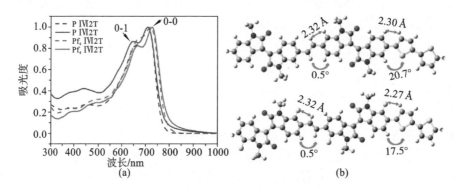

图 7-14　P Ⅵ 2T 与 PF₄ Ⅵ 2T 的紫外吸收图谱和分子模型

表 7-1　P Ⅵ 2T 与 PF₄ Ⅵ 2T 的相对分子质量和光物理性质

聚合物	M_n ($\times 10^3$)	λ_{max}^{sol} /(nm)	λ_{onset}^{sol} /nm	λ_{max}^{film} /nm	λ_{onset}^{film} /nm	E_g^{opt} /eV	E_{HOMO} /eV	E_{LUMO} /eV
P Ⅵ 2T	46.3	710	765	710,648	772	1.61	−5.60	−3.99
PF₄ Ⅵ 2T	32.8	721,667	785	728,669	788	1.57	−5.74	−4.17

注：$E_g^{opt}=1240/\lambda_{onset}^{film}$；$E_{LUMO}=E_{HOMO}+E_g^{opt}$。

2. OTFT 器件与反相器性能

我们通过顶删/底接触构型的 OTFT 器件来表征材料的电荷传输性能,所有测试在空气中进行。经过器件优化,**PF₄ ⅣI 2T** 和 **P ⅣI 2T** 材料在 160 ℃退火温度下具有最佳的器件性能。图 7-15 给出了 **PF₄ ⅣI 2T** 材料的输出转移曲线,相关数据归纳于表 7-2。我们发现,**P ⅣI 2T** 显示出 p 型性质,其空穴迁移率为 0.32 $cm^2 \cdot V^{-1} \cdot s^{-1}$;而 **PF₄ ⅣI 2T** 显示出典型的双极性特性,其空穴/电子迁移率可达到 1.03/1.82 $cm^2 \cdot V^{-1} \cdot s^{-1}$,这为目前报道在空气中测试的最好双极性聚合物材料之一。**PF₄ ⅣI 2T** 优异的器件性能归因于具有 π 电子共轭延伸的强吸电子 **F₄ ⅣI** 受体单元的引入,进而引发了聚合物分子链内和链间的交互作用,同时赋予了聚合物低的 LUMO 能级。**PF₄ ⅣI 2T** 良好的双极性特性说明该材料在有机互补型电路中有较大的应用前景。图 7-16 给出了基于 **PF₄ ⅣI 2T** 材料的有机互补型反相器。与一般传统反相器不同,我们使用了同一组分双极性材料 **PF₄ ⅣI 2T** 应用于反相器中的两个 OTFT 器件。为实现空穴和电子的均衡,我们设计了不同的沟道长度($L=20$、$40\ \mu m$)应用于 OTFT 器件中。测试结果显示该反相器的增益值高达 75,为目前异靛蓝聚合物中最高的性能之一,说明 **PF₄ ⅣI 2T** 材料在有机电路上具有潜在的应用前景。

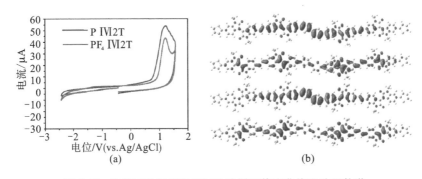

(a) (b)

图 7-15 P ⅣI 2T 与 PF4 ⅣI 2T 的循环伏安曲线和分子轨道

表 7-2 P ⅣI 2T 与 PF₄ ⅣI 2T 的器件性能

聚合物	μ_e 最大值/平均值	V_T/V	I_{on}/I_{off}	μ_e 最大值/平均值	V_T/V	I_{on}/I_{off}
P ⅣI 2T	0.32/0.26	$-38\sim-3$	10^3	—	—	—
PF₄ ⅣI 2T	1.03/0.96	$-37\sim-5$	10^3	1.82/1.31	$-5\sim70$	10^3

注:I_{on}/I_{off} 对应最大迁移率的开光比。

3. 薄膜微观结构与形貌

为了深刻理解材料的分子结构与 OTFT 器件性能之间的关系,我们通过 2D 掠入射 X 射线衍射(2D-GIXRD)和原子力显微镜(AFM)来研究材料薄膜的微观结构及形貌(图 7-17)。通过衍射图发现,这 2 个材料具有 4 个较强的面外衍射峰(100,200,300 和 400),说明材料具有较大的结晶度。通过(010)衍射峰位置和布拉德衍射公式可计算 **P ⅣI 2T** 和 **PF₄ ⅣI 2T** 的 π-π 距离,分别为 0.359 nm 和 0.353 nm。这为目前报道聚合物半导体材料最小的 π-π 距离之一,同时也说明 **P ⅣI 2T** 和 **PF₄ ⅣI 2T** 分子链间具有较强的交互作用。值得注意的是,相比较于 **P ⅣI 2T**,**PF₄ ⅣI 2T** 具有更小的距离,这主要是因为 F 原子的引入,引发了链间更

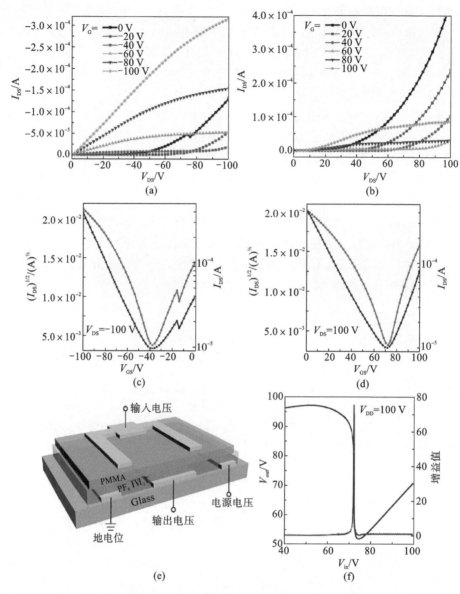

图 7-16　PF₄ ⅥⅠ 2T 在 160 ℃退火温度下的输出转移曲线和反相器性

强的交互作用。此外,(010)衍射峰在面内和面外衍射可同时观察到,说明在这两个材料薄膜中都存在侧立和正向的分子排列。通过比较这两个材料的(010)衍射峰在面内和面外衍射强度,以及(100)和(200)衍射峰出现在 P ⅥⅠ 2T 面内衍射的现象,说明 P ⅥⅠ 2T 薄膜倾向于形成正向堆积排列,而 PF₄ ⅥⅠ 2T 薄膜倾向于形成侧立堆积排列。相对于 P ⅥⅠ 2T,具有侧立堆积趋向的 PF₄ ⅥⅠ 2T 显示出更好的电荷传输性能,这一结果与已报道的大多数高性能半导体材料一致。AFM 图显示材料具有紧密的纤维状网络结构,可能是由于材料中存在的强分子间作用力所致。相对于 P ⅥⅠ 2T,PF₄ ⅥⅠ 2T 薄膜具有更有序的结构,展示出更好的连通性,有助于为载流子传输提供一个有效通道,进而获得更好的器件性能。

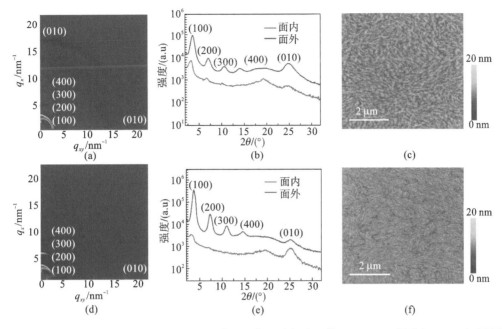

图 7-17　P Ⅵ 2T(a～c)和 PF₄ ⅥI 2T(d～f)在 160 ℃ 退火温度下的 2D-GIXRD 图谱和 AFM 高度图谱

7.7.4　小结

设计和合成了两种新型受体构筑单元 ⅥI 与 F₄ ⅥI，以及相应聚合物 P ⅥI 2T 和 PF₄ ⅥI 2T。ⅥI 与 F₄ ⅥI 强吸电子特性和 π 电子延伸共轭体系，赋予了聚合物 P ⅥI 2T 和 PF₄ ⅥI 2T 低的分子能级以及强的分子间交互作用。P ⅥI 2T 显示出 p 型性质，其空穴迁移率为 $0.32\ cm^2 \cdot V^{-1} \cdot s^{-1}$；而 PF₄ ⅥI 2T 表现出典型的双极性特性，其空穴/电子迁移率可达到 $1.03/1.82\ cm^2 \cdot V^{-1} \cdot s^{-1}$，同时在有机互补型电路中展示出较大的应用前景。PF₄ ⅥI 2T 更好的器件性能归因于 F 原子的引入，引发了分子间和分子内更强的交互作用，并导致更加有序的分子排列和更低的 LUMO 能级，进而有利于载流子有效的跳跃和传输。研究结果揭示出 F₄ ⅥI 是有潜力的一类构筑高性能聚合物半导体材料的受体单元，其设计思路对开发优异聚合物半导体构筑单元具有一定的指导意义。

参 考 文 献

［1］　Yan H，Chen Z，Zheng Y，et al. A High-Mobility Electron-Transporting Polymer for Printed Transistors［J］. Nature，2009，457：679-686.

［2］　Sirringhaus H，Tessler N，Friend R H. Integrated Optoelectronic Devices Based on Conjugated Polymers［J］. Science，1998，280：1741-1744.

［3］　Dimitrakopoulos C D，Malenfant P R L. Organic Thin Film Transistors for Large Area Electronics［J］. Advanced Materials，2002，14：99-117.

［4］　Forrest S. The Path to Ubiquitous and Low-Cost Organic Electronic Appliances on Plastics［J］. Nature，2004，428：911-918.

［5］　Sirringhaus H. Device Physics of Solution-Processed Organic Field-Effect Transistors［J］. Advanced Materials，2005，17：2411-2425.

　　[6]　Kang I, An T K, Hong J A, et al. Effect of Selenophene in a DPP Copolymer Incorporating a Vinyl Group for High-Performance Organic Field-Effect Transistors[J]. Advanced Materials, 2013, 25: 524-528.

　　[7]　Kelley T W, Muyres D V. High Performance Organic Thin Film Transistors [J]. Mrs Online Proceedings Library Archive, 2003, 771: 169-179.

　　[8]　Jurchescu O D. Interface-Controlled, High-Mobility Organic Transistors[J]. Advanced Materials, 2007, 19: 688-692.

　　[9]　Tripathi A, Heinrich K, Siegrist M, et al. Growth and Electronic Transport in 9,10-Diphenylanthracene Single Crystals-An Organic Semiconductor of High Electron and Hole Mobility[J]. Advanced Materials, 2010, 19: 2097-2101.

　　[10]　Kelley T W, Boardman L D, Dunbar T D. High-Performance OTFTs Using Surface-Modified Alumina Dielectrics[J]. Journal of Physical Chemistry B, 2003, 107: 5877-5881.

　　[11]　Klauk H, Zschieschang U, Weitz R. Organic Transistors Based on Di (phenylvinyl)anthracene: Performance and Stability[J]. Advanced Materials, 2007, 19: 3882-3887.

　　[12]　Hajlaoui M E, Garnier F, Hassine L. Growth Conditions Effects on Morphology and Transport Properties of an Oligothiophene Semiconductor[J]. Synthetic Metals, 2002, 129: 215-220.

　　[13]　Haas S, Takahashi Y, Takimiya K. High-Performance Dinaphtho-Thieno-thiophene Single Crystal Field-Effect Transistors[J]. Applied Physics Letters, 2009, 95: 22111-22113.

　　[14]　Tang Q, Zhang D, Wang S. A Meaningful Analogue of Pentacene: Charge Transport, Polymorphs, and Electronic Structures of Dihydrodiazapentacene [J]. Chemistry of Materials, 2009, 21: 1400-1405.

　　[15]　Sirringhaus H, Brown P J, Friend R H. Two-Dimensional Charge Transport in Self-Organized, High-Mobility Conjugated Polymers[J]. Nature, 1999, 401: 685-688.

　　[16]　Ong B S, Wu Y, Liu P. High-Performance Semiconducting Polythiophenes for Organic Thin-Film Transistors[J]. Journal of the American Chemical Society, 2004, 126: 3378-3379.

　　[17]　McCulloch I, Heeney M, Bailey C. Liquid-Crystalline Semiconducting Polymers with High Charge-Carrier Mobility[J]. Nature Materials, 2006, 5: 328-333.

　　[18]　Li J, Qin F, Li C M. High-Performance Thin-Film Transistors from Solution-Processed Dithienothiophene Polymer Semiconductor Nanoparticles [J]. Chemistry of Materials, 2008, 20: 2057-2059.

　　[19]　Pan H, Wu Y, Li Y. Benzodithiophene Copolymer——A Low-Temperature, Solution-Processed High-Performance Semiconductor for Thin-Film Transistors [J]. Advanced Functional Materials, 2007, 17: 3574-3579.

　　[20]　Chen H, Guo Y, Yu G. Field-Effect Transistors: Highly π-Extended

Copolymers with Diketopyrrolopyrrole Moieties for High-Performance Field-Effect Transistors[J]. Advanced Materials, 2012, 24: 4618-4622.

[21] Wang S, Kappl M, Liebewirth I. Organic Field-Effect Transistors Based on Highly Ordered Single Polymer Fibers[J]. Advanced Materials, 2012, 24: 417-420.

[22] Chen Z, Lee M J, Ashraf R S. High-Performance Ambipolar Diketopyrrolopyrrole-Thieno[3,2-b]thiophene Copolymer Field-Effect Transistors with Balanced Hole and Electron Mobilities[J]. Advanced Materials, 2012, 24: 647-652.

[23] Li Y, Sonar P, Singh S P. Annealing-Free High-Mobility Diketopyrrolopyrrole Quaterthiophene Copolymer for Solution-Processed Organic Thin Film Transistors[J]. Journal of the American Chemical Society, 2011, 133: 2198-2204.

[24] Bronstein H, Chen Z, Ashraf R S. Thieno[3,2-b]thiophene-Diketopyrrolopyrrole-Containing Polymers for High-Performance Organic Field-Effect Transistors and Organic Photovoltaic Devices[J]. Journal of the American Chemical Society, 2011, 133: 3272-3275.

[25] Lee J S, Son S K, Song S. Importance of Solubilizing Group and Backbone Planarity in Low Band Gap Polymers for High Performance Ambipolar field-effect Transistors[J]. Chemistry of Materials, 2012, 24: 1316-1323.

[26] Ha J S, Kim K H, Choi D H. 2,5-Bis(2-octyldodecyl)pyrrolo[3,4-c]pyrrole-1,4-(2H,5H)-dione-Based Donor-Acceptor Alternating Copolymer Bearing 5,5'-Di(thiophen-2-yl)-2,2'-biselenophene Exhibiting 1.5 $cm^2 \cdot V^{-1} \cdot s^{-1}$ Hole Mobility in Thin-Film Transistors[J]. Journal of the American Chemical Society, 2011, 133: 10364-10367.

[27] Li Y, Sonar P, Singh S P. 3,6-Di(furan-2-yl)pyrrolo[3,4-c]pyrrole-1,4(2H, 5H)-dione and Bithiophene Copolymer with Rather Disordered Chain Orientation Showing High Mobility in Organic Thin Film Transistors[J]. Journal of Materials Chemistry, 2011, 21: 10829-10835

[28] Li Y, Singh S P, Sonar P. A High Mobility p-Type DPP-Thieno[3,2-b] thiophene Copolymer for Organic Thin-Film Transistors[J]. Advanced Materials, 2010, 22: 4862-4866.

[29] Bijleveld J C, Zoombelt A P, Mathijssen S G J. Poly(diketopyrrolopyrrole-terthiophene) for Ambipolar Logic and Photovoltaics[J]. Journal of the American Chemical Society, 2009, 131: 16616-16617.

[30] Nelson T L, Young T M, Liu J. Transistor Paint: High Mobilities in Small Bandgap Polymer Semiconductor Based on the Strong Acceptor, Diketopyrrolopyrrole and Strong Donor, Dithienopyrrole[J]. Advanced Materials, 2010, 22: 4617-4621.

[31] Sonar P, Singh S P, Li Y. High Mobility Organic Thin Film Transistor and Efficient Photovoltaic Devices Using Versatile Donor-acceptor Polymer Semiconductor by Molecular Design[J]. Energy & Environmental Science, 2011, 4: 2288-2296.

[32] Ashraf R S, Chen Z, Leem D S. Silaindacenodithiophene Semiconducting Polymers for Efficient Solar Cells and High-Mobility Ambipolar Transistors[J]. Chemistry

of Materials，2011，23：768-770.

[33] Bijleveld J C. Karsten B P，Mathijssen S G J. Small Band Gap Copolymers Based on Furan and Diketopyrrolopyrrole for Field-Effect Transistors and Photovoltaic Cells[J]. Journal of Materials Chemistry，2011，21：1600-1606.

[34] Zoombelt A P，Mathijssen S G J，Turbiez M G R. Small Band Gap Polymers Based on Diketopyrrolopyrrole[J]. Journal of Materials Chemistry，2010，20：2240-2246

[35] Zhang X，Richter L J，Delongchamp D M. Molecular Packing of High-Mobility Diketo Pyrrolo-Pyrrole Polymer Semiconductors with Branched Alkyl Side Chains[J]. Journal of the American Chemical Society，2011，133：15073-15084.

[36] Tsao H N，Cho D M，Park I. Ultrahigh Mobility in Polymer Field-Effect Transistors by Design[J]. Journal of the American Chemical Society，2011，133：2605-2612.

[37] Shukla D，Nelson S F，Freeman D C. Thin-Film Morphology Control in Naphthalene-Diimide-Based Semiconductors：High Mobility n-Type Semiconductor for Organic Thin-Film Transistors[J]. Chemistry of Materials，2008，20：7486-7491.

[38] Meijer E J. De Leeuw D M，Setayesh S. Solution-Processed Ambipolar Organic Field-Effect Transistors and Inverters[J]. Nature Materials，2003，2：678-682.

[39] Shkunov M，Simms R，Heeney M. Ambipolar Field-Effect Transistors Based on Solution-Processable Blends of Thieno[2，3-b]thiophene Terthiophene Polymer and Methanofullerenes[J]. Advanced Materials，2010，17：2608-2612.

[40] Katsuta S，Miyagi D，Yamada H. Synthesis，Properties，and Ambipolar Organic Field-Effect Transistor Performances of Symmetrically Cyanated Pentacene and Naphthacene as Air-Stable Acene Derivatives[J]. Organic Letters，2011，13：1454-1457.

[41] Sonar P，Singh S P，Li Y，et al. A Low-Bandgap Diketopyrrolopyrrole-Benzothiadiazole-Based Copolymer for High-mobility Ambipolar Organic Thin-film Transistors [J]. Advanced Materials，2010，22：5409-5413.

[42] Cho S，Lee J，Tong M，et al. Poly（Diketopyrrolopyrrole-Benzothiadiazole）with Ambipolarity Approaching 100％ Equivalency [J]. Advanced Functional Materials，2011，21：1910-1916.

[43] Kronemeijer A J，Gili E，Shahid M，et al. A Selenophene-Based Low-Bandgap Donor-Acceptor Polymer Leading to Fast Ambipolar Logic[J]. Advanced Materials，2012，24：1558-1565.

[44] Chen Y，Su W，Bai M，et al. High Performance Organic Field-Effect Transistors Based on Amphiphilic Tris（phthalocyaninato）Rare Earth Triple-Decker Complexes[J]. Journal of the American Chemical Society，2005，127：15700-15701.

[45] Gao X，Di C，Hu Y，et al. Core-Expanded Naphthalene Diimides Fused with 2-（1，3-Dithiol-2-Ylidene）Malonitrile Groups for High-Performance，Ambient-Stable，Solution-Processed n-Channel Organic Thin Film Transistors[J]. Journal of the American Chemical Society，2010，132：3697-3699.

［46］ Dong H，Li H，Wang E，et al. Ordering Rigid Rod Conjugated Polymer Molecules for High Performance Photoswitchers[J]. Langmuir，2008，24：13241-13244.

［47］ Rogers J A，Bao Z，Baldwin K，et al. Paper-Like electronic displays：Large-Area Rubberstamped Plastic Sheets of Electronics and Microencapsulated Electrophoretic Inks[J]. Proceeding of the National academy of Sciences of the United States of America，2001，98：4835-4840.

［48］ Sirringhaus H，Kawase T，Friend R H，et al. High-Resolution Inkjet Printing of All-Polymer Transistor Circuits[J]. Science，2000，290：2123-2126.

［49］ Li J，Zhao Y，Tan H S，et al. A Stable Solution-Processed Polymer Semiconductor with Record High-Mobility for Printed Transistors[J]. Science Report，2012，2：754.

［50］ Zaumseil J，Friend R H，Sirringhaus H. Spatial Control of the Recombination Zone in an Ambipolar Light-Emitting Organic Transistor[J]. Nature Materials，2005，5：69-74.

［51］ Bürgi L，Turbie M，Pfeiffer R，et al. High-mobility Ambipolar Near-infrared Light-Emitting Polymer Field-Effect Transistors[J]. Advanced Materials，2008，20：2217-2224.

［52］ Lee Y H，Jang M，Lee M Y，et al. Flexible Field-Effect Transistor-type Sensors Based on Conjugated Molecules[J]. Chemistry,2017，3：724-763.

［53］ Zhang F，Di C A，Berdunov N，et al. Ultrathin Film Organic Transistors：Precise Control of Semiconductor Thickness via Spin-Coating[J]. Advanced Materials，2013，25：1401-1407.

［54］ Knopfmacher O，Hammock M L，Appleton A L，et al. Highly Stable Organic Polymer Field-Effect Transistor Sensor for Selective Detection in the Marine Environment [J]. Nature Communications，2014，5：2954.

［55］ Ren X，Pei K，Peng B，et al. A Low-Operating-Power and Flexible Active-matrix Organic-Transistor Temperature-Sensor Array[J]. Advanced Materials，2016，28：4832-4838.

［56］ Sekitani T，Yokota T，Zschieschang U，et al. Organic Nonvolatile Memory Transistors for Flexible Sensor Arrays[J]. Science，2009，326：1516-1519.

［57］ Mannsfeld S C，Tee B C，Stoltenberg R M，et al. Highly Sensitive Flexible Pressure Sensors with Microstructured Rubber Dielectric Layers[J]. Nature Materials，2010，9：859-864.

［58］ Zang Y，Zhang F，Huang D，et al. Flexible Suspended Gate Organic Thin-film Transistors for Ultra-sensitive Pressure Detection[J]. Nature Communications，2015，6：6269.

［59］ Shin M，Byun K E，Lee Y J，et al. Polythiophene Nanofibril Bundles Surface-Embedded in Elastomer：A Route to a Highly Stretchable Active Channel Layer[J]. Advanced Materials，2015，27：1255-1261.

［60］ Xu J, Wang S, Wang G J N, et al. Highly Stretchable Polymer Semiconductor Films through the Nanoconfinement Effect[J]. Science, 2017, 355: 59-64.

［61］ Wang S, Xu J, Wang W, et al. Skin Electronics from Scalable Fabrication of An Intrinsically Stretchable Transistor Array[J]. Nature, 2018, 555: 83-88.

［62］ Zhan X, Facchetti A, Barlow S, et al. Rylene and Related Diimides for Organic Electronics[J]. Advanced Materials, 2011, 23: 268-284.

［63］ Lei T, Cao Y, Fan Y, et al. High-Performance Air-Stable Organic Field-Effect Transistors: Isoindigo-Based Conjugated Polymers[J]. Journal of the American Chemical Society, 2011, 133: 6099-6101.

［64］ Li P, Wang H, Ma L, et al. An Isoindigo-Bithiazole-Based Acceptor-Acceptor Copolymer for Balanced Ambipolar Organic Thin-film Transistors［J］. Science China Chemistry, 2016, 59: 679-683.

［65］ Kang I, Yun H J, Chung D S, et al. Record High Hole Mobility in Polymer Semiconductors via Side-Chain Engineering[J]. Journal of the American Chemical Society, 2013, 135: 14896-14899.

［66］ Yi Z, Sun X, Zhao Y, et al. Diketopyrrolopyrrole-Based π-Conjugated Copolymer Containing β-Unsubstituted Quintetthiophene Unit: A Promising Material Exhibiting High Hole-Mobility for Organic Thin-Film Transistors［J］. Chemistry of Materials, 2012, 24: 4350-4356.

［67］ Lei T, Xia X, Wang J, et al. "Conformation Locked" Strong Electron-Deficient Poly(p-Phenylene Vinylene) Derivatives for Ambient-Stable n-Type Field-Effect Transistors: Synthesis, Properties, and Effects of Fluorine Substitution Position［J］. Journal of the American Chemical Society, 2014, 136: 2135-2141.

［68］ Zheng Y Q, Lei T, Dou J H, et al. Strong Electron-Deficient Polymers Lead to High Electron Mobility in Air and Their Morphology-Dependent Transport Behaviors[J]. Advanced Materials, 2016, 28: 7213-7219.

［69］ Cao Y, Yuan J, Zhou X, et al. N-Fused BDOPV: Atetralactam Derivative as a Building Block for Polymer Field-effect Transistors[J]. Chemical Communications, 2015, 51: 10514-10516.

［70］ Lei T, Dou J, Pei J. Influence of Alkyl Chain Branching Positions on the Hole Mobilities of Polymer Thin-Film Transistors［J］. Advanced Materials, 2012, 24: 6457-6461.

［71］ Lei T, Dou J, Ma Z, et al. Ambipolar Polymer Field-Effect Transistors Based on Fluorinated Isoindigo: High Performance and Improved Ambient Stability[J]. Journal of the American Chemical Society, 2012, 134: 20025-20028.

［72］ Pan H, Li Y, Wu Y, et al. Low-Temperature, Solution-Processed, High-Mobility Polymer Semiconductors for Thin-Film Transistors[J]. Journal of the American Chemical Society, 2007, 129: 4112-4113.

［73］ Osaka I, Sauvé G, Zhang R, et al. Novel Thiophene-Thiazolothiazole

Copolymers for Organic Field-Effect Transistors[J]. Advanced Materials, 2007, 19: 4160-4165.

[74] Yi Z, Ma L, Li P, et al. Enhancing the Organic Thin-Film Transistor Performance of Diketopyrrolopyrrole-Benzodithiophene Copolymers via the Modification of Both Conjugated Backbone and Side Chain[J]. Polymer Chemistry, 2015, 6: 5369-5375.

（王　帅　易征然）

第 8 章
可见光催化制氢

8.1　人工光合作用

　　"万物生长靠太阳"——这句朴素的俗语描述了一个普遍的现象——能量的转化：作为能量之源的太阳将其辐射的光能通过植物的光合作用转化为化学能，从而提供给人类赖以生存的粮食、氧气和能源。对于人类来说，太阳能是取之不竭、用之不尽的清洁能源，太阳每天以 120 000TW 的平均速率向地球表面输送能量，而 2009 年全球能量的消耗速率仅为 16 TW。合理高效地利用太阳能解决石化能源危机、减少环境污染已经成为人类的共识。到达地球的太阳能总量虽然巨大，但是太阳能能流密度低，且受昼夜、天气、地理等因素的影响而分布不均匀、能量供给不稳定，因此人类想要有效利用太阳能还须将其转化为其他形式的能源。

　　自然界的光合作用系统是将太阳能转换为化学能的范例（图 8-1）。光合作用普遍存在于自然界绿色植物、藻类及光合细菌中，绿色植物通过自身的光合作用系统吸收可见光后将二氧化碳（CO_2）和水（H_2O）转化为供给自身生长的碳水化合物，并在这个过程中实现太阳能向化学能的转化。光合作用的过程非常复杂，植物完成一次有效的光化学合成通常需要几十个步骤协同工作，但是我们可以大致将其表述为如下三个步骤：首先，光合色素中的"天线"分子吸收太阳光后产生激发态电子，随后系统通过一系列光致能量传递及光致电子转移将激发态电子传递给远端的电子受体，形成电荷分离态；然后，电荷分离态再经过一系列的化学反应生成具有强还原性的还原型尼古酰胺腺嘌呤二核苷酸磷酸（NADPH）和腺苷三磷酸（ATP）；最后，NADPH 和 ATP 将二氧化碳还原为糖类，这样就完成了一次光化学合成。在这一过程中，太阳能通过光合作用系统转化为化学能存储于光合作用产物的化学键中。

　　通过对自然界光合作用系统工作原理的理解，科学家构建人工光合作用系统以实现太阳能向化学能的高效转化。光合作用的实质是太阳能通过多步光致电子转移和光致能量传递生成具有高反应活性的电荷分离态，电荷分离态进一步与体系中的化合物发生氧化还原反应，从而使太阳能最终转化为化学能，以化学键的形式存储。人工光合作用即是通过学习自然界光合作用的原理，将具有吸光功能、催化功能、电子传递功能的材料（或分子）进行一定的理性设计，构筑能够实现光能向化学能有效转化的光化学反应体系，从而实现太阳能向化学能的转化。当前，人工光合作用的研究主要关注两个反应：光催化裂解水及光催化二氧化碳还原。光催化裂解水生成的氢气及光催化二氧化碳还原的含碳化合物（一氧化碳、甲

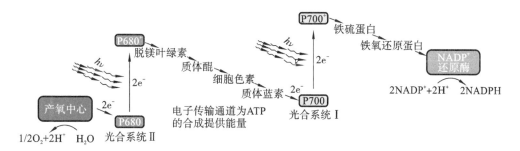

图 8-1 自然界光合作用系统的工作原理

酸、甲醇、甲烷、乙烷等)均可作为燃料或高附加值化学品供人类利用。通过人工光合作用的方式制备的燃料被称为太阳燃料(solar fuels)。

氢能具有燃烧热值高(每千克氢燃烧产生的热量是汽油的 3 倍)、燃烧产物无污染的特点,被视为 21 世纪极具发展潜力的清洁能源。当前通过电解水、石油裂解等方式制备氢气的方法成本高、污染大,在一定程度上限制了氢能的大规模使用。但是,将水裂解为氢气和氧气是热力学不允许的过程,要实现这一过程,必须有外界能量的输入。太阳能光催化裂解水即是通过光催化材料吸收太阳能来驱动水的裂解反应(图 8-2)。20 世纪 70 年代,日本科学家 Fujishima 和 Honda 发现光照 TiO_2 可实现水在 TiO_2 表面的裂解,产生氢气和氧气,这一研究成果发表在 Nature 杂志上,开启了光催化裂解水研究的序幕。但是,由于 TiO_2 的吸收在紫外光区,当时报道的这一体系在紫外光照下光致裂解水的量子效率仅为0.1%。到达地面的太阳光谱中紫外光仅占 5% 左右,要高效利用太阳光进行光催化裂解水,所使用光催化材料的吸收光谱应尽可能与太阳光谱中可见光区重合。据估计,光催化分解水的太阳能利用效率达到 5% 就具有工业化价值,达到 10% 即可与现有工业制氢技术成本持平。因此在太阳能光催化裂解水的研究中,发展制备能够用可见光驱动的光催化材料,提升太阳能利用效率是该领域研究的重要内容。

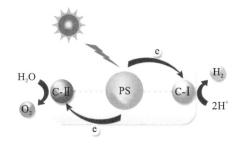

图 8-2 太阳能光致裂解水的工作示意图

8.2 光催化裂解水体系分类及原理

进入 21 世纪以来,光催化裂解水的研究呈现爆发式增长的态势,纵观当前报道的光催化裂解水体系,根据体系组分的构成方式和工作原理,可将其分为两类:①基于分子的均相光催化体系;②基于半导体材料的异相光催化体系。这一分类仅根据体系中主要成分的性质来划分,在实际的研究中,这两类体系并没有严格的界限,例如,同时含有分子催化剂和半导体材料的光催化体系、以分子催化剂和半导体材料构筑的光电化学池体系等均有诸多实例被报道。

简单来说,光催化裂解水体系应含有三个部分(图 8-2):催化产氢(H_2)中心 C-Ⅰ、催化产氧(O_2)中心 C-Ⅱ以及光敏单元(PS)。体系中的光敏单元担负吸收光能,产生激发态电子的功能;催化产氢和产氧中心是体系中的催化活性位点,分别担负还原质子产生氢气和氧化水分子产生氧气的催化功能。一般情况下,光敏单元吸收可见光后产生激发态电子,然后激发态电子跃迁至催化产氢中心 C-Ⅰ,获得电子的催化中心 C-Ⅰ结合水中的质子完成催化质子还原释放出氢气,而另一端的催化产氧中心 C-Ⅱ通过水的氧化将电子源源不断地补充给失去电子的光敏单元并释放出氧气,如此往复循环,通过光能将水分子裂解为氢气和氧气,从而实现太阳能向氢能的转化。

8.2.1 基于分子的均相光催化体系

分子光催化体系中所有组分均为小分子,可构成均相催化体系。分子体系具有催化结构明确、易于机理研究的特点。但是利用分子体系同时实现光催化产氢和光催化产氧目前仍具有挑战,因此对于分子体系,一般将光催化裂解水反应中涉及的光催化产氢和光催化产氧两个半反应分别构筑体系研究,本部分仅以光催化产氢体系为例来介绍分子光催化产氢体系。

分子光催化产氢体系一般包含四个主要成分:光敏剂(PS)、催化剂(C)、电子牺牲体(D)和质子供体(H^+),在有些体系中,为了保持产氢体系特定的 pH 值或者增加电子转移的效率,还会加入缓冲溶液或者电子中继体 R。光敏剂是光催化产氢体系中的"先锋分子",相当于光合作用中的"天线"分子,它首先吸收可见光,产生激发态电子,从而引发体系的光催化产氢循环,常见的用于光催化产氢体系的光敏剂有金属配合物、卟啉类化合物、有机染料分子以及无机半导体纳米材料。催化剂是产氢体系中的"灵魂分子",它是进行质子催化还原的中心,通常情况下,催化剂需要从光敏剂处得到一个电子被"激活"后才具有催化活性。在理想的光致裂解水系统中,电子牺牲体和质子供体将由水离解出的氢氧根和氢离子充当,而在目前光催化产氢的半反应研究中,体系中的电子牺牲体和质子供体一般由易氧化的小分子和外加质子源来替代。

光催化产氢体系完成一次光驱动的产氢过程通常需要经历两个循环(图 8-3):以光敏剂为主的激发态电子循环Ⅰ(Cycle Ⅰ)和以催化剂为主的产氢循环Ⅱ(Cycle Ⅱ)。催化剂的产氢循环取决于催化剂本身,不同的催化剂具有不同的催化产氢机制。激发态电子的循环一般发生在光敏剂、催化剂和电子牺牲体之间,有的体系中,光敏剂直接将激发态电子转移给催化剂;而在另一些体系中,激发态电子需要经历其他的途径才能最终传递到催化中心上。根据激发态电子猝灭途径的不同,可以将光催化产氢体系中的循环Ⅰ分为氧化猝灭(oxidative quenching)和还原猝灭(reductive quenching)两种机制。氧化猝灭的过程可简单分为以下四个步骤。

ⅰ. 光敏剂(PS)受光激发后基态电子跃迁至激发态,形成激发态光敏剂(PS^*);

ⅱ. 激发态光敏剂(PS^*)与催化剂(C)之间发生氧化猝灭,光敏剂将激发态电子转移给催化剂,生成单电子还原的催化剂($C^{-·}$)和光敏剂的阳离子自由基($PS^{+·}$);

iii. 得到电子的催化剂(C⁻·)结合质子完成催化循环Ⅱ释放出氢气;

iv. 失去电子的光敏剂(PS⁺·)与体系中的电子牺牲体反应得到一个电子回到基态,完成循环Ⅰ。

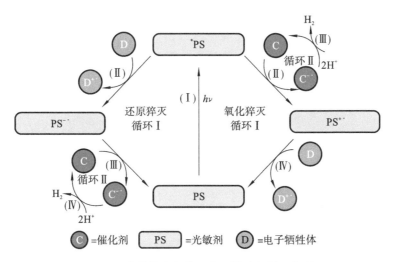

图 8-3　光催化产氢体系电子转移机制示意图

上述过程中,激发态光敏剂直接与催化剂发生光致电子转移,从而生成单电子还原态的催化剂,但在某些体系中,为了提高电子转移的效率,光敏剂将激发态电子先转移给体系中的电子中继体 R,R 再进一步与催化剂反应生成单电子还原态的催化剂,这也属于氧化猝灭机制。

还原猝灭机制同样也要经历四个步骤。

i. 光敏剂(PS)受光激发后基态电子跃迁至激发态,形成激发态的光敏剂(PS*);

ii. 激发态光敏剂(PS*)与电子牺牲体(D)发生还原猝灭,电子牺牲体将一个电子给光敏剂,生成还原态光敏剂(PS⁻·);

iii. 还原态光敏剂(PS⁻·)与催化剂(C)反应,将电子转移给催化剂,生成单电子还原态催化剂(C⁻·),光敏剂重新回到初始价态;

iv. 得到电子的催化剂(C⁻·)结合质子完成催化循环Ⅱ释放出氢气。

从上述过程可以看出,氧化猝灭中光敏剂首先失去电子被氧化,而在还原猝灭中光敏剂首先得到电子被还原。无论是哪种猝灭机制,光敏剂的受光激发和激发态光敏剂的电子得失是体系能否启动光催化产氢循环的关键。我们可以利用 Rehm-Weller 方程从热力学角度判断体系发生上述两种猝灭的可能性,方程中 $E^\ominus(\text{PS}^{+/0})$ 和 $E^\ominus(\text{PS}^{0/-})$ 分别是光敏剂的氧化电位和还原电位,$E^\ominus(\text{C}^{0/-})$ 和 $E^\ominus(\text{D}^{+/0})$ 分别是催化剂的还原电位和电子牺牲体的氧化电位,E_{00} 是光敏剂的激发能,$E_{溶剂}$ 是体系的溶剂化能。对于氧化猝灭过程,用式(1)可以计算出激发态光敏剂与催化剂之间发生光致电子转移的自由能($\Delta G^\ominus$);而对于还原猝灭过程,用式(2)可以计算出激发态光敏剂与电子牺牲体之间发生光致电荷迁移的自由能($\Delta G^\ominus$);当计算出的 $\Delta G^\ominus$ 值小于零时,证明该过程是热力学允许的。

$$\Delta G^\ominus = E^\ominus(\text{PS}^{+/0}) - E^\ominus(\text{C}^{0/-}) - E_{00} + E_{溶剂} \tag{1}$$

$$\Delta G^\ominus = E^\ominus(\text{D}^{+/0}) - E^\ominus(\text{PS}^{0/-}) - E_{00} + E_{溶剂} \tag{2}$$

总之,对于均相光催化产氢体系而言,无论经历哪种光催化机制,激发态光敏剂的激发、光敏剂电子的得失以及单电子还原态催化中心 $C^{-•}$ 的生成是其必经的三个步骤,这些过程中所涉及的光物理性质,如电子转移驱动力($\Delta G^{\ominus}$)和电子转移速率的大小、单电子还原态催化中心寿命的长短等,都将对体系的产氢效率有重要的影响。

分子产氢催化剂具有结构明确、易于化学修饰、催化活性可通过配体修饰调控的特点。近年来,科学家们制备出一系列基于廉价金属(Fe,Co,Ni)的金属配合物产氢催化剂,其中有三类催化剂堪称分子催化剂中的"明星分子"(图 8-4),它们分别是[Co(dmgH)$_2$(Py)Cl]型钴基产氢催化剂(也称 Cobaloxime)、多羰基 Fe$_2$S$_2$ 型铁基产氢催化剂、金属镍-双磷配体型镍基产氢催化剂(也称 DuBois 型催化剂),后两种催化剂由于分别在结构和功能上模拟铁氢化酶活性中心,也被称为模拟铁氢化酶催化剂。这些催化剂已被成功应用于电催化、光催化、光电化学池催化产氢等研究领域并获得了高效的催化产氢活性。

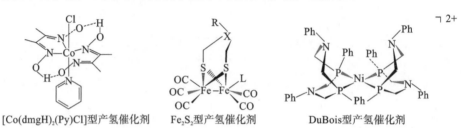

[Co(dmgH)$_2$(Py)Cl]型产氢催化剂   Fe$_2$S$_2$型产氢催化剂   DuBois型产氢催化剂

图 8-4　基于 Co、Fe、Ni 的分子催化剂结构

分子光敏剂是光催化产氢体系中的吸光单元,常用于光催化产氢研究中的分子光敏剂有:贵金属配合物,如[Ru(bpy)$_3$]Cl$_2$、Ir(ppy)$_3$ 等;有机染料分子,如罗丹明、Esion Y、Rose Bengal 等。作为用于可见光催化产氢研究的光敏剂首先要能够吸收可见光,其次光敏剂的光稳定性、激发态的寿命等因素也是决定光敏剂在可见光催化产氢中表现的重要因素。

可见光催化产氢体系由于是一个半反应体系,因此还需要外加电子牺牲体来为光催化产氢提供电子。常用的电子牺牲体一般是易于氧化的有机小分子,如抗坏血酸、三乙胺、三乙醇胺、甲醇、异丙醇等。电子牺牲体在体系中大量存在,因此,电子牺牲体与体系溶剂的互溶程度是选择电子牺牲体是首要考虑的因素,其次,电子牺牲体能否与光敏剂配合有效提供电子也是选择光敏剂时需要重点考虑的因素。

简单的光催化产氢体系一般由上述三种组分在水溶液或有机/水的混合溶液中构建,催化剂的浓度、光敏剂的浓度、体系的 pH 值、所使用的光源波长及强度等因素均会显著影响光催化产氢的速率。一般情况下,增加催化剂和光敏剂的浓度均可提升光催化产氢的速率,但是需要注意的是,光催化产氢反应是一个光反应,因此,光敏剂浓度过高反而会降低光反应的效率,这是因为高浓度的光敏剂产生的滤光效应使得体系的体相部分不能有效受光激发,从而降低整个光反应的效率。增加光源的光强也能够有效提高光催化产氢反应的速率。

8.2.2　基于半导体材料的异相光催化体系

无机半导体纳米颗粒与相应的助催化剂配合构建的异相光催化体系是光催化裂解水研究中的重要体系。为了实现光催化全分解水,半导体的能带需跨越水的氧化与还原电位,即半导体的导带(conduction bond,CB)位置要比 H^+/H_2 的还原电势更负,价带(valence bond,VB)位置要比 O_2/H_2O 的电势更正(图 8-5)。同时,为了保证其尽可能吸收太阳光谱中的可见光部分,半导体的能带要尽可能窄。一个简单的基于半导体的光催化剂是由半导体纳米颗粒和负载在其表面的助催化剂构成的,其中半导体纳米颗粒相当于分子催化剂中的光敏剂,负责吸收光能并产生相应的激子;表面的助催化剂是催化过程中发生质子催化还原和水氧化析出氧气的活性位点。在该类体系中,助催化剂一般由无机纳米材料构成,也有一些体系将分子催化剂负载在半导体纳米颗粒表面实现相应的功能。

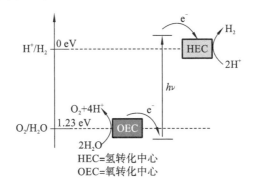

图 8-5 光催化裂解水的能级示意图

半导体纳米颗粒组成光催化剂的工作原理如图 8-6 所示:第一步,半导体材料受光激发生成电子(e^-)-空穴(h^+)对;第二步,是光生电子和空穴的分离并向表面的迁移;第三步,到达半导体表面的电子和空穴分别与产氢助催化剂和产氧助催化剂一起完成质子还原和水的氧化两个半反应,从而实现水的全裂解。在整个过程中,第二步光生电子和空穴的分离、向表面迁移尤为重要。在这一过程中,半导体晶体结构和结晶程度对其有重要影响,晶体表面和内部的缺陷可以作为光生电子-空穴对的复合位点,降低光生电子分离态的量子产率,从而降低材料的光催化活性。为了有效实现光生电子和空穴在半导体表面的催化反应,需要在半导体表面负载助催化剂。常见的用于催化产氢的助催化剂有 Pt、Ru、Rh、Pd、Au 等贵金属纳米颗粒,MoS_2、WS_2、CoP 等金属硫化物和金属磷化物,以及 Co、Fe、Ni 等金属配合物催化剂。常见的用于催化产氧的助催化剂有 IrO_2、RuO_2 等贵金属氧化物以及 Ni、Fe、Ru、Cu 等金属配合物催化剂。

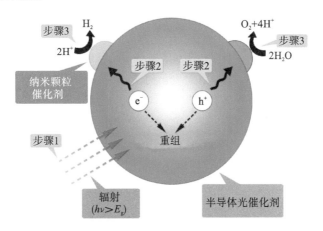

图 8-6 半导体纳米颗粒光催化裂解水示意图

目前,常用于光催化裂解水研究领域的半导体纳米材料有 TiO_2、硫族量子点、氮化碳等,下面将分别简要介绍这三类半导体材料。

1. TiO₂ 半导体光催化材料

TiO_2 是光催化领域研究最为广泛的半导体材料,自 1972 年 Fujishima 和 Honda 发现 TiO_2 的光催化性能以来,TiO_2 作为光催化材料已被广泛应用于光催化制氢、光催化降解有机物、光催化除菌等诸多领域。TiO_2 的晶体构型主要有正方晶系的金红石型(rutile)、锐钛矿型(anatase)和斜方晶系的板钛矿型(brookite)三种,作为光催化材料使用的主要为锐钛矿型和金红石型。TiO_2 是一种典型的半导体材料,锐钛矿 TiO_2 的禁带(E_g)为 3.2 eV(图 8-7),金红石 TiO_2 的 E_g 在 3.0 eV 左右。当激发光的能量大于或等于 E_g 时,TiO_2 中的电子吸收光能后跃迁至导带,并在价带产生空穴,从而生成光生电子-空穴对。生成的光生电子-空穴对迁移至 TiO_2 晶格表面,分别于吸附在表面的质子和水分子发生反应,从而实现光催化裂解水。在光生电子-空穴对向表面迁移的过程中,光生电子-空穴对容易发生复合,这会降低 TiO_2 的光催化效率。

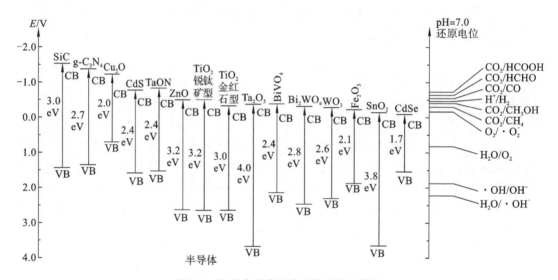

图 8-7 部分半导体纳米颗粒能级示意图

通过对 TiO_2 进行复合改性或掺杂的方法可提高 TiO_2 中光生电子-空穴对的分离,抑制光生电子-空穴对的复合。例如,在构筑复合改性的 TiO_2 中,将 TiO_2 与其他类型的半导体材料进行复合,构筑 Z-Scheme 型复合半导体材料,如 TiO_2/SnO_2 型、TiO_2/CdS 型等复合半导体,从而提高复合半导体中光生电子-空穴对的分离效率,拓展复合半导体在可见光区的吸收。在 TiO_2 表面负载具有吸光功能的染料分子(如罗丹明 B、联吡啶钌配合物等)是另一种构筑复合半导体材料的方法,通过染料敏化的方式,可以使复合 TiO_2 材料吸收可见光,提高光催化效率。在 TiO_2 表面负载具有催化功能的助催化剂(如 Pt、Ag、Ru 等贵金属纳米颗粒)可以有效提高光生电子与空穴的分离,抑制其复合,提高 TiO_2 的催化效率。通过对 TiO_2 的掺杂可以改变 TiO_2 的禁带宽度,增加其对可见光的吸收。对 TiO_2 的掺杂可分为金属掺杂和非金属掺杂。例如,对 TiO_2 掺杂过渡金属 Cr、V、Co 等可使其吸收光谱红移;而对 TiO_2 掺杂 La^{3+} 可提高其光催化活性。对 TiO_2 的非金属掺杂主要有 N 掺杂、C 掺杂和 H 掺杂等,它们均能不同程度地影响 TiO_2 的光物理和光催化性能。

2. 硫族量子点光催化材料

硫族量子点包含 CdTe、CdS、CdSe、ZnS 等无机半导体纳米颗粒,当它们的尺寸在 $1 \sim 5$ nm 之间时,具有量子效应。量子点具有尺寸可调控的光物理性质,其吸收波长随着量子点尺寸的增加而红移,且具有优异的发光性能,因此量子点作为一种发光材料被广泛应用于显示、生物成像、光检测等研究领域。量子点作为光催化材料的研究始于 2010 年左右,这其中尤以硫族量子点的研究最为深入。硫族量子点(CdTe、CdSe、CdS)具有能在可见光区吸收、制备简单等优点,适用于光催化体系的研究。在早期的研究中,中科院理化所吴骊珠等将 CdTe、CdSe 量子点作为光敏剂与模拟生物酶催化剂结合,实现了高效的可见光催化产氢。随着硫族量子点在光催化领域研究的广泛开展,不断发展出硫族量子点与分子催化剂、无机半导体材料、贵金属助催化剂(金属 Pd、Au 等)、无机盐($NiCl_2$、$CoCl_2$ 等)、碳材料(石墨烯、碳纳米管)等配合形成的复合光催化体系。复合体系的构筑有助于提升量子点电子-空穴对的分离以及电子传输等过程,从而提升量子点体系的光催化效率。

3. 氮化碳光催化材料

石墨相氮化碳(graphitic carbon nitride,g-C_3N_4)是一种具有石墨层状结构的聚合物半导体材料,其主要结构单元目前认为是 tri-s-triazine(七嗪)结构(图 8-8)。g-C_3N_4 制备容易、热稳定性好,重要的是其能带约为 2.7 eV(图 8-7),理论上能够吸收 460 nm 以内的可见光,适用于在光催化研究领域应用。2009 年,福州大学王心晨等在 Nature Materials 杂志上首次报道了以 g-C_3N_4 为光敏剂、Pt 为助催化剂的光催化制氢体系,此报道拉开了 g-C_3N_4 在光催化领域研究的序幕。对于光催化研究领域,g-C_3N_4 是相对较新的研究对象,其研究正在开展,从已报道的研究成果来看,利用 g-C_3N_4 作为光敏剂与分子助催化剂、贵金属助催化剂等结合,能够有效提升 g-C_3N_4 的光催化性能。最近,中国科技大学 Yao 等在 g-C_3N_4 表面构筑了 CoN_4 结构的单原子催化位点,该策略能够有效提升 g-C_3N_4 的光催化产氢性能。但是,g-C_3N_4 对可见光有限范围的吸收、光生电子-空穴对的分离效率低等缺点是其在光催化研究方面的制约,因此,以提高 g-C_3N_4 可见光吸收范围、提升光生电子-空穴对分离效率为目的的改性研究是 g-C_3N_4 研究的一个重要方向。目前,通过非金属杂原子掺杂(O、S、B、P 等)、过渡金属原子掺杂(Fe、Mn、Cu、Ni、Co 等)、与其他半导体材料复合等方式制备的复合型 g-C_3N_4 材料能够有效提升其光催化性能。

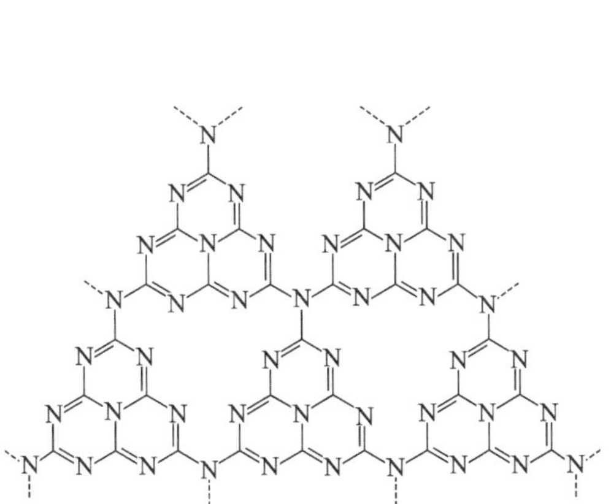

图 8-8 g-C_3N_4 结构示意图

8.3 实验:基于 Cobaloxime 催化剂的光催化产氢体系

8.3.1 实验简介

金属钴配合物 Cobaloxime 是分子产氢催化剂中的"明星分子",具有结构中不含贵金属、易于合成制备、催化产氢活性高等优点,是光催化/电催化产氢中常用的分子催化剂模型。本实验选择金属钴配合物 Cobaloxime 作为产氢化剂、[Ru(bpy)₃]Cl₂ 作为光敏剂(图8-9)、抗坏血酸作为电子牺牲体,在 H₂O 和乙腈的混合溶剂($V(H_2O):V(CH_3CN)=1:1$)中构筑简单的光催化产氢体系。催化体系在可见光下照射能够产生氢气,通过对样品浓度、初始 pH 值、光照条件的改变,可显著影响产氢体系的催化活性。体系的产氢量可以通过气相色谱定量分析得出,体系的催化产氢活性用催化剂的转化数(turnover number,简称 TON值)和转化效率(turnover number frequency,简称 TOF 值)来衡量。TON 值是一段时间内的产氢总量与体系中催化剂总量的比值,可用于衡量催化剂的催化能力;TOF 值是 TON 值与相应的光照时长的比值,可用于衡量催化剂的催化效率。TON 值和 TOF 值的定义如下:

$$TON = \frac{n(H_2)}{n(催化剂)}$$

$$TOF = \frac{TON}{光照时长}$$

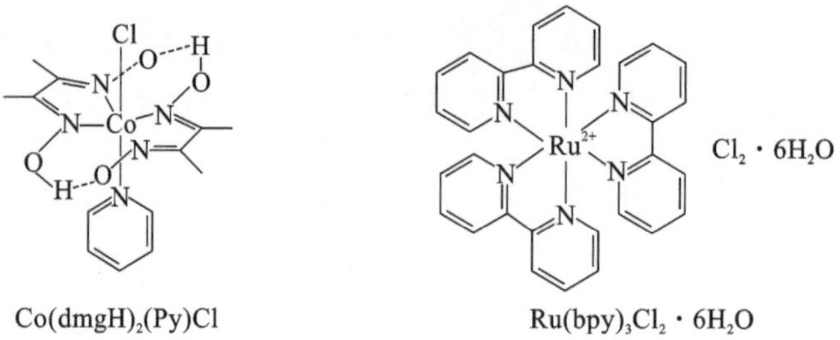

图 8-9 Cobaloxime 催化剂和[Ru(bpy)₃]Cl₂ 光敏剂的结构

Co(dmgH)₂(Py)Cl

Ru(bpy)₃Cl₂·6H₂O

8.3.2 实验目的

(1)学习 Cobaloxime 催化剂的制备合成。

(2)学习简单的光催化产氢体系的构筑,了解光催化产氢体系的组成和配比,通过实验认识光催化产氢体系中各组分的功能。

(3)认识光催化产氢体系中催化剂浓度、体系 pH 值对催化活性的影响;了解光催化产氢动力学特征;认识理解光催化反应的特征。

(4)学习光催化产氢体系的催化效率的计算;学习光催化气体产物的定量分析。

8.3.3 实验仪器和试剂

实验仪器:分析天平、气相色谱、LED 光反应器($\lambda_{max}=450$ nm)、pH 计、紫外-可见吸收光谱、电化学工作站。

实验试剂：$CoCl_2 \cdot 6H_2O$、丁二酮二肟、$[Ru(bpy)_3]Cl_2$、抗坏血酸、吡啶、三乙胺、高纯氮气、甲烷气体、去离子水、丙酮、甲醇、乙腈、NaOH、HCl 等。

实验材料：圆底烧瓶、玻璃漏斗、光照试管、容量瓶、搅拌器、移液枪等。

8.3.4　实验内容

（1）Cobaloxime 催化剂的合成：将 $CoCl_2 \cdot 6H_2O$(1.10 g，4.62 mmol)溶于 20 mL 丙酮中，加入丁二酮二肟(1.10 g，9.48 mmol)，鼓入空气约 40 min 后冰浴中搅拌 10 min，产生绿色沉淀。抽滤并用冰丙酮冲洗得到黄绿色固体$[Co(dmgH)(dmgH_2)Cl_2]$。将$[Co(dmgH)(dmgH_2)Cl_2]$(0.5 g，1.38 mmol)溶于 50 mL 甲醇中，加入 TEA(192 μL)，搅拌 10 min，再加入吡啶(112 μL)后在空气中搅拌 1 h，抽滤得黄褐色 Cobaloxime 固体。

（2）Cobaloxime 催化剂和$[Ru(bpy)_3]Cl_2$光敏剂紫外吸收光谱的测试：分别在 H_2O 和乙腈的混合溶剂($V(H_2O)$：$V(CH_3CN)$＝1：1)中制备浓度为 1.00×10^{-5} mol/L 的 Cobaloxime 催化剂和$[Ru(bpy)_3]Cl_2$光敏剂的溶液，测试其紫外-可见光吸收光谱。

（3）光催化样品的制备：按照表 8-1 浓度及 pH 值配制光催化样品。光催化样品中催化剂(C)为 Cobaloxime，光敏剂(PS)为$[Ru(bpy)_3]Cl_2$，电子牺牲体(SED)为抗坏血酸，溶剂为 H_2O 和乙腈的混合溶剂($V(H_2O)$：$V(CH_3CN)$＝1：1)；样品总体积为 5.00 mL。用少量 NaOH 和 HCl 溶液调节样品的 pH 值至指定范围。

表 8-1　光催化样品的浓度及 pH 值

样品编号	Cobaloxime/(mol/L)	$[Ru(bpy)_3]Cl_2$/(mol/L)	抗坏血酸/(mol/L)	pH 值
A	1.00×10^{-5}	1.00×10^{-4}	0.01	4.0～4.5
B	5.00×10^{-5}	1.00×10^{-4}	0.01	4.0～4.5
C	1.00×10^{-5}	1.00×10^{-4}	0.01	6.0～6.5
D	1.00×10^{-5}	1.00×10^{-4}	0.01	4.0～4.5

用胶塞将装有光催化样品的光照试管密封，并用针头注入饱和 N_2(15 min)。在样品中注入甲烷气体(500 μL)作为内标。

（4）光照实验：将样品 A～C 放置在 LED(λ_{max}＝450 nm)光反应器上进行计时光照，同时将样品 D 用遮光纸包裹，置于黑暗处。2 h 后关闭光源，取出光催化样品，抽取光照试管上部气体注入气相色谱进行定量检测。记录氢气、甲烷的积分面积。将样品 A～C 继续放置在光反应器上光照，每隔 2 h 关闭光源取样进行气相色谱分析，光照 6 h 后结束光照反应。

根据气相色谱的标准曲线和公式计算样品 A～D 的产氢量、基于催化剂的产氢转化数(TON 值)，并绘制产氢动力学曲线。分析各组样品产氢量差异的原因。

（5）测试 Cobaloxime 催化剂的还原电位：采用三电极体系在电化学工作站上用循环伏安法测试 Cobaloxime 催化剂的还原电位。工作电极：玻碳电极；参比电极：$Ag/AgNO_3$ 电极；对电极：铂丝；电解液：$[^nBu_4N]PF_6$ 的 DMF 溶液，浓度为 0.1 mol/L。

8.3.5　实验数据分析

（1）计算光催化样品在取样时间点的产氢物质的量并绘制相应的光催化产氢量随时间变化的动力学曲线。计算样品 A～C 光照 6 h 后的 TON 值和 TOF 值，得出光催化产氢体系的产氢效率与催化剂浓度、体系 pH 值的相关性结论。

（2）通过 Cobaloxime 催化剂的循环伏安图归属催化剂的还原峰，并查阅相关文献计算体系中光致电子转移的自由能值。

8.3.6　思考题

（1）在实验体系中，初始 pH 值为什么能够显著影响光催化体系的催化效率？

（2）实验体系中光致电子转移的机理是什么？如何证明该机理？

参 考 文 献

［1］　Styring S. Artificial photosynthesis for solar fuels[J]. Faraday Discuss, 2012, 155：357-376.

［2］　Barber J. Photosynthetic energy conversion：natural and artificial[J]. Chem Soc Rev, 2009, 38 (1)：185-196.

［3］　Nocera D G. The Artificial Leaf[J]. Acc Chem Res, 2012, 45 (5)：767-776.

［4］　Berardi S, Drouet S, Francas L, et al. Molecular artificial photosynthesis[J]. Chem Soc Rev, 2014, 43 (22)：7501-7519.

［5］　Oelgemöller M. Solar Photochemical Synthesis：From the Beginnings of Organic Photochemistry to the Solar Manufacturing of Commodity Chemicals[J]. Chem Rev, 2016, 116 (17)：9664-9682.

［6］　Nocera D G. Solar Fuels and Solar Chemicals Industry[J]. Acc Chem Res, 2017, 50 (3)：616-619.

［7］　Stolarczyk J K, Bhattacharyya S, Polavarapu L, et al. Challenges and Prospects in Solar Water Splitting and CO_2 Reduction with Inorganic and Hybrid Nanostructures[J]. ACS Catalysis, 2018, 8 (4)：3602-3635.

［8］　Armaroli N, Balzani V. The Future of Energy Supply：Challenges and Opportunities[J]. Angew Chem Int Ed, 2007, 46 (1-2)：52-66.

［9］　Koumi Ngoh S, Njomo D. An overview of hydrogen gas production from solar energy[J]. Renewable and Sustainable Energy Reviews, 2012, 16 (9)：6782-6792.

［10］　Mazloomi K, Gomes C. Hydrogen as an energy carrier：Prospects and challenges[J]. Renewable and Sustainable Energy Reviews, 2012, 16 (5)：3024-3033.

［11］　Bockris J O M. The hydrogen economy：Its history[J]. Int J Hydrogen Energy, 2013, 38 (6)：2579-2588.

［12］　Han Z, Eisenberg R. Fuel from Water：The Photochemical Generation of Hydrogen from Water[J]. Acc Chem Res, 2014, 47 (8)：2537-2544.

［13］　Fukuzumi S. Artificial photosynthetic systems for production of hydrogen[J]. Curr Opin Chem Biol, 2015, 25：18-26.

［14］　Maeda K. Z-Scheme Water Splitting Using Two Different Semiconductor Photocatalysts[J]. ACS Catalysis, 2013, 3 (7)：1486-1503.

［15］　Roger I, Shipman M A, Symes M D. Earth-abundant catalysts for electrochemical and photoelectrochemical water splitting[J]. Nature Reviews Chemistry, 2017, 1:3.

[16] Wang Z, Li C, Domen K. Recent developments in heterogeneous photocatalysts for solar-driven overall water splitting[J]. Chem Soc Rev, 2019, 48(7): 2109-2125.

[17] Wang F, Wang W G, Wang H Y, et al. Artificial Photosynthetic Systems Based on [FeFe]-Hydrogenase Mimics: the Road to High Efficiency for Light-Driven Hydrogen Evolution[J]. Acs Catalysis, 2012, 2 (3): 407-416.

[18] 王锋. 模拟铁氢化酶化合物水相光催化产氢研究[D]. 北京:中国科学院理化技术研究所, 2013.

[19] 张建成, 王夺元. 现代光化学[M]. 北京: 化学工业出版社, 2006.

[20] Esswein A J, Nocera D G. Hydrogen Production by Molecular Photocatalysis [J]. Chem Rev, 2007, 107 (10): 4022-4047.

[21] Wang M, Chen L, Sun L. Recent progress in electrochemical hydrogen production with earth-abundant metal complexes as catalysts[J]. Energy Environ Sci, 2012, 5 (5): 6763-6778.

[22] Thoi V S, Sun Y, Long J R, et al. Complexes of earth-abundant metals for catalytic electrochemical hydrogen generation under aqueous conditions[J]. Chem Soc Rev, 2013, 42 (6): 2388-2400.

[23] Yang J, Shin H S. Recent advances in layered transition metal dichalcogenides for hydrogen evolution reaction[J]. Journal of Materials Chemistry A, 2014, 2 (17): 5979-5985.

[24] Kaeffer N, Chavarot-Kerlidou M, Artero V. Hydrogen Evolution Catalyzed by Cobalt Diimine Dioxime Complexes[J]. Acc Chem Res, 2015, 48 (5): 1286-1295.

[25] Queyriaux N, Jane R T, Massin J, et al. Recent developments in hydrogen evolving molecular cobalt (II)-polypyridyl catalysts[J]. Coord Chem Rev, 2015, 304: 3-19.

[26] Wu L Z, Chen B, Li Z J, et al. Enhancement of the efficiency of photocatalytic reduction of protons to hydrogen via molecular assembly[J]. Acc Chem Res, 2014, 47 (7): 2177-2185.

[27] Helm M L, Stewart M P, Bullock R M, et al. Synthetic Nickel Electrocatalyst with a Turnover Frequency Above 100,000 s^{-1} for H_2 Production[J]. Science, 2011, 333 (6044): 863-866.

[28] Kilgore U J, Roberts J A S, Pool D H, et al. [Ni(PPh$_2$NC$_6$H$_4$X$_2$)$_2$]$^{2+}$ Complexes as Electrocatalysts for H_2 Production: Effect of Substituents, Acids, and Water on Catalytic Rates[J]. J Am Chem. Soc, 2011, 133 (15): 5861-5872.

[29] Wiese S, Kilgore U J, DuBois D L, et al. [Ni(PMe$_2$NPh$_2$)$_2$](BF$_4$)$_2$ as an Electrocatalyst for H_2 Production[J]. ACS Catalysis, 2012, 2 (5): 720-727.

[30] Huan T N, Jane R T, Benayad A, et al. Bio-inspired noble metal-free

nanomaterials approaching platinum performances for H$_2$ evolution and uptake[J]. Energy Environ Sci，2016，9：940-947.

[31] Wang F，Wang W G，Wang X J，et al. A Highly Efficient Photocatalytic System for Hydrogen Production by a Robust Hydrogenase Mimic in an Aqueous Solution [J]. Angew Chem Int Ed，2011，50 (14)：3193-3197.

[32] Wang F，Liang W J，Jian J X，et al. Exceptional Poly(acrylic acid)-Based Artificial [FeFe]-Hydrogenases for Photocatalytic H$_2$ Production in Water[J]. Angew Chem Int Ed，2013，52 (31)：8134-8138.

[33] Wang F，Wen M，Feng K，et al. Amphiphilic polymeric micelles as microreactors：improving the photocatalytic hydrogen production of the [FeFe]-hydrogenase mimic in water[J]. Chem Commun，2016，52 (3)：457-460.

[34] Li X，Wang M，Zheng D，et al. Photocatalytic H-2 production in aqueous solution with host-guest inclusions formed by insertion of an FeFe-hydrogenase mimic and an organic dye into cyclodextrins[J]. Energy Environ Sci，2012，5 (8)：8220-8224.

[35] Li X，Wang M，Chen L，et al. Photocatalytic Water Reduction and Study of the Formation of Fe^{I}Fe^0 Species in Diiron Catalyst Systems[J]. ChemSusChem，2012，5：913-919.

（王　锋　胡俊超）

第 9 章
新型纳米功能涂层

9.1 概　　述

表面工程已成为材料科学的一个重要分支。通过表面涂覆或表面改性,改变固体表面的形态、化学成分、组织结构,可使基体的局部或整个表面的物理和化学性能得到提高,并赋予基体表面新的力学、光学、电磁学、热学和物理化学方面的功能,如提高耐磨性或耐腐蚀性,改善表面的传热性、导电性、电磁屏蔽性、反光性等,提高或降低表面的摩擦系数。涂层的应用不再局限于对材料表面的保护,而是用来防止材料的基体磨损,同时在许多领域如航天、电子、船舶等领域对涂层的性能要求已经从以往的简单防护向多功能化转变。另外,随着材料科学的快速发展,人们对涂层成膜材料的综合性能的要求也越来越高,性能单一的材料已无法满足涂层工业的需求,因此众多研究工作者的重心已从以往的单一材料转向了有机、无机和生物材料互相掺杂的复合材料,并将其较好地应用于涂层工业。

材料中某个相的某一几何尺寸(颗粒度、直径、膜厚、晶粒度)为纳米级时,材料的特性往往会发生突变。由于表面效应、小尺寸效应和量子效应的影响,纳米材料在物理性能、力学性能等方面都出现不同于宏观物质的许多特性,表现为高强高韧、高比热、高热膨胀率、高电导率、高导磁性、高特征频谱吸波性等,成为新世纪科技发展前沿的重要研究领域。可以预见,将纳米材料与表面涂层技术相结合,制备含有纳米粉体的表面复合涂层,可以提高表面技术的改性效果。纳米涂层将为涂层技术带来一场新的技术革命,因此,我国非常重视纳米涂层材料的开发及其在涂层中的应用推广。

纳米涂层要求涂层与基体共同起到结构和功能的作用,为提高涂层性能和赋予其特殊功能开辟了新途径。将纳米材料与表面涂层技术相结合制备复合涂层,有利于扩大纳米材料的应用,同时为涂层技术的进一步改良提供了条件。纳米复合涂层是在表面涂层中添加纳米材料,利用纳米粒子的宏观量子隧道、小尺寸、表面界面、量子尺寸等效应让纳米复合材料具备某些特异性,纳米涂层的实施对象既可以是传统材料基体,也可以是粉末颗粒或纤维。它是近年来国际上纳米材料科学研究的热点之一,主要的研究集中在功能涂层上,包括传统材料表面的涂层、纤维涂层和颗粒涂层。

将纳米材料分散于传统涂料中,得到纳米材料改性涂料。由于纳米材料改性涂料的工艺相对简单、工业可行性好,因此目前的研究工作大多集中在该领域。一方面,纳米材料改性涂料不仅在常规力学性能如附着力、抗冲击性能、柔韧性等方面会得到改善,而且还有可能提高涂料的耐老化、耐腐蚀、抗辐射性能。此外,纳米材料改性涂料还可能具备某些特殊功能,如:自清洁、抗静电、隐身吸波、阻燃等。

9.2　纳米涂层类型

　　根据纳米涂层的组成可将其分为三类:①同成分、不同相或不同种类的纳米粒子复合而成的纳米固体,通常采用原位压块、相转变等方法实现,具有纳米非均匀性结构,也称为聚集型。②纳米粒子分散在常规三维固体中。另外,介孔固体亦可作为复合母体通过物理或化学方法将纳米粒子填充在介孔中,形成介孔复合的纳米复合材料。③把纳米粒子分散到二维的薄膜材料中,它又可分为均匀弥散和非均匀弥散两类,称为纳米复合薄膜材料。对于第②类涂层,通过添加纳米材料,可以获得纳米功能涂层,使传统涂层的功能得到较大改善,技术上无须增加太大的成本,近年来得到迅速发展。

　　纳米涂层就其作用来看,可分为功能涂层和结构涂层。功能涂层是赋予基体所不具备的性能,从而获得传统涂层没有的功能。例如消光、光反射和光选择吸收的光学涂层,导电、绝缘和具有半导体特性的电学涂层以及氧敏、湿敏和气敏的敏感特性涂层等。结构涂层是指超硬和耐磨涂层,抗氧化、耐热和阻燃涂层,耐腐蚀和装饰涂层等。从整个概念而言,纳米结构涂层也属于功能涂层,很难准确地将纳米涂层归属于上述两类中的哪一类。目前人们还是按材料类型分为两大类:一种是纳米粒子在传统有机涂料中分散后形成纳米复合涂料,再喷涂到基体材料上生成涂层,目的是通过添加纳米粒子对传统涂料进行改性,工艺简单,工业上的可行性好,这种涂层被称为有机纳米功能涂层;另一种是完全由无机纳米粒子组成的纳米涂层材料,目的是将纳米涂层涂料直接与固体物件的制备联系在一起,这种涂层被称为无机纳米涂层。这两类是功能性与结构性较强的材料。

9.3　无机纳米涂层制备技术

　　无机纳米涂层的制造方法主要包括气相沉积、各类喷涂(含常温喷涂、火焰喷涂和等离子喷涂等)、镀覆(纳米电刷镀)等多种方法。总的说来,利用现有的涂层技术,根据所要求的性能,添加适当的纳米材料,并对涂层工艺做相应调整,可以获得所需的纳米涂层。

9.3.1　气相沉积

　　采用化学气相沉积(CVD)或物理气相沉积(PVD)法可以在基体表面上形成纳米薄膜或得到纳米涂层。

　　CVD是一种化学气相反应生长法,是通过含有涂层元素的气相反应试剂热分解或相互之间反应,在基体表面形成涂层。图9-1为CVD原理示意图。气相反应按照均相和多相两种方式进行,均相反应的产物一般以粉末的形式存在,而多相反应的结果是形成涂层。在过去的几十年时间里,发展了各种各样的化学反应沉积技术。按照化学反应的参数和方法不同,可将其分为常压 CVD 法、低压 CVD 法、热 CVD 法、等离子 CVD 法、超声波 CVD 法、脉冲 CVD 法、激光 CVD 法和金属有机 CVD 法。CVD 法不仅可以制备氧化物纳米涂层,还能制备氮化物和金属纳米涂层。上述各种 CVD 技术各有所长,根据不同需求,可以选择不同的 CVD 法来制备纳米涂层。

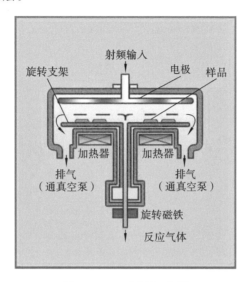

图 9-1　CVD 原理示意图

CVD 法的优点如下:①设备价格相对较低,可进行批量生产和半连续化操作;②可以控制晶体结构和结晶方向;③可以控制镀层的密度和纯度;④可在复杂形状的基体以及颗粒材料表面沉积涂层;⑤涂层均匀,组织细微致密,纯度高,与基体结合牢固。其缺点是涂层制备速度慢、涂层较薄等。

PVD 法包括物质的汽化、升华和急凝三个过程。图 9-2 为 PVD 原理示意图。其特点是可以在非平衡状态下制备在平衡条件下不存在的物质。PVD 纳米涂层的基本方法主要有三种:真空蒸镀、溅射镀和离子镀。真空蒸镀是用电子束加热、激光加热等方式使蒸发源材料蒸发成为粒子(原子或离子),沉积到工件表面形成涂层,涂层气孔相对较多,与基体附着力一般。溅射镀以工件为阳极,靶为阴极,利用氩气电离产生的氩离子的溅射作用将靶材原子击出而沉积在工件表面,涂层气孔较少,与基体结合较好。离子镀是用蒸发、溅射或化学

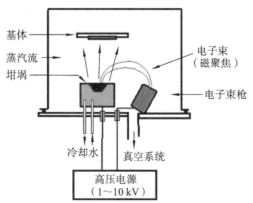

图 9-2　PVD 原理示意图

的方法使材料成为原子并被基体周围的等离子体离化后,在电场作用下以更大的动能飞向基体而形成涂层,这种涂层均匀致密,基本无气孔,与基体结合良好。

为了进一步提高纳米涂层的质量,通过各种技术相结合,发展和衍生出了各种先进的PVD技术。将磁场引入以电场作用为主的溅射技术中,发展了各种磁控溅射技术。为了强化薄膜形成中的化学过程,在蒸发、溅射、离子镀成膜过程中引入活性反应气体,从而涌现出活性反应蒸发技术、活性反应溅射技术与活性反应离子镀技术。此外,还有脉冲激光沉积(PLD)、磁控溅射脉冲激光沉积(MSPLD)、离子化磁控溅射、分子束外延(MBE)、迁移增长等新的制膜技术。可以看出,随着科学技术的发展,CVD和PVD的界限已不甚分明,两者相互渗透,从而使这两种涂层制备技术更加完善。

文献报道采用直流磁控溅射和磁过滤沉积法,在不锈钢基体表面沉积TiN纳米涂层,结果表明,与采用直流磁控溅射法在400 ℃时制备的TiN涂层相比,采用磁过滤沉积在室温下制备的TiN涂层更加致密,表面平滑,耐磨性较好。张溪文等利用普通低压CVD技术在玻璃衬底上制备了大面积的纳米硅薄膜,结果表明,成膜温度对薄膜微结构有很大影响,衬底温度的提高促进了薄膜晶态率的提高和硅晶粒的长大。

9.3.2　纳米热喷涂

热喷涂技术是制备纳米结构涂层较好的技术之一,也是非常有发展前景的技术。热喷涂纳米结构涂层可以是由单一纳米材料组成的涂层体系,也可以是由两种或多种纳米材料构成的复合纳米结构涂层体系,或添加纳米材料的复合涂层体系。从国外文献报道情况看,采用该技术组装纳米结构涂层是非常有效也是非常有发展前景的技术,由此技术组装的纳米结构涂层极有希望成为下一代高性能涂层。纳米热喷涂与普通热喷涂的喂料(即用于喷涂的材料)都是微米级的,但关键区别在于,纳米热喷涂的喂料是由大量纳米颗粒重构后形成的微米级喂料。纳米颗粒不能直接用于热喷涂,主要是因为其尺寸与质量太小,喷涂时可能大量飞散损耗,也容易发生烧结。

纳米热喷涂技术由于具有较强的灵活性和费用上的可行性,有可能很快实现纳米级晶粒材料的工业应用。目前,热喷涂纳米涂层已被美国海军成功应用于船舶、舰艇和失效零件的修复,我国军方及部分科研院所也正在积极进行实验研究,未来几年有可能取得较大的进展。

热喷涂纳米涂层的制备方法可以分为间接热喷涂法和直接热喷涂法。间接热喷涂法是将制备好的纳米粉末通过热喷涂沉积在基体表面或弥散分布于常规涂层中。这是纳米表面工程中用热喷涂工艺制备纳米涂层的最容易想到的方法,因此在这方面的研究很多。直接热喷涂法是利用热喷涂工艺中加热极快、受热时间极短和冷却快的特点,在这种特殊温度变化过程中形成纳米结构的涂层。另外还有采用在热喷涂后进行激光重熔的工艺制备纳米涂层的方法,这种方法也是利用了激光重熔加热、冷却极快的特点。快热快冷的工艺条件可以使非晶态相发生晶化而形成纳米尺度的微晶。此外,根据喷涂原料的形态,热喷涂纳米涂层的制备方法还可分为固体热喷涂和液体热喷涂。根据国内外报道,现有热喷涂技术都可以用于制备纳米结构涂层,如大气等离子喷涂、真空等离子喷涂、高速火焰喷涂、超音速电弧喷涂、等离子喷涂等。

1. 高速火焰喷涂

高速火焰喷涂因其相对较低的工作温度,纳米结构喂料承受相对较短的受热时间,以及形成的纳米结构涂层组织致密、结合强度高、硬度高、孔隙率低、表面粗糙度低等而备受推崇。图 9-3 为高速火焰喷涂原理示意图。有文献报道采用高速火焰喷涂制备出纳米结构的 Co-WC 涂层,从涂层组织中观察到纳米级 WC 微粒散布于非晶态富 Co 相中,WC 颗粒与基相间结合良好;涂层显微硬度明显增加,涂层耐磨性提高。目前,高速火焰喷涂技术被认为是较为理想的制备高温耐磨涂层的技术。Co-WC 系列纳米结构涂层的成功制备将大大拓宽高速火焰喷涂技术在耐磨领域的研究前景。

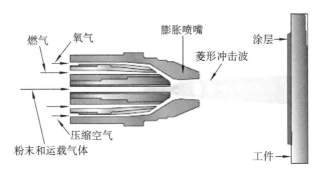

图 9-3 高速火焰喷涂原理示意图

2. 等离子喷涂

等离子喷涂由于具有火焰温度高、射流速度快、冷却速度快、气氛可控等特点,目前已成为一种十分重要的纳米陶瓷涂层制备工艺。图 9-4 为等离子喷涂原理示意图。由于等离子焰流温度已达到使粉料完全熔融的温度,为防止纳米晶粒烧结长大,喷涂过程中必须采取措施,通过优化匹配的喷涂工艺参数来控制纳米粒子的熔化结晶行为。美国 Inframat 公司采用真空等离子喷涂技术制备了 $Al_2O_3\text{-}TiO_2$ 纳米结构涂层。用上述方法制得的纳米结构涂层,在涂层致密度为 95%～98% 时,涂层结合强度、抗磨粒磨损能力均比传统微米级粉末涂层提高了 4 倍左右,显微硬度达到 900～1050 HV,抗热冲击性能也得到显著的改善。

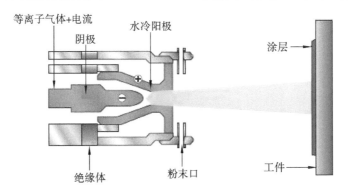

图 9-4 等离子喷涂原理示意图

3. 电弧喷涂

电弧喷涂首先将纳米粉体材料制备成微米级的纳米结构喂料,然后以喂料和其他合金元素为芯、以金属为外皮制备电弧喷涂用粉芯丝材,喷涂后获得纳米结构电弧喷涂层。图 9-5 为电弧喷涂原理示意图。

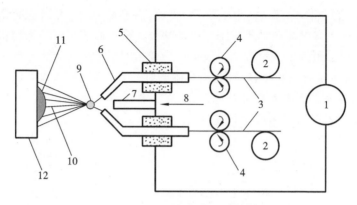

图 9-5 电弧喷涂原理示意图

1—直流电源；2—丝盘；3—金属丝；4—送丝滚轮；5—导电块；6—导电嘴；7—空气喷嘴；
8—压缩空气；9—电弧；10—喷涂粒子流；11—涂层；12—工件

4. 冷喷涂

在很多情况下,热喷涂可以引起相变、部分元素的分解挥发及氧化。冷喷涂技术是相对于热喷涂技术而言,在喷涂过程中粒子以高速（$500\sim1000$ m/s）撞击基体表面,在整个过程中粒子没有熔化,保持固体状态,发生纯塑性变形聚合形成涂层。冷喷涂技术近年来在俄罗斯、美国、德国等都得到了快速的发展。在冷喷涂过程中,由于喷涂温度较低,发生相变的驱动力较小,固体粒子晶粒不易长大,氧化现象很难发生,因而适合于对喷涂温度敏感的材料,如纳米相材料、非晶材料、氧敏感材料（如铜、钛等）、相变敏感材料（如碳化物等）,用传统的喷涂方法喷涂到基体表面会引起其成分、性能与结构的变化,而用冷喷涂将会保留其基本的结构和性质,使纳米涂层的喷涂得以实现。

5. 液体等离子喷涂

液体等离子喷涂是指利用改进的原料输送器,以液体（水或有机溶剂）替代气体作为原料的运输介质,进行等离子喷涂（图 9-6）。与气体相比,液体黏度大,动能传递更加有效,因而对原料大小没有限制,甚至可以喷涂液态先驱体。Wittnann 等将直径为 100 nm 的氧化铝颗粒均匀地分散到乙醇中,形成悬浊液,以液态形式注射到高温等离子体中,成功制备了由平均直径为 1 μm、厚度小于 500 nm 的板条层构成的等离子喷涂纳米涂层。

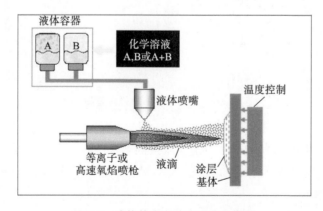

图 9-6 液体等离子喷涂原理示意图

9.3.3 纳米电刷镀

电刷镀是一种在常温和无镀槽条件下，向工件表面快速电沉积金属，达到恢复工件被磨损的尺寸、强化和防护材料表面、延长零件使用寿命的新技术（图 9-7）。将纳米颗粒分散在镀液中使之与金属离子共沉积在基体表面，可以形成纳米复合镀层。由于纳米粒子具有优异的力学性能，复合镀层具有很好的耐磨和耐腐蚀性。

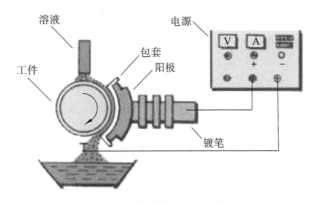

图 9-7 电刷镀原理示意图

纳米粉末在电刷镀液中的稳定悬浮是实现纳米电刷镀的关键。在电刷镀液中加入合适的表面活性剂，利用其润湿和分散作用对纳米粉体表面进行改性，使之与镀液形成稳定的悬浮液。文献研究了不同种类表面活性剂对 TiO_2 纳米颗粒润湿性的影响，结果表明，非极性表面活性剂对降低 TiO_2 纳米颗粒表面能的作用最大。另外，镀液 pH 值对活性剂的润滑效果有很大影响，对于阴离子表面活性剂和非极性表面活性剂，镀液的最佳 pH 值为 4.4～5.5，而加入阳离子表面活性剂的镀液的最佳 pH 值则高于 5.5。徐龙堂等的研究结果有所不同，采用 $PMAA-NH_4$ 作为表面活性剂对 SiC 纳米粉末进行润湿时，水悬浮液的 pH 值在 5～6 和 8～9 时最为稳定。表面活性剂的添加量对 SiC 纳米粉末在镀液中的分散实验的结果表明，无论是哪种表面活性剂，随活性剂含量增加，分散效果得到改善。对纳米粉末采用包覆技术，进行导电化处理，使其参与镀液的电化学过程，将有助于提高它在镀层中的含量和分布的均匀性，从而提高镀层性能。

9.4 新型纳米功能涂层制备技术

纳米功能涂层制备方法是纳米涂层得以应用的基础。一方面应用化学气相沉积（CVD）、物理气相沉积（PVD）等常规表面涂层技术，通过工艺参数来调控涂层的厚度和晶粒尺寸；另一方面开发新的制备方法，如溶胶-凝胶（sol-gel）、自组装、热喷涂等。

1. 电沉积法

电沉积（电镀、化学镀）法是制备纳米功能涂层的有效方法之一。通过在电沉积液中加入纳米结构单元（如纳米颗粒和纳米纤维），在电镀或化学镀的过程中，纳米结构单元在涂层中共析，制备各种金属基纳米复合涂层。该技术具有设备轻便、工艺灵活、沉积速度快、涂层种类多等优点。

2. 粘涂法

将纳米粒子、纳米纤维、纳米棒、纳米管填充到高分子聚合物或涂料中，再涂敷于基体表面，可获得耐磨、抗蚀、绝缘、导电、防辐射、抗菌等优良性能的涂层，将 SiO_2 纳米颗粒加入黏合剂和密封胶中，能使黏接效果和密封性大大提高。将 TiO_2 纳米颗粒添加到涂料中可改善涂料的耐老化性能。

3. 自组装法

自组装膜是让液相中的活性分子通过固液界面的化学吸附或化学反应，在基体上形成化学键连接的、取向紧密排列的二维有序单层或多层膜。通过这种自组装技术形成的有序结构的纳米材料具有独特的电子和光学性能。分子自组装是目前纳米材料研究领域的热点。自组装纳米膜的制备一般是多步骤的，所得产物的结构与反应物和底物的结构有很大关系。纳米自组装膜的制备可分为两种，一种是在自组装过程中用带有活性官能团的有机单体作为交联剂，另一种是在自组装过程中不用有机交联剂。

4. 溶胶-凝胶法

溶胶-凝胶(sol-gel)法作为一种制备材料的湿化学方法，已经有较长的发展历史，起初主要用于无机材料的制备，不过从 20 世纪 80 年代开始，溶胶-凝胶法被用于有机-无机杂化材料的制备，并成为杂化材料制备的一种主要的方法。溶胶-凝胶涂层技术是利用易水解的先驱体(金属醇盐或无机盐)，在某种溶剂中与水发生反应，经水解缩聚形成溶胶，将溶胶涂覆在基体表面，再经干燥、热处理后形成涂层。根据溶胶的制备方法不同，溶胶-凝胶法可分为两种：胶体凝胶法和聚合凝胶法。由于有机材料通常都难以经受 250 ℃ 以上的高温，故杂化材料的制备过程被限制在低温范围内。溶胶-凝胶法在这方面显示出独特的优越性。众多研究者对有机-无机杂化材料的关注使得溶胶-凝胶技术再次成为研究热点。

9.5　纳米增强涂层制备技术

纳米容器封装缓蚀剂制备聚氨酯纳米功能涂层。

9.5.1　实验试剂及仪器

实验试剂及仪器见表 9-1 与表 9-2。

表 9-1　实验试剂

试剂名称	规格	生产厂家
五水合硫酸铜	AR	国药集团化学试剂有限公司
六水合硝酸铈(六水合硝酸亚铈)	AR	国药集团化学试剂有限公司
埃洛石纳米管	AR	国药集团化学试剂有限公司
苯并三氮唑(BTA)	AR	国药集团化学试剂有限公司
氯化钠	AR	国药集团化学试剂有限公司

试剂名称	规格	生产厂家
氢氧化钠	AR	国药集团化学试剂有限公司
硝酸	AR	国药集团化学试剂有限公司
十六烷基三甲基溴化铵(CTAB)	AR	国药集团化学试剂有限公司
正硅酸乙酯(TEOS)	AR	国药集团化学试剂有限公司
水合氨	AR	国药集团化学试剂有限公司
丙酮	AR	国药集团化学试剂有限公司
1,4-丁二胺(BDA)	AR	阿拉丁试剂有限公司
γ-氨丙基三乙氧基硅烷	AR	阿拉丁试剂有限公司

表 9-2 实验仪器

仪器名称	型号	生产厂家
电化学工作站	CS350	武汉科思特仪器有限公司
场发射扫描电子显微镜	Sirion 200	荷兰 FEI 公司
场发射透射电子显微镜	Tecnai G2 F30	荷兰 FEI 公司
热重分析仪(TGA)	Pyris 1	铂金-埃尔默仪器(上海)有限公司
环境扫描电子显微镜	Quanta 200	荷兰 FEI 公司
X 射线衍射仪	XPert PRO	PAN alytical B. V. 公司
X 射线光电子能谱仪	AXIS-ULTRADLD	日本岛津-Kratos 公司
傅里叶变换红外光谱仪	VERTEX 70	Bruker 公司
比表面积与孔径测试仪	Tristar 3000	美国麦克仪器公司
原子发射光谱	Agilent 4100	美国安捷伦科技有限公司
原子力显微镜	SPM-9700	日本岛津公司
电子分析天平	AL104	Mettler Toledo 公司
真空干燥箱	DZF-6020	上海索谱仪器有限公司
循环水式真空泵	SHZ-D(Ⅲ)	巩义市予华仪器有限责任公司
机械搅拌器	JJ-1	金坛市荣华仪器制造有限公司
离心分离机	HC-3514	安徽中科中佳科学仪器有限公司
气氛烧结炉	YQ 1400 ℃	上海勇倾实验仪器有限公司
紫外可见光分光光度计	Lambda 35	美国 PerkinElmer 公司
喷漆枪	W-71S	宁波李氏实业有限公司
盐雾箱	BX-90B	上海岛韩实业有限公司
涂层测厚仪	415F/N	英国 Elcometer 公司

9.5.2　实验步骤

1. 埃洛石纳米管(HNTs)的制备

HNTs 的前处理过程:取一定量的 HNTs,800 ℃下于气氛烧结炉中煅烧 5 h,再将其超声分散于 200 mL 0.1 mol · L^{-1}的 HCl 溶液中,混合均匀,60 ℃下进行磁力搅拌 12 h,充分过滤后于真空干燥箱中 60 ℃烘干,得到的产品为经刻蚀后孔径增大的 HNTs。

缓蚀剂 Ce^{3+}的封装:用分析天平称取 2 g 预处理后的 HNTs,将其与 200 mL 0.1 mol · L^{-1}的 Ce(NO$_3$)$_3$溶液充分混合,超声 30 min,抽真空 30 min(重复 3 次),室温下搅拌 24 h,于真空干燥箱中 60 ℃烘干,产品命名为 HNTs+Ce。

封端膜的包裹:配制一定量的 40 mmol · L^{-1}的 BTA 溶液及 20 mmol/L 的 CuSO$_4$溶液,依次将 HNTs+Ce 淋洗 10 s,离心分离,于真空干燥箱中 60 ℃烘干,产品命名为 f-HNTs+Ce。如图 9-8 所示的缓蚀剂 Ce^{3+}的封装及 BTA-Cu^{2+}封端膜的形成过程,可以看出形成的配合膜交叉表面存在孔洞,缓蚀剂 Ce^{3+}正是以浓度差作为牵引力通过孔洞进行释放的。

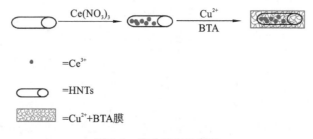

$\bullet$ = Ce^{3+}

= HNTs

= Cu^{2+}+BTA膜

图 9-8　实验原理示意图

2. 表征方法

HNTs 功能化前后的尺寸及形貌由场发射透射电子显微镜(TEM)进行表征。对 HNTs 和介孔 SiO$_2$功能化前后的介孔结构采用 X 射线衍射仪(XRD)进行表征。通过比表面积与孔径测试仪(BET)测量 N$_2$吸附-脱附等温曲线并计算比表面积、孔容及孔径分布。傅里叶变换红外光谱仪(FTIR)用来定性分析修饰前后 HNTs 的结构及官能团,测试范围为 400～4000 cm^{-1},采用 KBr 进行压片。通过热重分析仪(TGA),在 N$_2$的氛围中,以 20 ℃ · min^{-1}的升温速率研究物质的热稳定性和组分。

3. Ce^{3+}的释放测试

Ce^{3+}的释放测试以三种不同的形式进行:①在去离子水中释放;②封装于 HNTs 中直接释放;③封装于用 BTA-Cu^{2+}封端后的 HNTs 中进行释放。

首先取 8.68 g(0.02 mol)Ce(NO$_3$)$_3$ · 6H$_2$O 溶于去离子水中,每间隔 1 min,用原子发射光谱检测溶液中 Ce^{3+}的浓度。然后分别取 1 g HNTs+Ce,f-HNTs+Ce 置于 50 mL 的去离子水中,每间隔 10 h,离心,取上清液,用原子发射光谱检测溶液中 Ce^{3+}的量,然后再重新添加 50 mL 的去离子水,重复上述操作,对应的浓度分别为 c_1,c_2 ··· c_x。计算 n_x(某一时间释放的 Ce^{3+}的物质的量),$n_x = (c_x + c_{x-1} + \cdots + c_1) \times 50 \times 10^{-3}$。其中 Ce 的最大封装量 c_0 是通过分别将 HNTs+Ce、f-HNTs+Ce 超声 2～3 h 后经原子发射光谱直接测量而得。最大封装量分别为

35.4 mg/g、33.1 mg/g(可能是由于 HNTs＋Ce 在封端过程中损失了一部分 Ce)。

$$Ce 的封装量 = \frac{Ce 的释放总量}{HNTs＋Ce 的质量}$$

4. 铝合金预处理

将切割好的 40 mm×30 mm×3 mm 的 AA2024 铝合金清洗后经砂纸逐级打磨,清洗干净,冷风吹干保存备用。40 ℃下于质量分数为 2％的 NaOH 溶液中浸泡 3 min,去离子水冲洗,再在室温下于 4.33 mol・L^{-1} 的 HNO_3 溶液中浸泡 30 s,冲洗,冷风吹干。

5. HNTs/PU 系列纳米功能涂层的制备及分析

分别将 HNTs、f-HNTs＋Ce 以质量分数为 1％的量掺杂入聚氨酯(PU)清漆,用机械搅拌器搅拌均匀,然后进行超声分散,从而制得复合涂料,分别命名为 PU＋H、PU＋fH。通过刷子均匀地刷涂在 AA2024 铝合金(Cu:3.8％～4.9％,Si:0.50％,Fe:0.50％,Mn:0.30％～1.0％,Mg:1.2％～1.8％,Cr:0.10％,Zn:0.25％,其他)基体上。由涂层测厚仪测试漆膜厚度为(80±5) μm。将试样分别进行 60 ℃下加速腐蚀实验、划叉实验、中性盐雾,实验并对试样进行电化学阻抗测试。以质量分数为 3.5％的 NaCl 溶液作为电解质,饱和甘汞电极作为参比电极,铂电极作为辅助电极,分别以涂覆有聚氨酯清漆(PU)、掺杂 HNTs 的聚氨酯清漆(PU＋H)及掺杂封装 Ce^{3+} 的可控释放 HNTs 的聚氨酯清漆(PU＋fH)的铝合金板材作为工作电极。测试的频率范围:$1×10^{5}$～$1×10^{-2}$ Hz;工作面积:1 cm^{2};交流幅值:20 mV。

实验结束后,通过 SPM-9700 原子力显微镜(AFM)及 Sirion 200 型场发射扫描电子显微镜(SEM)观测腐蚀后涂层的形貌及微观结构。

9.5.3 结果与讨论

1. 形貌与结构表征

(1) TEM 表征。

由图 9-9(a)、图 9-9(b)、图 9-9(c)可以看出,HNTs 存在明显的中空棒状结构,有着不同的形貌,长短不一,粗细不均。由图 9-9(d)、图 9-9(e)可以看出,f-HNTs＋Ce 的 HNTs 外表面存在一层膜,尤其管口处已被膜封堵住。该膜就是 BTA 和 Cu^{2+} 形成的配合膜,表明封端膜已经形成并起到了封堵作用。

(2) XRD 表征。

XRD 揭示了 HNTs 的衍射峰从而对其晶体结构进行测定。由图 9-10(a)可以看出,在 2θ＝12.08°、19.02°、24.79°、35.02°、54.52°、62.36°处,HNTs 均有较明显的衍射峰,尤其在(100)、(110)、(003)、(210)、(300)晶面处。由图 9-10(b)可以看出,HNTs＋Ce 及 f-HNTs＋Ce 的衍射峰的横坐标没有发生明显的变化,表明封装 Ce 及用 BTA＋Cu^{2+} 封端前后 HNTs 的晶型没有受到影响,但衍射峰的强度大为减弱,有的甚至消失了。这是由于 Ce 封装于 HNTs 内腔,同时 BTA＋Cu^{2+} 形成的封端膜覆盖了 HNTs 的表面。

(3) BET 表征。

图 9-11 为 HNTs 及 HNTs＋Ce 的 N_2 吸附-脱附曲线,可见均有明显的回滞环。表 9-3 显示,封装 Ce^{3+} 前后,比表面积由 77.98 $m^2・g^{-1}$ 降低为 58.47 $m^2・g^{-1}$,孔径由 20.14 nm 降低为 18.97 nm,同时孔容由 0.31 $cm^3・g^{-1}$ 降低为 0.27 $cm^3・g^{-1}$,所有参数均有一定程度的降低,表明 Ce^{3+} 已被成功封装在 HNTs 的内腔中。

图 9-9　HNTs 及 f-HNTs＋Ce 的 TEM 图

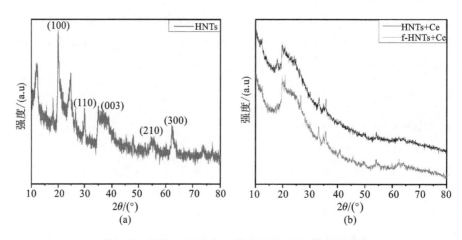

图 9-10　HNTs，HNTs＋Ce 及 f-HNTs＋Ce 的 XRD 图

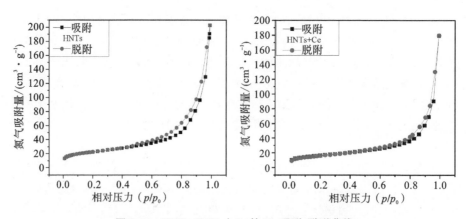

图 9-11　HNTs、HNTs＋Ce 的 N₂ 吸附-脱附曲线

表 9-3　HNTs、HNTs＋Ce 的 N₂ 吸附-脱附曲线的特征参数

样品	比表面积/(m² · g⁻¹)	孔径/nm	孔容/(cm³ · g⁻¹)
HNTs	77.98	20.14	0.31
HNTs＋Ce	58.47	18.97	0.27

（4）FTIR 表征。

由图 9-12 的 FTIR 曲线可知,所有样品均存在 3692.1 cm⁻¹、3618.6 cm⁻¹ 及 911.7 cm⁻¹ 的吸收峰,分别对应 Al₂—OH 的伸展振动及其弯曲振动。而 1030.7 cm⁻¹ 处的很强的吸收峰则对应 Si—O—Si 的伸展振动。其中,HNTs＋Ce 在 1384.48 cm⁻¹ 处存在一个新的吸收峰,据考察为硝酸盐的吸收峰,表明 Ce(NO₃)₃ 被成功封装在 HNTs 内。而用 Cu²⁺ 及 BTA 封端后的 f-HNTs＋Ce,在 1384.48 cm⁻¹ 处的峰消失了,表明 HNTs 的端口成功被 BTA 及 Cu²⁺ 形成的配合膜封堵住,即封端膜形成了,对 Ce(NO₃)₃ 起到了阻隔作用,防止其泄漏。

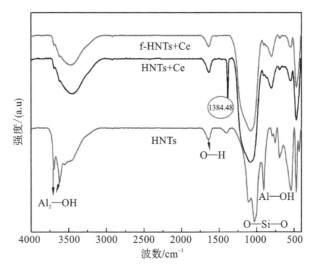

图 9-12　HNTs,HNTs＋Ce 及 f-HNTs＋Ce 的 FTIR 图

（5）TGA 表征。

由图 9-13 的 TGA 曲线可知,HNTs、HNTs＋Ce 及 f-HNTs＋Ce 在 50～120 ℃ 的失重现象对应各物质的脱水现象。其中,相比较于 HNTs,HNTs＋Ce 在 450 ℃ 左右的失重极为明显,此时对应封装于 HNTs 中的无机盐 Ce(NO₃)₃ 经煅烧后发生了分解,形成了 CeO₂。而 f-HNTs＋Ce 在整个煅烧过程中并无明显失重现象,这是由于 Cu²⁺ 和 BTA 形成的配合膜将 HNTs＋Ce 完好包裹起来。BTA 在 120～300 ℃ 发生降解,而 f-HNTs＋Ce 的曲线在此温度范围内并未发生明显的失重现象,表明其表面并不存在自由的 BTA,BTA 和 Cu²⁺ 形成了良好的配合膜。

2. 缓蚀剂释放动力学

由表 9-4、表 9-5 可看出,Ce³⁺ 在去离子水中 20 min 左右全部释放完成。对于 HNTs＋ Ce,10 h 时 Ce³⁺ 释放了 52%,完全释放的时间延长至 80 h 左右,而对于 f-HNTs＋Ce 而言, 80 h 时 Ce³⁺ 也只释放了 20% 左右。这是由于 BTA-Cu²⁺ 在 HNTs 表面形成了一层有孔配

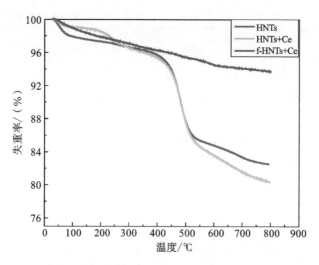

图 9-13 HNTs，HNTs＋Ce 及 f-HNTs＋Ce 的 TGA 图

合膜将 HNTs 的管口进行了封堵。同时通过调节 BTA 及 Cu^{2+} 的浓度来控制这层网状交联膜表面的孔洞的大小。HNTs 具有离子交换特性，由于内外 Ce^{3+} 存在浓度梯度，以浓度差作为牵引力，使 Ce^{3+} 通过膜上的孔洞释放。扩散路径长，释放比较慢。

表 9-4 Ce^{3+} 在去离子水中释放测试的参数

t/min	n/mol	W/(%)
0	0	0
1	4.40×10^{-3}	22
3	7.00×10^{-3}	35
5	9.20×10^{-3}	46
7	1.08×10^{-2}	54
9	1.26×10^{-2}	63
11	1.52×10^{-2}	76
13	1.64×10^{-2}	82
15	1.80×10^{-2}	90
17	1.88×10^{-2}	94
19	1.96×10^{-2}	98
20	2.00×10^{-2}	100

表 9-5 Ce^{3+} 分别从 HNTs＋Ce 及 f-HNTs＋Ce 中释放测试的参数

t/h	HNTs＋Ce		f-HNTs＋Ce	
	n/mol	W/(%)	n/mol	W/(%)
0	0	0	0	0
10	1.31×10^{-4}	52	7.09×10^{-6}	3

续表

t/h	HNTs+Ce		f-HNTs+Ce	
	n/mol	W/(%)	n/mol	W/(%)
20	1.64×10^{-4}	65	1.89×10^{-5}	8
30	1.92×10^{-4}	76	2.36×10^{-5}	10
40	2.12×10^{-4}	84	2.83×10^{-5}	12
50	2.27×10^{-4}	90	3.54×10^{-5}	15
60	2.37×10^{-4}	94	4.02×10^{-5}	17
70	2.45×10^{-4}	97	4.72×10^{-5}	20
80	2.48×10^{-4}	98	4.96×10^{-5}	21

由图 9-14 中不同释放路径的释放曲线可以明显看出,在前 10 h 的时间内,三者的释放速率都很大。10 h 后,Ce^{3+} 从 HNTs+Ce 及 f-HNTs+Ce 中的释放则较为缓慢,最后达到一个释放平台。对释放曲线进行拟合,可建立近似 Ce^{3+} 的释放动力学方程:$c = c_{t \to \infty}(1 - e^{-kt})$,其中 $c_{t \to \infty}$ 表示在无限时间内释放的 Ce^{3+} 的量,k 表示释放的速率常数,经拟合为 0.0098。对于 Ce^{3+} 在去离子水中的释放研究,20 min 左右全部释放完成。而对于 Ce^{3+} 分别从 HNTs+Ce 及 f-HNTs+Ce 中的释放情况,前期释放得比较快,后期释放得比较缓慢,可能的原因:最初释放的是吸附在 HNTs 纳米粒子表面的 Ce^{3+},由于扩散途径短,所以释放速度较快;后期释放的则是封装在 HNTs 内腔中的 Ce^{3+},由于扩散路径长,释放较慢。

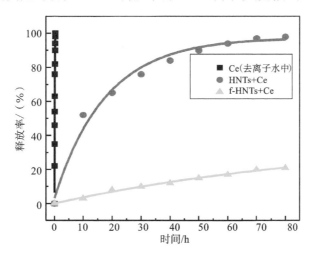

图 9-14 Ce^{3+} 在去离子水中及分别从 HNTs+Ce 及 f-HNTs+Ce 中释放的量随时间的变化曲线

3. 盐水浸泡实验

将涂覆不同涂层的铝合金试样在 60 ℃下浸泡于质量分数为 3.5% 的 NaCl 溶液中进行加速腐蚀实验。定时对不同试样进行电化学阻抗(EIS)测量,结果如图 9-15 所示。图 9-15(d)为相应的等效电路图,对于完好涂层可以选择等效电路(1)。如果涂层出现损伤,导致铝合金基体出现腐蚀,一般采用等效电路(2)进行曲线拟合。其中,R_s 为溶液电阻,R_f 为涂层电阻,C_f 为涂层电容,R_{ct} 为金属/涂层界面电化学反应电阻,C_{dl} 为腐蚀介质/金属界面电容。

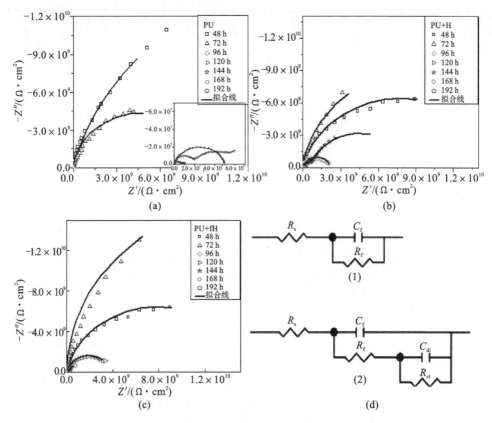

图 9-15 PU，PU＋H 及 PU＋fH 在 60 ℃下 3.5%的
NaCl 溶液中浸泡不同时间的 EIS 图

为了检测涂层掺杂前后的腐蚀性能，对浸泡不同时间的不同试样进行了 EIS 测试，其中频率范围在 $10^4 \sim 10^5$ Hz 的高频区 $|Z|$ 代表涂层电阻（R_f）。由图9-15及图 9-16(a)结合表 9-6 可见，对于 PU 而言，R_f 由最初的 3.09×10^{10} $\Omega \cdot cm^2$（48 h）逐渐降低到 2.37×10^4 $\Omega \cdot cm^2$（192 h）。对于 PU＋H 而言，R_f 由最初的 2.07×10^{10} $\Omega \cdot cm^2$（48 h）逐渐降低到 1.86×10^6 $\Omega \cdot cm^2$（192 h）。然而，对于 PU＋fH 而言，R_f 由最初的 5.66×10^{10} $\Omega \cdot cm^2$（48 h）降到 1.31×10^8 $\Omega \cdot cm^2$（144 h），然后逐渐升高到 9.10×10^8 $\Omega \cdot cm^2$（192 h）。可以明显看出，掺杂 f-HNTs＋Ce 的聚氨酯涂层的耐蚀性能最优，并且在整个过程中它的阻抗先降低后升高，这是由于在腐蚀过程初期涂层受损，阻抗降低；随着腐蚀的不断进行，腐蚀介质透过涂层接触到金属基体后，由于浓度差的存在，缓蚀剂 Ce^{3+} 得以释放，在阴极区形成沉积物 $Ce(OH)_3$ 或 CeO_2。这些沉积物由于物理阻隔的特性起到保护阴极的作用，从而使阻抗得到一定的提高。

由图 9-17(b)可以看出，随着时间的延长，PU 及 PU＋H 的 C_f 一直增大，表明随着 NaCl 溶液通过涂层孔洞及缺陷逐步渗入涂层内部，涂层电容逐步增加。而对于 PU＋fH 样品，其 C_f 先增大，144 h 后减小，这是由于释放的 Ce^{3+} 在阴极区形成沉积物$Ce(OH)_3$或进一步形成 CeO_2，堵塞了涂层中的微孔，使溶液的渗透得到暂时的缓解。

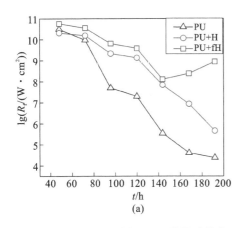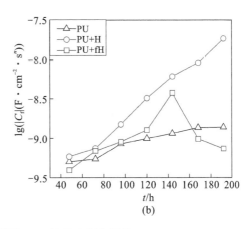

图 9-16　涂层试样在 3.5% 的 NaCl 溶液中浸泡后的

$R_f(a)$, $C_f(b)$ 随时间的变化曲线

表 9-6　PU,PU+H 及 PU+fH 在 60 ℃下 3.5% 的 NaCl 溶液中浸泡不同时间的 EIS 参数

浸泡样品	时间/h	$CPE_c/(F \cdot cm^{-2} \cdot s^n)$	$R_f/(\Omega \cdot cm^2)$	$CPE_{ct}/(F \cdot cm^{-2} \cdot s^n)$	$R_{ct}/(\Omega \cdot cm^2)$
PU	48	5.03×10^{-10}	3.09×10^{10}		
	72	5.43×10^{-10}	9.60×10^{9}		
	96	8.49×10^{-10}	4.98×10^{7}		
	120	9.92×10^{-10}	1.96×10^{7}	9.63×10^{-8}	3.98×10^{7}
	144	1.15×10^{-9}	3.53×10^{5}	8.13×10^{-6}	9.75×10^{4}
	168	1.36×10^{-9}	4.05×10^{4}	8.92×10^{-5}	3.78×10^{3}
	192	1.38×10^{-9}	2.37×10^{4}	1.03×10^{-3}	1.56×10^{4}
PU+H	48	5.84×10^{-10}	2.07×10^{10}		
	72	7.46×10^{-10}	1.58×10^{10}		
	96	1.50×10^{-9}	2.18×10^{9}		
	120	3.23×10^{-9}	1.37×10^{9}		
	144	6.08×10^{-9}	6.96×10^{7}	9.63×10^{-8}	2.04×10^{8}
	168	9.06×10^{-9}	8.79×10^{6}	2.24×10^{-6}	8.39×10^{7}
	192	1.84×10^{-8}	1.85×10^{6}		
PU+fH	48	3.93×10^{-10}	5.65×10^{10}		
	72	6.89×10^{-10}	3.50×10^{10}		
	96	9.00×10^{-10}	6.52×10^{9}		
	120	1.27×10^{-9}	3.82×10^{9}		
	144	3.74×10^{-9}	1.31×10^{8}		
	168	9.82×10^{-10}	2.48×10^{8}	1.56×10^{-8}	1.48×10^{9}
	192	7.34×10^{-10}	9.10×10^{8}	9.55×10^{-10}	7.51×10^{9}

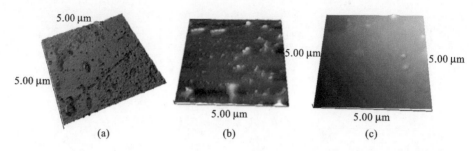

图 9-17 PU,PU＋H,PU＋fH 于 60 ℃ 在 3.5% 的 NaCl 溶液浸泡 192 h 后的 AFM 图

由图 9-17 可看出,浸泡 192 h 后,PU 的腐蚀情况非常严重,表面有大量明显的腐蚀坑形成,其平均粗糙度及均方粗糙度分别为 $R_a＝21.35$ nm,$R_q＝24.01$ nm。相比较而言,PU＋H 的表面较为平整,但也存在大量的腐蚀产物堆积,其平均粗糙度及均方粗糙度分别为 $R_a＝7.99$ nm,$R_q＝12.41$ nm,表明掺杂 HNTs 后涂层的耐蚀性有所提高。由图可知,PU＋fH 的表面除存在少量的腐蚀产物外,整个表面非常平整,其平均粗糙度及均方粗糙度分别为 $R_a＝3.26$ nm,$R_q＝4.41$ nm,表明缓蚀剂 Ce^{3+} 的存在明显提高了涂层的耐蚀性能。

4. 中性盐雾测试

由图 9-18 和图 9-19(a)结合表 9-7 可以明显看出,对于 PU 及 PU＋H 而言,R_f 在整个

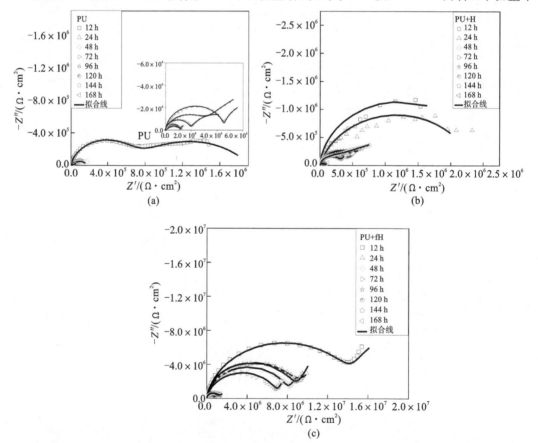

图 9-18 PU,PU＋H 及 PU＋fH 的盐雾划叉实验在不同时间的 EIS 图

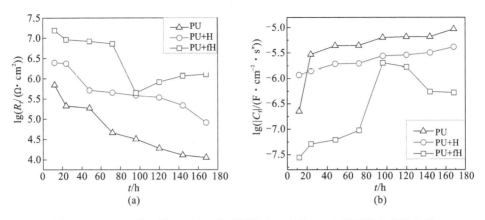

图 9-19 PU,PU＋H 及 PU＋fH 盐雾划叉实验中的 R_f,C_f 随时间的变化曲线

盐雾过程中逐渐降低,分别从最初的 $7.03\times10^5\ \Omega\cdot cm^2$(12 h)、$2.46\times10^6\ \Omega\cdot cm^2$(12 h)降到 $1.13\times10^4\ \Omega\cdot cm^2$(168 h)、$8.17\times10^4\ \Omega\cdot cm^2$(168 h),表明整个过程中腐蚀在持续进行。相比较而言,PU＋H 的涂层抗腐蚀能力较强,表明 HNTs 加入后聚氨酯涂层的抗蚀能力有所提高。对于 PU＋fH 而言,整个过程中 R_f 先由 $1.53\times10^7\ \Omega\cdot cm^2$(12 h)降到 $4.41\times10^5\ \Omega\cdot cm^2$(96 h),然后增加至 $1.26\times10^6\ \Omega\cdot cm^2$(168 h)。这归结于沉积物 $Ce(OH)_3$ 和 CeO_2 的物理阻隔作用。

表 9-7 PU,PU＋H 及 PU＋fH 在盐雾划叉实验中进行不同时间的 EIS 参数

划叉试样	时间/h	$CPE_c/(F\cdot cm^{-2}\cdot s^n)$	$R_f/(\Omega\cdot cm^2)$	$CPE_{ct}/(F\cdot cm^{-2}\cdot s^n)$	$R_{ct}/(\Omega\cdot cm^2)$
PU	12	2.25×10^{-7}	7.03×10^5	2.25×10^{-7}	1.23×10^6
	24	2.95×10^{-6}	2.10×10^5		
	48	4.38×10^{-6}	1.85×10^5		
	72	4.41×10^{-6}	4.60×10^4	5.97×10^{-4}	5.14×10^4
	96	6.33×10^{-6}	3.21×10^4	1.53×10^{-4}	1.53×10^5
	120	6.52×10^{-6}	1.90×10^4	1.71×10^{-4}	4.15×10^4
	144	6.55×10^{-6}	1.29×10^4		
	168	9.31×10^{-6}	1.13×10^4	2.61×10^{-3}	1.22×10^4
PU＋H	12	1.16×10^{-6}	2.46×10^6		
	24	1.39×10^{-6}	2.35×10^6		
	48	1.93×10^{-6}	5.16×10^5	3.17×10^{-5}	1.18×10^6
	72	1.96×10^{-6}	4.51×10^5	5.02×10^{-5}	3.77×10^6
	96	2.76×10^{-6}	3.80×10^5	5.60×10^{-6}	2.12×10^7
	120	2.88×10^{-6}	3.41×10^5	6.21×10^{-5}	1.39×10^6
	144	3.21×10^{-6}	2.16×10^5	4.01×10^{-6}	2.80×10^6
	168	4.13×10^{-6}	8.17×10^4	1.44×10^{-4}	1.29×10^5
PU＋fH	12	2.76×10^{-8}	1.53×10^7	1.33×10^{-6}	1.73×10^7
	24	5.09×10^{-8}	9.01×10^6	3.05×10^{-6}	1.59×10^7

续表

划叉试样	时间/h	$CPE_c/(F \cdot cm^{-2} \cdot s^n)$	$R_f/(\Omega \cdot cm^2)$	$CPE_{ct}/(F \cdot cm^{-2} \cdot s^n)$	$R_{ct}/(\Omega \cdot cm^2)$
PU+fH	48	6.17×10^{-8}	8.26×10^6	4.95×10^{-6}	1.36×10^7
	72	9.42×10^{-8}	7.16×10^6	7.84×10^{-6}	1.07×10^7
	96	2.01×10^{-6}	4.41×10^5	1.66×10^{-4}	6.97×10^5
	120	1.67×10^{-6}	8.21×10^5	4.09×10^{-5}	9.36×10^5
	144	5.45×10^{-7}	1.16×10^6	1.31×10^{-5}	1.21×10^6
	168	5.20×10^{-7}	1.26×10^6	1.32×10^{-5}	1.60×10^6

由图 9-19(b)可以看出,随着时间的延长,PU 及 PU+H 的涂层电容$|C_f|$逐渐增大,表明 NaCl 液滴和水分向涂层内部渗透,增加了涂层的含水率。而 PU+fH 的$|C_f|$先增大,这是由于 NaCl 液滴渗入到涂层内部;随后 96～168 h,$|C_f|$降低,这是由于沉积物 $Ce(OH)_3$ 和 CeO_2 的形成,在阴极区形成保护作用抑制了腐蚀的进一步发生,提高了涂层的防护能力。

5. 涂层损伤自修复机理

图 9-20 显示了涂层划叉区的剥离情况,可以看出,盐雾划叉实验 168 h 后,PU 的腐蚀已严重到沿着划叉处扩散到周围。同时,PU+H 的腐蚀也很严重,在划叉处有明显的腐蚀产物堆积。相比较而言,PU+fH 在划叉处的腐蚀程度明显降低,表明经封端后装载有缓蚀剂 Ce^{3+} 的 HNTs 在缓慢释放 Ce^{3+} 的过程中明显提高了涂层的抗蚀能力并赋予其一定程度的自修复能力。

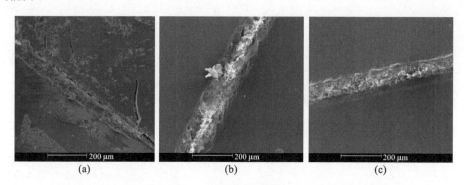

图 9-20 PU,PU+H 及 PU+fH 划叉后盐雾实验 168 h 的 SEM 图

当腐蚀介质渗透到铝合金基体后,微阴极和微阳极区的形成使得腐蚀进一步发生,具体的腐蚀过程如下:

阳极: $$Al + nH_2O \longrightarrow Al(OH)_n^{(3-n)+} + nH^+ + 3e^- \tag{1}$$

阴极: $$O_2 + 2H_2O + 4e^- \longrightarrow 4OH^- \tag{2}$$

$$2H_2O + 2e^- \longrightarrow 2OH^- + H_2 \tag{3}$$

当接触到腐蚀电解液后,Ce^{3+} 以浓度差作为牵引力通过扩散从封端后的 HNTs 表面封端膜的孔洞中释放出来,发生如下反应:

$$Ce^{3+} + 3OH^- \longrightarrow Ce(OH)_3 \downarrow \tag{4}$$

$$2Ce(OH)_3 + 2OH^- \longrightarrow 2CeO_2 + 4H_2O + 2e^- \tag{5}$$

如图 9-21 所示,将封装 Ce^{3+} 的缓释型 HNTs 均匀地分散于聚氨酯(PU)涂层中,一旦涂层受到破损,腐蚀性溶液渗入涂层接触铝合金基体,缓蚀剂 Ce^{3+} 由于存在浓度梯度,以浓度差作为牵引力,经扩散作用得以释放。Ce^{3+} 从 HNTs 管腔中经由表面配合膜存在的孔洞释放至涂层中,于破损处的腐蚀阴极区进一步形成 $Ce(OH)_3$ 和 CeO_2 不溶物,沉积于破损处的铝合金基体表面,形成一层沉淀膜,使涂层的破损处得到暂时的修复作用,同时,由于其对腐蚀介质有一定的物理阻隔作用,从而对腐蚀起到一定的抑制作用。

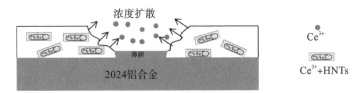

图 9-21 掺杂经封端后的装载有 Ce^{3+} 的 HNTs 涂层自修复机理图

9.5.4 结论

通过 Cu^{2+} 和 BTA 形成配合膜作为封孔剂,包裹封装有缓蚀剂 Ce^{3+} 的 HNTs,制备了一种可控缓释放的智能纳米容器,依次通过场发射透射电子显微镜(TEM)、热重分析仪(TGA)、X 射线衍射仪(XRD)、傅里叶变换红外光谱仪(FTIR)及比表面积与孔径测试仪(BET)对其进行性能表征。分析表明:该棒状结构纳米容器的比表面积,孔径及孔容分别为 $58.47\ m^2 \cdot g^{-1}$,$18.97\ nm$,$0.27\ cm^3 \cdot g^{-1}$。HNTs+Ce,f-HNTs+Ce 对 Ce^{3+} 的最大封装量分别为 $0.31\ mg \cdot g^{-1}$,$0.28\ mg \cdot g^{-1}$。通过原子发射光谱研究 Ce^{3+} 的释放性能,结果表明:80 h 时,Ce^{3+} 从该纳米容器中只释放了 21%,大大延缓了缓蚀剂的释放速度。释放曲线的动力学方程近似为 $c = c_{t \to \infty}(1 - e^{-kt})$($c_{t \to \infty}$ 表示在无限时间内释放的 Ce^{3+} 的量,k 为 0.0098,表示释放的速率常数)。

将其掺杂入聚氨酯清漆中,通过加速腐蚀实验(60 ℃的 3.5% NaCl 溶液浸泡及中性盐雾实验),经 EIS 测试结果表明:添加该纳米容器使聚氨酯清漆阻抗降至 $1\ M\Omega \cdot cm^2$ 的衰减时间约从 20 h 延长到 100 h,即抗蚀能力提高了大约 5 倍。同时 SEM 及 AFM 测试表明,掺杂该智能纳米容器促进了涂层表面机械损伤的愈合,制得的聚氨酯纳米功能涂层具有自修复能力。

9.6 碳纳米管增强聚氨酯涂层

9.6.1 引言

聚氨酯(PU)涂层由于自身较低的价格和对腐蚀环境中有效的屏蔽作用而被广泛应用在腐蚀防护中。然而,长时间的腐蚀环境叠加影响,如紫外、海水、氧、温度等,会导致涂层系统的老化,引起侵蚀离子的渗入和涂层链段的断裂,降低其对金属基质的防护性能。为了提高涂层的服役寿命,就需要提高涂层耐综合老化环境的能力。

很多学者为了提高有机涂层的耐蚀能力、自身结合强度或其他物理化学性能,在涂层中添加不同的防腐蚀颜料。这些颜料主要分为有机、无机和复合颜料。此外,碳纳米材料作为提高涂层性能的添加料的研究最为广泛,主要包括碳纳米管(CNTs)、石墨烯。而碳纳米管作为一种准一维材料,具有中空结构、高比表面积、高热性能、机械稳定性能、导电性和化学惰性,这些性质使其成为理想的提高涂层性能的填充颜料。Park 等研究了多壁碳纳米管(MWCNTs)对环氧涂层的疏水性和水传递的影响,提出由于 MWCNTs 高表面疏水性,添加高含量的 MWCNTs 可以降低涂层水的渗透量。Wernik 等考察了添加质量分数为0.5%～3%的 CNTs 对环氧涂层机械性能的影响,发现添加量在 1%～1.5%时,可明显提高涂层的机械性能。Asmatulu 等发现 MWCNTs 可以降低聚合物涂层的 UV 老化,减少涂层表面缺陷。

对于 CNTs 改性聚合物涂层,早期普遍采用物理混合法,但是由于 CNTs 自身的化学惰性和高表面能,其很容易团聚,在聚合物基质中分散性差。为了解决这个问题,一些研究者将 CNTs 表面官能化以提高其均匀分散性。Subramanian 等研究了 MWCNTs 和聚多巴胺(PDA)的协同作用,发现 PDA 可以增强涂层和基质的界面黏合力。Cui 等使用聚 2-丁基苯胺作为 MWCNTs 的分散剂,通过非共价键官能化 MWCNTs 表面增强环氧涂层的耐蚀性和摩擦性能。Ma 等发现氨基官能化的 CNTs 比纯 CNTs 在环氧基质中有更好的分散性和润湿性。

然而,对 CNTs 增强涂层性能的研究通常是经过中性盐水浸泡实验,而忽视了综合环境的叠加对涂层总体性能的影响,因为对于航空涂层,通常会遭受多种条件的影响,如 UV 辐射、盐雾、高低温等。但目前并没有有效、系统的数据来考察 CNTs 作为耐蚀颜料对涂层在综合加速环境下的总体性能影响。

本章采用 PDA 包覆 CNTs,使其表面富有—OH 和—NH$_2$ 基团,可以与 PU 涂层中的有机骨架化学连接。通过盐雾—紫外—中性盐水浸泡循环老化实验,研究 CNTs 和 PDA/CNTs 对 PU 涂层耐蚀性能及黏附力的影响。

9.6.2 实验

1. 改性 CNTs 的制备

将 100 mg CNTs 分散在 50 mL 乙醇和 40 mL 蒸馏水的混合溶液中,超声 40 min,然后加入 400 mg DA,机械搅拌 5 min。再将 300 mg Tris 溶解到 100 mL 蒸馏水中并添加到上述混合液,室温机械搅拌 24 h,然后对其离心处理,蒸馏水洗涤,最后在真空干燥箱 50 ℃ 干燥 24 h,制得 PDA 包裹的 CNTs。采用同样的方法单独制备 PDA。

2. 改性 CNTs 的表征

采用 TEM 对 CNTs 和 PDA/CNTs 进行微观形貌对比,由 FTIR 和 Raman 研究 CNTs 表面包裹的 PDA 化学结构,并用 TGA 研究了 PDA 在 CNTs 表面的包裹量。采用荷兰 FEI 公司生产 Tecnai G2F30 型透射电镜,200 kV 分析电镜,LeB6 灯丝,样品最大倾角为±45°,分辨率为 0.248 nm(点)、0.144 nm(线)。测试样品微观形貌。使用德国 Bruker 公司 VERTEX 70 型红外光谱仪,并应用衰减漫反射(attenuated total reflectance,ATR)配件,波数范围为 600～4000 cm^{-1},分辨率为 8 cm^{-1}。通过 ATR-FTIR 可以确定涂层在老化过程中官能团变化情况。使用法国 Horiba JobinYvon 公司 LabRAM HR800 型激光共焦拉曼光谱仪(CRM)。激光器 Nd-YAG,激发光波长为 532 nm,50 mW,聚焦光斑为 1 m,测试范围为 400～4000 cm^{-1}。采用铂金-埃尔默仪器(上海)有限公司 Pyris 1 型热重分析仪,测量质量为10 mg,温度为 40～600 ℃,氮气氛围,升温速率为 10 ℃/min。

3. PU 纳米功能涂层的制备

添加 CNTs 和 PDA/CNTs 的复合涂层的制备主要通过物理方法。首先,将一定量的 PDA/CNTs 分散在四氢呋喃中,超声 30 min,然后将悬浮液加入 PU 清漆中,超声搅拌 15 min,然后再移入 80 ℃水浴锅中,搅拌 20 min 以移除四氢呋喃,最后,按照清漆与固化剂比例(3∶1),加入一定量的固化剂搅拌 30 min。为了研究不同添加量的 PDA/CNTs 对 PU 涂层耐蚀性能的影响,分别考察了 PDA/CNTs 与 PU 基质质量比 0.5%、1.0% 和 2.0% 的添加量在加速老化环境中的耐蚀性能。为了对比纯 CNTs 与改性后 PDA/CNTs 对 PU 涂层性能影响的差异性,按照上述步骤制备同样添加量的 PU-CNTs 复合涂层。分别将制得的 PU-PDA/CNTs 和 PU-CNTs 喷涂到 AA7075-T6 铝合金表面。

金属基体材料选用 AA7075-T6 铝合金,加工成直径为 45 mm、厚度为 3 mm 的片状试片。试片依次采用 400♯ 和 600♯ 砂纸在预磨机上去除氧化皮,表面依次用乙醇、丙酮清洗处理,室温干燥。然后采用喷涂的方法在铝合金基体上涂覆涂层,涂层在无尘室中室温固化 5 d。涂层厚度由 415 F/N 型涂层测厚仪测试,在涂层表面测试分散不同的五个区域的涂层厚度,选取平均厚度为(50 ± 5) μm 的样品作为待测试样。

4. 加速老化实验

为了考察 PU-PDA/CNTs 和 PU-CNTs 复合涂层在综合老化加速条件下的耐蚀性能,本实验特别制备一个加速老化谱,包括盐雾老化、UV 辐射和盐水浸泡。盐雾实验(SST)按照国际标准 ISO 7253 进行,采用的盐雾为(50±10) g/L 的 NaCl 溶液,其 pH 值在 25 ℃下为 6.5～7.2,喷雾压力为 70～170 kPa,盐雾沉降量为 1～2 mL/(80 cm³ · h),且箱体温度保持在(35±2) ℃。涂层试样按照 GB 1764,试样的被试面与垂直方向呈 15°～30°并尽可能呈 20°,取不同时间段的试样进行相关测试,测试完后放回原位置。紫外老化(UVA)按照 ASTM G154 标准,采用 UV2000 荧光紫外老化仪进行紫外箱-冷凝实验。实验参数:UVA 灯管,波长为 340 nm,辐照度为 0.77 W · m⁻²;8 h 紫外光暴露[(60 ± 3) ℃]＋ 4 h 冷凝 [(50±3) ℃]。在紫外老化不同时间段从中取出样品,进行电化学测试和各种性能表征,测试后放回原处继续老化。将涂层试样浸泡在 5.0% NaCl 溶液中,控制溶液温度在 40 ℃。不同时间段取出样品进行相关测试,测试完成后放回容器继续浸泡老化。加速老化实验谱如图 9-22 所示。

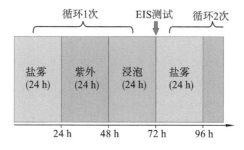

图 9-22 涂层循环加速老化实验谱

5. 黏附性和 EIS 测试

参考标准 GB/T 5210—2006《色漆和清漆拉开法附着力试验》,使用美国 Defelsko 公司 PosiTest AT-A 型附着力测试仪,锭子尺寸为 20 mm,测量范围为 0～24 MPa。通过测试三个样品计算涂层平均黏附力。

电化学阻抗(EIS)采用武汉科思特仪器有限公司生产的 CS350 电化学工作站进行测试,电解液为 3.5% NaCl 溶液,采用标准三电极体系,铂网为辅助电极,饱和甘汞电极为参比电极,工作电极为涂层试样,测试装置快装电解池,池身为内径 3.5 cm 的塑料管,结构如图9-23所示。测试装置放于法拉利屏蔽箱内,阻抗测试参数:交流幅值为 20 mV,扫描频率范围为0.01 Hz～100 kHz,对数扫描,10 点/10 倍频。

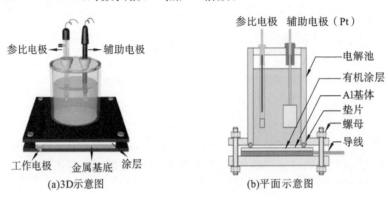

图 9-23　涂层 EIS 测试装置图

6. 表征测试

通过 DSC 测试添加不同量的 CNTs 和 PDA/CNTs 对 PU 复合涂层热性能变化,ATR-FTIR 研究 PU 复合涂层老化前后化学结构的变化,使用 AFM 和 SEM 对涂层微观形貌进行对比测试。使用铂金-埃尔默仪器有限公司 Diamond DSC 型差示扫描量热仪,测试样品质量为 10 mg,温度范围 $-30\sim150$ ℃,升温速率为 10 ℃/min,氮气气氛。测试老化条件和时间对涂层的玻璃化转换温度的影响。采用日本 Shimadzu 公司 SPM-9700 型原子力显微镜,横向分辨率为 0.2 nm(XY 方向),XYZ 标准扫描器:30 μm×30 μm×5 μm。在相位模式下,对样品表面形貌进行测试。探针型号为 NSC18/Cr-AuBS(MikroMasch,俄罗斯)。采用荷兰 FEI 公司生产的 Sirion 200 场发射扫描电子显微镜(FSEM),最小分辨率为 1.5 nm(10 kV),加速电压为 200～30000 V,样品放大倍数为 40～40 万倍。测试涂层表面不同老化条件下的形貌。

9.6.3　结果与讨论

1. CNTs 的改性

多巴胺(DA)在碱性环境中可以氧化自聚合生成聚多巴胺(PDA)膜。DA 改性 CNTs 并制备 PU-PDA/CNTs 复合涂层的步骤如图 9-24(a)所示,DA 自氧化聚合生成 PDA 的过程如图 9-24(b)所示。首先,DA 自身的邻苯二酚在空气中氧化生成邻苯二醌,通过迈克尔加成反应,氧化成 PDA 配合物,接着再氧化成 DA 配合物,最后通过分子内组装形成5-6二羟基吲哚,聚合成 PDA 覆盖层。

图 9-25 是未改性 CNTs 和 PDA/CNTs 的 TEM 微观形貌,可以发现 PDA 层较均匀地包覆在 CNTs 表面,厚度约为 10 nm,比 CNTs 的外壁更亮,密度更低。

从 FTIR 和 Raman 图谱中可以得到更多的 PDA 信息。图 9-26(a)中未改性 CNTs 除了在 1581 cm^{-1} 有较弱的吸收峰外没有其他的峰出现,此峰是 MWCNTs 中石墨化管壁对应

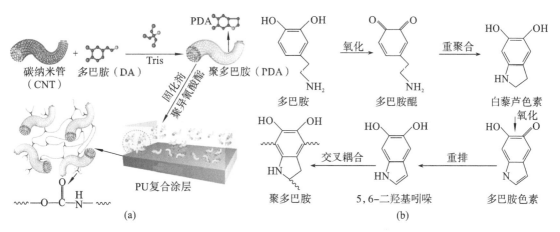

图 9-24 PU 纳米功能涂层制备流程图和多巴胺形成聚多巴胺机制

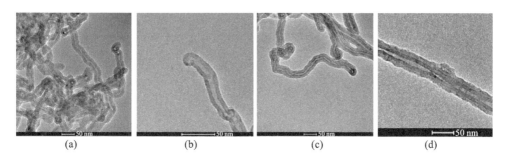

图 9-25 原始 CNTs(a,b)和 PDA/CNTs(c,d)的 TEM 图

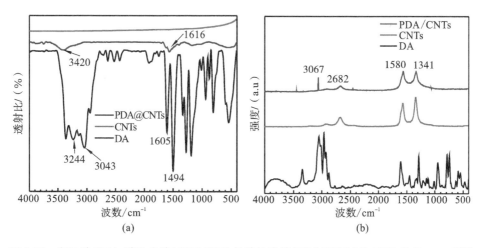

图 9-26 多巴胺(DA)、碳纳米管(CNTs)和改性碳纳米管(PDA/CNTs)的 FTIR 和 Raman 图谱

的苯环结构。对于 DA 分子,在 3043 cm^{-1} 和 3244 cm^{-1} 的特征峰分别对应于邻苯二酚以及在 1620 cm^{-1} 的芳香基。与之对比,所合成的 PDA/CNTs 纳米粒子在 FTIR 中出现了几个新的吸收峰,分别在 3420 cm^{-1} 处和 1616 cm^{-1} 处,对应于 N—H 和 O—H 键。这表明了 PDA 层可以使 CNTs 表面引入大量的氨基和羟基官能团。Raman 图谱(图 9-26(b))中可以看到未改性 CNTs 中存在石墨烯结构特有的 G 峰(1580 cm^{-1})和 D 峰(1341 cm^{-1})。此外,DA 也在 1590 cm^{-1} 处和 1330 cm^{-1} 处展示了相似的特征峰,但是,这两个峰分别对应于脂肪族的C—O键和苯环结构;此外,PDA/CNTs还在 3067 cm^{-1} 处出现了新的邻苯二酚官能团。因此,通过 FTIR 和 Raman 图谱进一步证实了 PDA 层成功包裹在 CNTs 表面。

2. 热分析

TGA 可定量分析 PDA 在 CNTs 表面的包裹量,由图 9-27 可知,纯 CNTs 在 645 ℃ 最大失重量为 2.8%,而 PDA/CNTs 在此温度下失重量为 17.82%。这表明额外的 15% 的损失量应该是包覆在 CNTs 表面的 PDA,但是,考虑到在此温度下,PDA 自身失重量为 78.2%,所以,PDA 在 CNTs 表面实际包裹量约为 19.9%。

图 9-27(b) 是 PU 复合涂层的 DSC 曲线,相应的特征参数列入表 9-8 中。当涂层中 CNTs 或 PDA/CNTs 的添加量增加时,热释放速率(dH/dt)也逐渐增大,而添加同等浓度 PDA/CNTs 的 PU 涂层的增幅比 CNTs 的更大。对于玻璃化转换温度 T_g,CNTs 或 PDA/CNTs 的添加量对 T_g 的影响与热释放速率相似。对于 PU-CNTs 复合涂层,最大 T_g 值是当添加量为 1.0% 时的 41.86 ℃。而对于 PU-PDA/CNTs 复合涂层,也是在 1.0% 添加量时出现了最大 T_g 值,为 52.79 ℃。

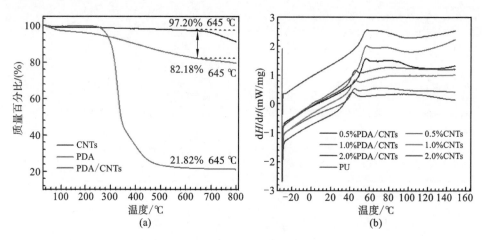

图 9-27　CNTs,PDA 和 PDA/CNTS 的 TGA 曲线以及 PU 涂层,PU-CNTs 和
PU-CNTs/PDA 复合涂层的 DSC 曲线

表 9-8　不同 PU 涂层的 DSC 参数:玻璃化转换温度(T_g)以及其开始温度(T_{Onset})和结束温度(T_{End})

样品	$T_g/℃$	$T_{Onset}/℃$	$T_{End}/℃$
PU	36.91	32.80	39.37
PU-0.5%CNTs	40.68	38.15	42.99
PU-1.0%CNTs	41.86	39.45	43.33
PU-2.0%CNTs	41.37	38.60	43.93
PU-0.5%PDA/CNTs	51.56	48.89	54.36
PU-1.0%PDA/CNTs	52.79	48.91	54.90
PU-2.0%PDA/CNTs	52.79	48.68	55.65

一般 T_g 越大,聚合物的交联度越大。从 DSC 数据可以得到改性的 PDA/CNTs 比未改性 CNTs 能更好提高涂层的交联度,这可能是由于亲水性 PDA 包裹在 CNTs 表面,改善了 CNTs 在涂层基体中的分散性,同时 PDA 层还可以通过 π-π 键的堆积作用,以及共价键连接

提供与 PU 基体额外的交联作用。

3. 黏附力分析

通过拉开法测试涂层老化前后黏附力变化。图 9-28(a)是涂层黏附力与 CNTs 和 PDA/CNTs 的添加量的变化关系,可以发现:添加 CNTs 和 PDA/CNTs 后,涂层的黏附力相对于 PU 涂层有很大的提高。而且,添加 PDA/CNTs 的 PU 复合涂层黏附力增大幅度大于添加 CNTs 的复合涂层。对于 PU-CNTs 复合涂层,最大黏附力是 7.21 MPa(PU-1.0% CNTs),当添加量为 2.0%时,涂层黏附力反而降低。但是对于 PU-PDA/CNTs 复合涂层,黏附力随着 PDA/CNTs 添加量的增大而增大,且添加量为 0.5%时,黏附力为 8.23 MPa,大于 PU-CNTs 涂层中最大黏附力,反映了 PDA 层对 CNTs 在 PU 涂层中的黏附性有着重要影响。图 9-28(b)是 PU 复合涂层在经历 7 个循环加速老化后黏附力降低率随着添加量的变化曲线。对于 CNTs 和 PDA/CNTs,其降低率随添加量的增大而减小。PU 涂层在经历循环加速老化后黏附力降低率约为 50%,而 PU-CNTs 复合涂层最小黏附力降低率为 40%;对于 PU-PDA/CNTs 复合涂层,添加 2.0% PDA/CNTs 的涂层黏附力降低率最小,为 15%,由此说明 PDA 改性的 CNTs 不仅可以增强涂层的黏附力,还能提高涂层黏附力的抗侵蚀性以及耐久性。

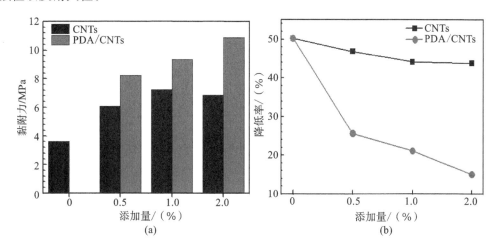

图 9-28　不同添加量的 CNTs 和 PDA/CNTs 对 PU 涂层黏附力和
7 次循环老化后黏附力降低率的影响

经过黏附力测试分析,纯 CNTs 和改性后的 PDA/CNTs 对 PU 涂层的黏附力有着积极的影响,在经过循环加速老化后都保留着一定强度的抗剥离能力。这是由于纳米填充物 CNTs 可以加强涂层和铝合金基质的界面黏附性。一般而言,涂层/基质界面的剪应力是影响涂层黏附力的主要因素。剪应力主要来源于涂层在干燥过程的残余应力,而 CNTs 作为添加物可以释放涂层的残余应力。因此,添加 CNTs 可以改善涂层在铝合金基质上的黏附力。然而,纯 CNTs 自身具有高疏水性,很难在 PU 涂层中的极性聚合物中分散,因此,CNTs 会在 PU-CNTs 复合涂层中发生团聚,从而削弱了 CNTs 对涂层黏附性积极的影响。但是,对于改性的 PDA/CNTs,PDA 赋予 CNTs 官能化,含有大量的羟基和氨基,可以和 PU 中的—NH₂ 相结合,不仅能提高 CNTs 在涂层中的分散性,还能使 CNTs 和涂层中聚合物相结合,因此,随着 PDA/CNTs 添加量的增加,PU-PDA/CNTs 涂层在铝合金基质上的黏附力也相应增大。

4. CNTs 改性 PU 复合涂层耐蚀性能

通过 EIS 测试每次循环老化后涂层阻抗谱,研究 CNTs 和 PDA/CNTs 对 PU 复合涂层耐蚀性能的影响。PU 涂层的 Nyquist 和 Bode 图随着循环老化次数的变化如图 9-29 所示。对于最初的 PU 涂层,Nyquist 图中只有一个半圆弧,且低频阻抗值($Z_{10\ MHz}$)大于 10^{10} $\Omega \cdot cm^2$。随着循环加速老化,半圆弧逐渐收缩,在两次循环老化后,在低频段出现了第二个半圆弧。高频完整的半圆弧对应 PU 涂层性能,而低频半圆弧是涂层/铝合金界面双电层电容和电荷转移电阻。第二个半圆弧的出现主要是水和侵蚀性离子传递到涂层/铝合金界面引起铝发生腐蚀导致的。从图 9-29 还可以发现在前 6 次循环老化后,$Z_{10\ MHz}$ 大于 10^7 $\Omega \cdot cm^2$,但是在第 7 次老化后 $Z_{10\ MHz}$ 迅速降低到 10^5 $\Omega \cdot cm^2$ 以下,表明 PU 涂层已经失去了对 Al 基质的保护作用。

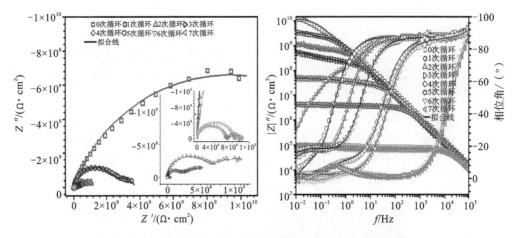

图 9-29 未改性 PU 涂层 EIS 随着循环加速老化次数的变化

图 9-30 是添加不同量 CNTs 的 PU-CNTs 复合涂层的 EIS 随着循环老化次数的变化过程。对于添加量为 0.5% 和 1.0% CNTs 的 PU-CNTs 复合涂层,其整体阻抗得到了提升,PU-0.5%CNTs 涂层在前 4 次循环老化的 $Z_{10\ MHz}$ 下降速率比纯 PU 涂层更快,但在 7 次循环老化后的 $Z_{10\ MHz}$ 大于纯 PU 涂层。PU-1.0%CNTs 涂层的 $Z_{10\ MHz}$ 比 PU-1.0%CNTs 和纯 PU 涂层的都大,且在 6 次循环老化后仍大于 10^7 $\Omega \cdot cm^2$,说明 PU 涂层在添加了一定量的 CNTs 后对涂层的耐蚀性能有一定的积极影响。但是,当 CNTs 添加量为 2.0% 时,$Z_{10\ MHz}$ 在 1 次循环老化后就降低到 10^7 $\Omega \cdot cm^2$ 以下,而且随着循环次数的增加,$Z_{10\ MHz}$ 逐渐减小,且 7 次循环后最终降低到 5×10^4 $\Omega \cdot cm^2$。因此可以说明当纯的 CNTs 在 PU 中添加过量时,反而会削弱涂层的防护性能,这可能是由于较多的 CNTs 在 PU 基质中团聚更严重,严重的局部团聚会在涂层表面引起大量的缺陷和穿孔,从而给侵蚀性离子提供快速渗入通道。

添加不同量 PDA/CNTs 的 PU-PDA/CNTs 复合涂层的 EIS 随着循环老化次数的变化如图 9-31 所示。与纯 PU 涂层相比,PU-0.5%PDA/CNTs 涂层耐蚀性能得到显著提升,主要表现在 $Z_{10\ MHz}$ 经历 4 次循环老化后依然大于 10^8 $\Omega \cdot cm^2$,而且在 7 次循环老化后还保持在 10^6 $\Omega \cdot cm^2$ 以上(图 9-31(a),图 9-31(b))。另外,添加量为 1.0% 和 2.0% 的 PU-PDA/CNTs 复合涂层同样显示了比纯 PU 和 PU-CNTs 更好的耐蚀性能。PU-2.0%PDA/CNTs 涂层的 $Z_{10\ MHz}$ 在 7 次循环老化后仍然保持在 10^7 $\Omega \cdot cm^2$ 以上,而且对于 Nyquist 图,在第 3 次循环老化后低频出现了 45° Warburg 阻抗特征,表明氧和水的扩散过程成为 Al 基质腐蚀

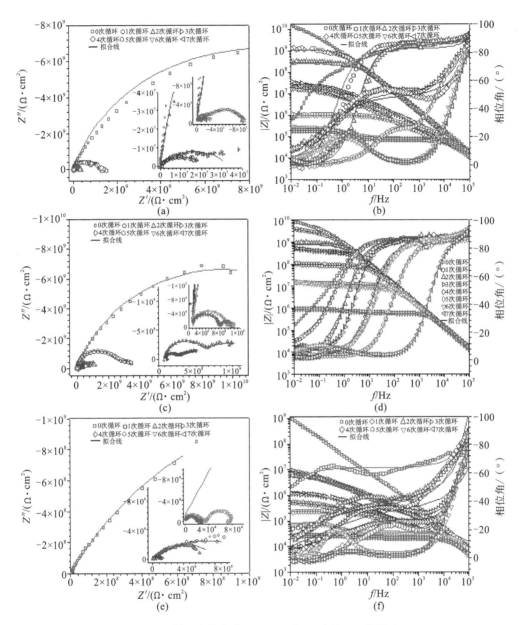

图 9-30　循环老化条件下 CNTs 对 PU 涂层 EIS 的影响

的主要控制步骤。在 7 次循环老化后,低频段才出现了第二个半圆弧(图 9-31(e))。这说明了添加 PDA/CNTs 可以更好地阻碍侵蚀离子在涂层中扩散,从而长期有效地提高 PU 涂层的耐蚀性能。

　　对所测得的阻抗进行等效电路拟合分析,采用的等效电路如图 9-32 所示,其中 R_s 代表溶液电阻,R_c 和 R_{ct} 分别代表涂层电阻和电荷转移电阻,C_c 和 C_{dl} 代表涂层电容和双电层电容,W 是 Warburg 阻抗。考虑到电流分散对涂层电极的影响,所有的电容元件都由常相位元件 CPE 代替。EIS 拟合线同样呈现在图 9-29 至图 9-31 中,拟合参数列入表 9-9 至表 9-11。为了更好地对比复合涂层性能随着循环老化次数的变化过程,R_c 和 C_c 随着循环次数

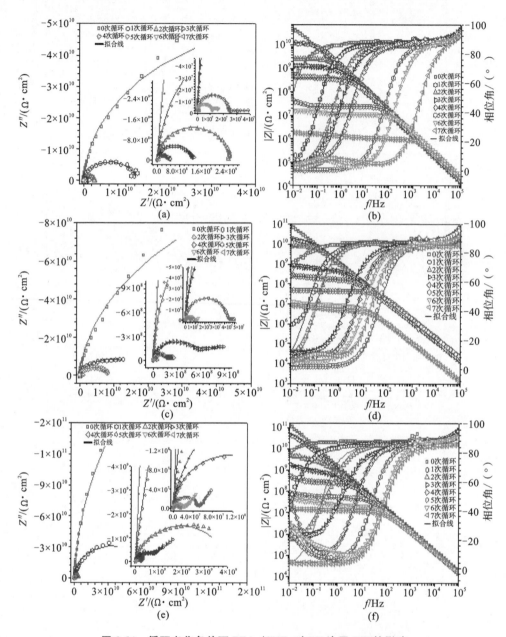

图 9-31　循环老化条件下 PDA /CNTs 对 PU 涂层 EIS 的影响

的变化曲线如图 9-32(d)、图 9-32(e)所示。两者随着循环老化次数的总体趋势为 R_c 快速减小，而 C_c 逐渐增大。但是 PU-1.0%CNTs 和 PU-2.0%CNTs 涂层、R_c 的降低速率和 C_c 增大速率明显大于纯 PU 涂层，而 PU-0.5%CNTs 涂层两者的变化速率小于纯 PU 涂层，这种现象说明了添加少量纯 CNTs(0.5%)可以提高涂层的耐蚀性能，而过量反而恶化涂层防腐性能。与纯 PU 和 PU-CNTs 涂层相比，PU-PDA/CNTs 复合涂层有着更低的 R_c 降低速率和 C_c 增大速率，而且添加 2.0% PDA/CNTs 的复合涂层耐蚀性能最好。从 EIS 结果分析可得 PDA 改性 CNTs 可以有效提高 PU 涂层耐蚀性能，并增强涂层防护性能耐久性。

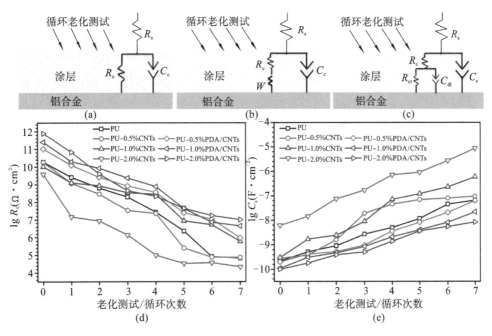

图 9-32　EIS 拟合过程中等效电路模型

表 9-9　未改性 PU 涂层在循环老化条件下 EIS 拟合结果

参数	循环次数							
	0	1	2	3	4	5	6	7
$R_c/(\Omega \cdot cm^2)$	1.87×10^{10}	2.57×10^{9}	6.49×10^{8}	1.98×10^{8}	2.70×10^{7}	2.32×10^{6}	8.43×10^{4}	6.83×10^{4}
$C_c/(F \cdot cm^{-2})$	2.21×10^{-10}	5.15×10^{-10}	9.04×10^{-10}	2.70×10^{-9}	5.01×10^{-9}	1.15×10^{-8}	4.45×10^{-8}	6.45×10^{-8}
$C_{c\text{-}n}$	0.92	0.92	0.96	0.97	0.96	0.95	0.97	0.96
$R_{ct}/(\Omega \cdot cm^2)$		1.12×10^{9}	8.42×10^{8}	6.89×10^{8}	2.48×10^{7}	7.16×10^{5}	2.41×10^{4}	2.18×10^{4}
$C_{dl}/(F \cdot cm^{-2})$		4.81×10^{-9}	9.41×10^{-9}	9.46×10^{-9}	1.82×10^{-8}	1.99×10^{-6}	8.60×10^{-6}	1.74×10^{-5}
$C_{dl\text{-}n}$		0.76	0.71	0.61	0.65	0.63	0.63	0.82

表 9-10　PU-CNTs 复合涂层在循环老化条件下 EIS 拟合结果

样品	参数	循环次数						
		0	1	2	3	4	5	6
PU-0.5%CNTs	$R_c/(\Omega \cdot cm^2)$	1.81×10^{10}	1.17×10^{9}	2.91×10^{8}	3.34×10^{7}	2.23×10^{7}	2.52×10^{5}	7.87×10^{4}
	$C_c/(F \cdot cm^{-2})$	2.81×10^{-10}	3.75×10^{-10}	1.57×10^{-9}	1.90×10^{-8}	4.46×10^{-8}	6.86×10^{-8}	7.94×10^{-8}
	C_{c-n}	0.91	0.92	0.91	0.88	0.89	0.91	0.95
	$R_{ct}/(\Omega \cdot cm^2)$						7.83×10^{5}	2.25×10^{5}
	$C_{dl}/(F \cdot cm^{-2})$						2.97×10^{-8}	2.51×10^{-6}
	C_{dl-n}						0.66	0.62
PU-1.0%CNTs	$R_c/(\Omega \cdot cm^2)$	1.01×10^{10}	1.23×10^{9}	8.59×10^{8}	3.42×10^{8}	2.78×10^{8}	8.54×10^{6}	5.20×10^{6}
	$C_c/(F \cdot cm^{-2})$	3.01×10^{-10}	1.68×10^{-9}	2.42×10^{-9}	4.95×10^{-9}	7.06×10^{-8}	1.21×10^{-7}	2.27×10^{-7}
	C_{c-n}	0.94	0.96	0.91	0.95	0.95	0.90	0.95
	$R_{ct}/(\Omega \cdot cm^2)$				3.23×10^{8}	4.10×10^{8}	7.19×10^{7}	1.13×10^{7}
	$C_{dl}/(F \cdot cm^{-2})$				1.61×10^{-8}	2.63×10^{-10}	1.98×10^{-7}	2.42×10^{-7}
	C_{dl-n}				0.60	0.52	0.51	0.56
PU-2.0%CNTs	$R_c/(\Omega \cdot cm^2)$	3.81×10^{9}	1.46×10^{7}	8.54×10^{6}	1.38×10^{6}	9.96×10^{4}	3.44×10^{4}	3.80×10^{4}
	$C_c/(F \cdot cm^{-2})$	6.16×10^{-9}	1.43×10^{-8}	7.45×10^{-8}	1.70×10^{-7}	7.14×10^{-7}	9.04×10^{-7}	2.74×10^{-6}
	C_{c-n}	0.89	0.76	0.73	0.77	0.76	0.84	0.77
	$R_{ct}/(\Omega \cdot cm^2)$					6.27×10^{5}	2.03×10^{5}	4.42×10^{4}
	$C_{dl}/(F \cdot cm^{-2})$					1.04×10^{-6}	3.42×10^{-6}	7.85×10^{-6}
	C_{dl-n}					0.37	0.57	0.86

表 9-11 PU-PDA/CNTs 复合涂层在循环老化条件下 EIS 拟合结果

样品	参数	循环次数						
		0	1	2	3	4	5	6
PU-0.5% PDA/CNTs	$R_c/(\Omega \cdot cm^2)$	1.02×10^{11}	1.23×10^{10}	2.58×10^9	8.21×10^8	3.59×10^8	2.44×10^7	1.08×10^7
	$C_c/(F \cdot cm^{-2})$	2.01×10^{-10}	4.14×10^{-10}	5.25×10^{-10}	9.61×10^{-10}	3.58×10^{-9}	8.19×10^{-9}	2.05×10^{-8}
	C_{c-n}	0.97	0.97	0.96	0.93	0.94	0.97	0.97
	$R_{ct}/(\Omega \cdot cm^2)$					1.10×10^8	1.73×10^7	5.88×10^6
	$C_{dl}/(F \cdot cm^{-2})$					6.63×10^{-8}	9.32×10^{-8}	2.31×10^{-7}
	C_{dl-n}					0.71	0.72	0.74
PU-1.0% PDA/CNTs	$R_c/(\Omega \cdot cm^2)$	2.46×10^{11}	1.93×10^{10}	8.36×10^9	2.32×10^9	7.58×10^8	4.34×10^7	7.18×10^6
	$C_c/(F \cdot cm^{-2})$	1.10×10^{-10}	3.06×10^{-10}	4.65×10^{-10}	8.36×10^{-10}	2.08×10^{-9}	4.05×10^{-9}	8.11×10^{-9}
	C_{c-n}	0.96	0.91	0.97	0.92	0.94	0.95	0.96
	$R_{ct}/(\Omega \cdot cm^2)$				6.38×10^8	1.40×10^8	8.51×10^7	1.22×10^7
	$C_{dl}/(F \cdot cm^{-2})$				8.47×10^{-9}	1.58×10^{-8}	2.22×10^{-8}	7.18×10^{-8}
	C_{dl-n}				0.57	0.56	0.48	0.44
PU-2.0% PDA/CNTs	$R_c/(\Omega \cdot cm^2)$	7.73×10^{11}	6.57×10^{10}	3.99×10^9	4.43×10^8	2.14×10^8	4.44×10^7	1.71×10^7
	$C_c/(F \cdot cm^{-2})$	1.01×10^{-10}	1.78×10^{-10}	3.86×10^{-10}	5.11×10^{-10}	1.37×10^{-9}	3.61×10^{-9}	5.45×10^{-9}
	C_{c-n}	0.97	0.95	0.91	0.94	0.97	0.97	0.97
	$W/(\Omega \cdot cm^2)$				7.00×10^9	1.73×10^8	2.64×10^7	4.81×10^7
	$W-n$				0.37	0.43	0.31	0.36
	$W-T/(F \cdot cm^{-2})$				177.72	65.98	47.41	30.81
	$R_{ct}/(\Omega \cdot cm^2)$							
	$C_{dl}/(F \cdot cm^{-2})$							
	C_{dl-n}							

5. 表面形貌分析

　　添加不同量 CNTs 和 PDA/CNTs 的 PU 复合涂层表面 SEM 形貌如图 9-33 所示。纯 PU 涂层表面较为光滑、均一，有少许较小的凸起。对于 PU-CNTs 涂层，其表面的凸起和褶皱随着添加量的增加而增多，高添加量会导致 CNTs 分散性差，从而在局部发生团聚引起涂层局部缺陷。而对于 PU-PDA/CNTs 复合涂层，其表面相对 PU-CNTs 涂层较为光滑，说明改性后的 PDA/CNTs 在 PU 涂层基质内有更好的分散性和兼容性。

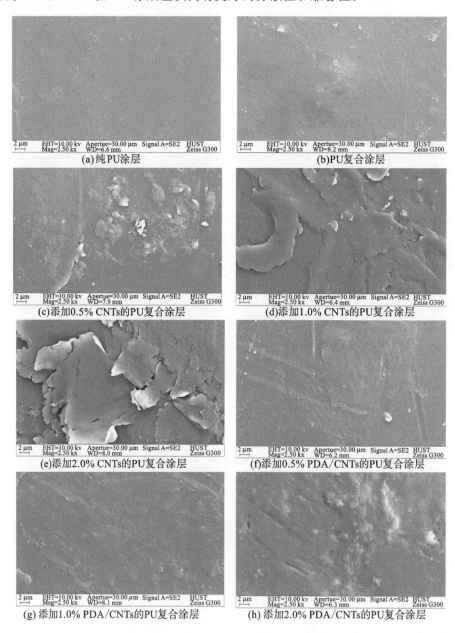

图 9-33　不同 PU 复合涂层 SEM 形貌图

　　图 9-34 和图 9-35 是 PU 复合涂层循环老化前后的 AFM 3D 微观形貌，测试的表面均方粗糙度（RMS）见表 9-12。如图 9-34(a)所示，纯 PU 涂层表面较为平坦，RMS 值为 1.07 nm。

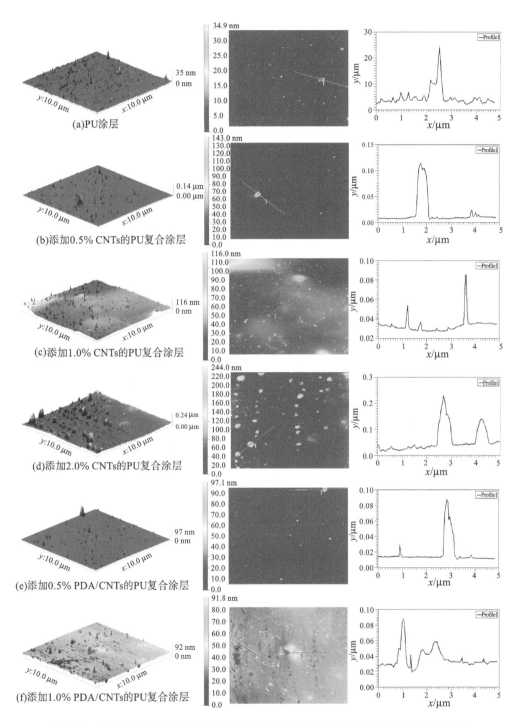

图 9-34 PU 涂层及添加不同量 CNTs 或 PDA/CNTs 的 PU 复合涂层的 AFM 形貌图

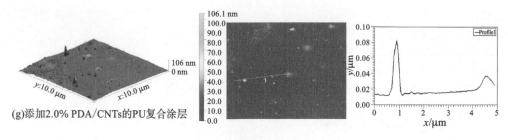

(g)添加2.0% PDA/CNTs的PU复合涂层

续图 9-34

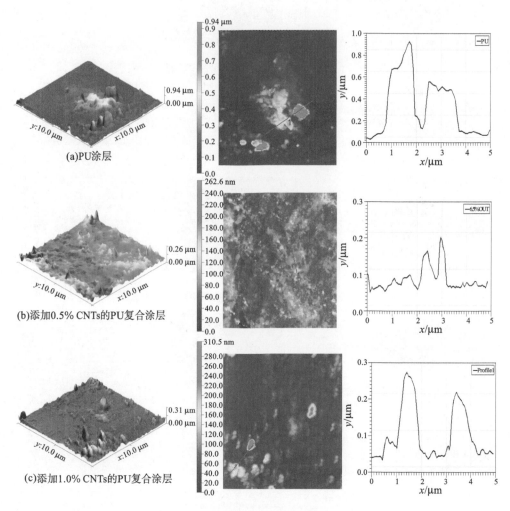

(a)PU涂层

(b)添加0.5% CNTs的PU复合涂层

(c)添加1.0% CNTs的PU复合涂层

图 9-35　7 次循环老化后 PU 涂层及添加不同量 CNTs 或 PDA/CNTs 的
PU 复合涂层的 AFM 形貌图

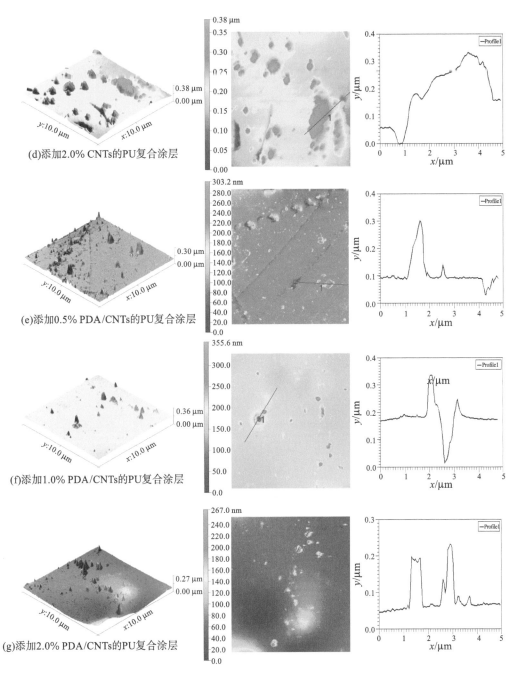

(d)添加2.0% CNTs的PU复合涂层

(e)添加0.5% PDA/CNTs的PU复合涂层

(f)添加1.0% PDA/CNTs的PU复合涂层

(g)添加2.0% PDA/CNTs的PU复合涂层

续图 9-35

而对于 PU-CNTs 涂层(图 9-34(b)、(c)、(d)),其表面有许多缺陷和凸起,随着 CNTs 添加量增多,表面粗糙度也相应增大,说明纯 CNTs 与 PU 基质兼容性较差,容易在涂层表面团聚,而且这些缺陷会给侵蚀性离子提供快速浸入涂层内部的通道,从而加速了涂层的老化。对于 PU-PDA/CNTs 复合涂层(图 9-34(e)、(f)、(g)),在同等浓度下,其表面更均匀、光滑,且团聚现象更少。因此,从 AFM 形貌分析可得 PDA 改性后的 CNTs 在 PU 基质中有更好的分散性和兼容性,而且 PDA 层可以作为 CNTs 和 PU 涂层中异氰酸酯之间的黏合剂。

表 9-12　添加不同量 CNTs 和 PDA/CNTs 的 PU 复合涂层的粗糙度(RMS)

老化测试的循环次数	RMS/nm						
	PU	PU-CNTs			PU-PDA/CNTs		
		0.5%	1.0%	2.0%	0.5%	1.0%	2.0%
0 次	1.07	4.02	11.37	22.42	1.19	2.08	4.22
7 次	113.23	21.91	25.53	40.46	15.18	16.82	23.96

　　纯 PU 涂层在 7 次循环老化后表面出现大量的缺陷和起泡,如图 9-35(a)所示。涂层表面 RMS 值达到 113.23 nm,这些严重的缺陷说明了涂层在循环老化过程中表面逐渐增多的孔隙使涂层耐蚀性能逐渐降低,从而失去了对侵蚀离子的阻碍作用。对于 PU-CNTs 涂层,循环老化后其表面产生大量的凸起,尤其是添加 2.0% CNTs 的涂层,所以添加量越多,表面缺陷越大,侵蚀性离子越容易渗透到涂层/铝基质界面,导致涂层的防护性能越差。然而,对于 PU-PDA/CNTs 复合涂层,与纯 PU 和 PU-CNTs 涂层相比,老化后其表面缺陷明显减少,而且 RMS 值也比同浓度的 PU-CNTs 低。较少的表面缺陷反映了 PDA 改性的 CNTs 很好地增强了涂层抵抗加速老化环境的能力。以上分析结果表明纯 CNTs 自身较弱的分散性降低了其对 PU 涂层耐蚀性能的增强效果,而改性的 PDA/CNTs 与 PU 基质有很好的兼容性,可以增强复合涂层的结构,抑制腐蚀性离子向涂层内部扩散,从而增强涂层抵抗综合老化环境的耐久性。

6. CNTs 影响 PU 涂层耐蚀性能的机理

　　将纯 CNTs 添加到 PU 涂层中,虽然其可以通过提高涂层在铝合金基质的黏附性从而增强涂层耐蚀性能,但是由于自身的亲水性导致其在 PU 极性聚合物中的分散性差,当添加较多 CNTs 时反而会引起涂层表面产生大量缺陷,削弱涂层的整体防护性能。此外,CNTs 作为导电纳米材料,会使涂层基质形成电子传导网状,当侵蚀性离子渗透到涂层内部时,会促使 CNTs 作为阴极,与其导通的铝合金基质作为阳极,促使铝基质发生电偶腐蚀。但是,用 PDA 包裹 CNTs 可以有效地解决这些问题,因为 PDA 层表面负载了大量的—NH$_2$ 和—OH 官能团,可以使 PDA/CNTs 作为链的扩展和交联剂嫁接到 PU 涂层中的异氰酸酯上,从而改善 CNTs 和涂层聚合物之间的分散性。而且 PDA/CNTs 还能增强涂层的交联度和黏附力,增强的结构又可以减缓缺陷的扩张,并且延迟水分子和侵蚀性离子渗透到涂层/铝合金界面。此外,包裹的 PDA 层可以使 CNTs 绝缘,进一步避免了金属基质的电偶腐蚀,因此,改性的 PDA/CNTs 在作为涂层缓蚀颜料时能有效地增强涂层的耐蚀性能。

　　同时,CNTs 也能提高涂层的抗紫外老化能力,图 9-36 是 PU 复合涂层经历循环老化前后的 ATR-FTIR 图谱。其中 1685 cm^{-1} 是 I 类酰胺基中 C=O 键的特征峰,1521 cm^{-1} 是 II 类酰胺基的 N—H 伸缩振动峰,C—N 伸缩振动的特征峰对应着 1210 cm^{-1} 和 1163 cm^{-1},C—H 对称振动和—CH$_2$ 伸缩振动分别在 2933 cm^{-1} 和 2862 cm^{-1}。对于纯 PU 涂层,7 次循环老化后官能团的峰强度明显减弱,尤其是 1685 cm^{-1} 的 C=O 峰和 1210 cm^{-1} 的 C—N 峰,这是由盐雾条件下涂层发生水解以及紫外老化条件下涂层发生链断裂造成的。而对于 PU-PDA/CNTs 复合涂层,官能团峰强度几乎保持不变,表明 PDA/CNTs 作为颜料能很好地提高涂层抗紫外能力,从而能在循环老化环境的叠加影响下保持较好的耐蚀性能。

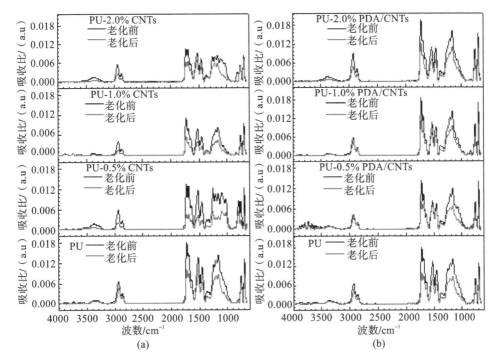

图 9-36 7 次循环老化前后 PU-CNTs 复合涂层和 PU-PDA/CNTs 复合涂层的 ATR-FTIR 图谱

9.6.4 结论

本节采用 PDA 对 CNTs 进行改性,制备了 PDA 包裹的 CNTs(PDA/CNTs)缓蚀颜料,通过黏附力测试、EIS 以及 SEM 和 AFM 形貌表征,考察了在循环加速老化的条件下 PDA/CNTs 对 PU 涂层耐蚀性能的影响,并与纯 PU 涂层和添加 CNTs 的 PU-CNTs 复合涂层性能进行对比,分析得到:CNTs 可以增强涂层在铝合金基质上的黏附性,但添加量越大,由于其自身在涂层中较弱的分散性,反而削弱了涂层的耐蚀性能。而对于 PDA/CNTs,从形貌分析发现其在涂层中的分散性得到了提高,与涂层中极性聚合物有着较好的兼容性,不仅能增强涂层的黏附力,还能有效提高涂层的耐蚀性能,即使在 7 次循环老化后,自身阻抗值仍保持在 10^7 Ω·cm² 以上。PDA/CNTs 还能增强涂层自身结构,在循环老化后,涂层表面缺陷较少,说明 PDA/CNTs 可以抑制涂层孔隙的扩展,同时还具有较强的抗紫外老化能力,自身官能团强度在老化后仍保持不变。因此,添加 PDA 改性的 CNTs 可以制得 PU 纳米功能涂层,有效提高 PU 涂层的耐蚀性能和抗紫外老化性能。

9.7 聚氨酯涂层的老化机理

9.7.1 引言

聚氨酯类涂层被广泛用于金属防护,但是其在长期服役过程中,会遭受各种环境因素,如紫外辐射、盐水侵蚀、干湿交替以及高低温等的老化作用,使涂层中大分子发生断裂从而降低涂层服役寿命。因此,研究聚氨酯涂层在紫外辐射和盐雾侵蚀条件下的老化机理具有十分重要的价值。研究者可以在此基础上针对涂层薄弱点进行改性,以提高涂层整体防护性能,延长涂层服役寿命。

此外,涂层老化过程的监测和涂层性能的评估可以有效预防金属基体的腐蚀。目前,EIS 作为一种评价涂层保护性能的技术被广泛应用。传统的 EIS 测试方法是通过三电极测试体系,在频率 10^{-2} Hz 到 10^5 Hz 之间,对工作电极施加一个小幅正弦波电压,测试的阻抗谱通过专业软件采用等效电路进行拟合,从而评估涂层性能。但是,传统 EIS 测试需要将涂层电极浸泡在电解液中,还需要一个稳定的参比电极,以及一整套专业的分析软件。然而,对于在户外应用的涂层,尤其是桥梁、飞机等,采用传统 EIS 评估其性能的方法很不方便。因此,很多学者研究基于 EIS 技术快速方便地评估涂层性能的方法。Simpson 和 Amirudin 研究了一款电化学传感器(ATMEIS),可以在大气环境中测试涂层 EIS,并反映涂层的老化过程。Haruyama 第一次提出了击穿频率(breakdown frequency)的概念,发现 45°相位角与涂层孔隙率成正比。然而,Touzain 认为相位角评估涂层性能存在一定的误差,而最小相位角及其对应的频率可以评估涂层在基质的剥离面积。还有一些研究发现中高频相位角也可以评估涂层性能。此外,许多研究者使用低频 0.01 Hz 阻抗模值反映涂层性能,但是,低频阻抗测试过程存在耗时太久的问题。

基于以上问题,我们选取典型的聚氨酯类涂层作为有机涂层老化研究对象,采用 EIS 研究了涂层耐蚀性能随着老化时间的变化过程,并选择合适的等效电路对阻抗谱进行解析,以对比两种老化过程的差异性。通过接触角测试了老化过程中涂层表面润湿性变化。另外,采用 AFM 和 SEM 研究了微观形貌变化和涂层耐蚀性之间的关联;同时,结合 DSC 和 TGA 考察老化过程中涂层的热性能。最后,通过 ART-FTIR、CRM 技术以及 XPS 研究了涂层由表及里的纵向分子结构的变化过程,并提出了紫外和盐雾老化的老化机理和动力学过程。我们自主设计了一款分析仪和相应的传感器,可以对涂层性能进行原位快速监测。为了验证此传感器性能,通过对三种聚氨酯涂层进行盐雾加速测试,分别采用传感器和传统三电极测试方法对涂层性能进行测试,对比两种测试结果,并基于阻抗分析提出了涂层老化快速评价参数。

9.7.2 实验

1. 涂层的制备

涂层基底金属和涂层传感器的制备都采用 AA7075 铝合金。所用的涂层为 TS96-11 氟聚氨酯(FPU)涂层、TS01-19 聚氨酯(PU)涂层和 TB06-9 丙烯酸聚氨酯(APU)涂层。

选取 FPU 涂层来研究涂层老化机理,而三种聚氨酯基(FPU、PU、APU)涂层作为涂层老化快速评价参数的研究对象。

2. 加速老化实验

盐雾实验采用的盐雾是(50±10) g/L 的 NaCl 溶液,其 pH 值在 25 ℃下为 6.5～7.2,喷雾压力为 70～170 kPa,盐雾沉降量为 1～2 mL/(80 cm³·h),且箱体温度保持在(35±2)℃。涂层试样按照 GB 1764,试样的被试面与垂直方向呈 15°～30°并尽可能呈 20°,取不同时间段的试样进行相关测试,测试完后放回原位置。紫外老化(UVA)按照 ASTM G154 标准,采用 UV2000 荧光紫外老化仪进行紫外箱-冷凝实验。实验参数为:UVA 灯管,波长为

340 nm,辐照度为 0.77 W·m^{-2};8 h 紫外光暴露[(60±3)℃]+4 h 冷凝[(50±3)℃]。在紫外老化不同时间段从中取出样品,进行电化学测试和各种性能表征,测试后放回原处继续老化。

3. 表征分析

电化学阻抗测试:电化学阻抗(EIS)采用武汉科思特仪器有限公司生产的 CS350 电化学工作站进行测试,电解液为 3.5% 的 NaCl 溶液,采用标准三电极体系,铂网为辅助电极,饱和甘汞电极为参比电极,工作电极为涂层试样。阻抗测试参数:交流幅值为 20 mV,扫描频率范围为 0.01 Hz~100 kHz,对数扫描,10 点/10 倍频。

接触角测试采用北京中仪科信科技有限公司 JC2000DM 型接触角测量仪。使用 100 μL 微量进样器将 6 μL 去离子水与样品表面接触,使水滴着落在涂层上,通过量角法计算涂层接触角。同一样品测试表面三个不同点取平均值作为样品接触角。

通过 DSC 测试添加不同量的 CNTs 和 PDA/CNTs 对 PU 复合涂层热性能变化的影响,ATR-FTIR 研究 PU 复合涂层老化前后化学结构的变化,使用 AFM 和 SEM 对涂层微观形貌进行对比测试。使用铂金-埃尔默仪器有限公司 Diamond DSC 型差示扫描量热仪,测试样品质量为 10 mg,温度范围为 -30~150 ℃,升温速率为 10 ℃/min,氮气气氛。测试老化条件和时间对涂层的玻璃化转换温度的影响。采用日本 Shimadzu 公司 SPM-9700 型原子力显微镜,横向分辨率为 0.2 nm(XY 方向),XYZ 标准扫描器:30 μm×30 μm×5 μm。在相位模式下,对样品表面形貌进行测试。探针型号为 NSC18/Cr-AuBS(MikroMasch,俄罗斯)。采用荷兰 FEI 公司生产的 Sirion 200 场发射扫描电子显微镜(FSEM),最小分辨率为 1.5 nm(10 kV),加速电压为 200~30 000 V,样品放大倍数为 40~40 万倍。测试涂层表面不同老化条件下的形貌。

9.7.3 结果与讨论

1. EIS 结果与分析

铝合金表面 FPU 涂层在紫外和盐雾老化条件下的 Nyquist 图和 Bode 图如图 9-37 和图 9-38 所示。所有的 EIS 测试都是在涂层试样在 3.5% NaCl 溶液中浸泡 0.5 h 以后进行。图 9-37(a)展现了在紫外老化早期 Nyquist 中只存在一个半圆弧特征(一个时间常数),涂层阻抗在低频的模值大于 10^9 Ω·cm^2,表明涂层接近于一个纯电容。从紫外老化 0.5 h 到 200 h,发现电容弧半径逐渐增大,阻抗模值最高到 10^{10} Ω·cm^2,比其初值增大了 10 倍。而且还发现在前 900 h,电容弧半径都大于相应的初值,只有在 395 h 紫外老化后电容弧半径才开始收缩。在图 9-37(c)中,900 h 老化后开始出现了第二个半圆弧(即第二个时间常数)。1404~1500 h,Nyquist 图中出现了两个半圆弧加一个 Warburg 阻抗。但是,到 1595 h,Warburg 阻抗消失(图 9-37(g)),而且在 1692~1885 h,低频段出现了感抗弧特征(图 9-37(i))。

对于盐雾老化过程,图 9-38 展示了铝合金表面 FPU 涂层随老化时间而变的 Nyquist 图和 Bode 图。在老化早期,EIS 谱和紫外老化较为相似。在低频区可以观察到一个纯电容弧,阻抗模值在 10^9 Ω·cm^2 左右,相位角在整个频率段接近 90°。而且在盐雾老化前 200 h,阻抗弧半径也缓慢增大(图 9-38(a))。但是当老化 560 h 后,Nyquist 图中出现两个半圆弧,且低频弧半径快速收缩。从 1500 h 到 1692 h,低频段出现了感抗弧,并逐渐收缩消失(图

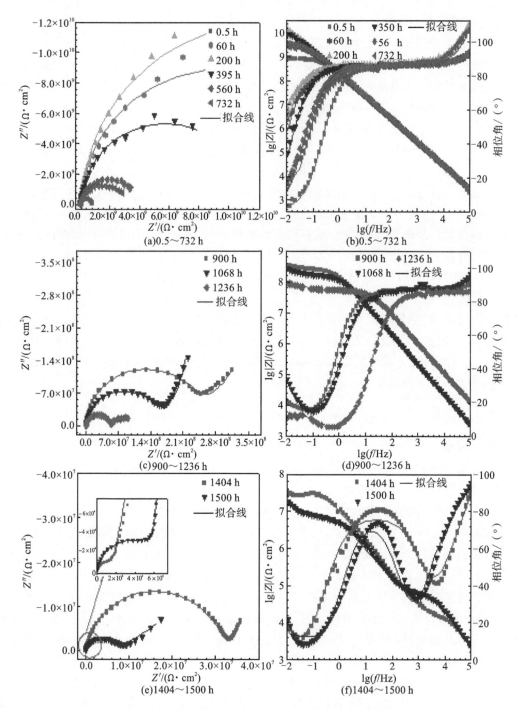

图 9-37 FPU 涂层不同紫外老化时间段下的 EIS 图

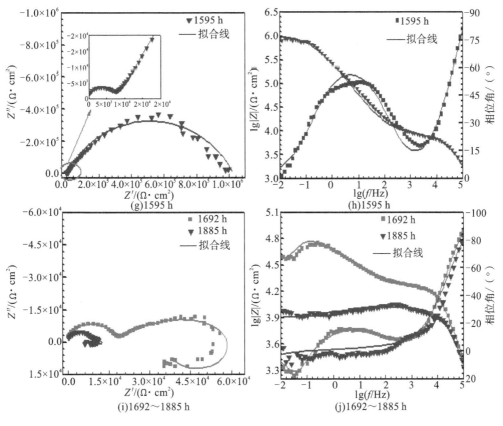

续图 9-37

9-38(e));1885 h 后,低频区出现了第三个容抗弧,这与紫外老化过程的阻抗谱有很大不同。盐雾老化 1692 h 后,涂层阻抗模降到 4×10^6 $\Omega \cdot cm^2$,说明涂层已经失去了对铝合金基体的保护作用。

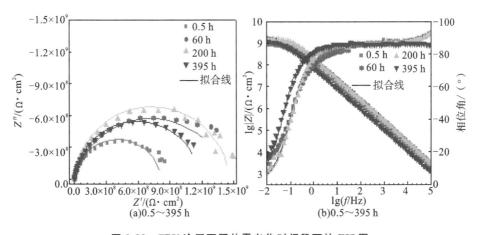

图 9-38 FPU 涂层不同盐雾老化时间段下的 EIS 图

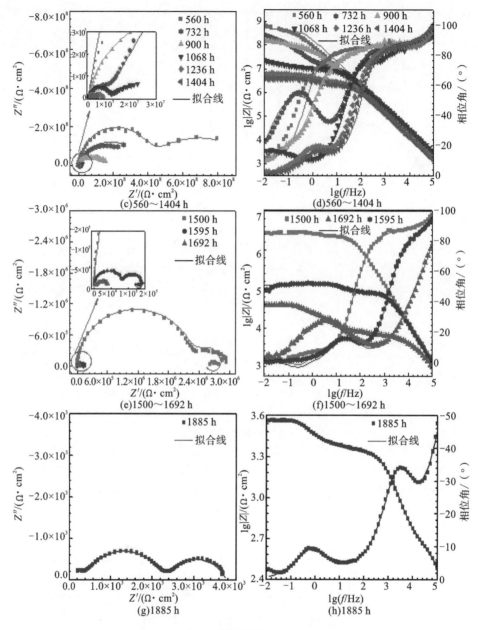

续图 9-38

2. TGA 和 DSC 分析

　　DSC 和 TGA 可以用来表征聚合物的玻璃化转换温度(T_g)和失重量,这两个参数分别反映了涂层的密度和交联度,一般交联度越高,对应失重量越低,T_g 越小。通过对比 FPU 涂层老化前后的 TGA 和 DSC 曲线,可以研究老化条件对涂层结构的影响。图 9-39 是 FPU 涂层分别在紫外和盐雾老化 1885 h 后的 TGA 和 DSC 曲线,将不同老化时间下的最大质量失重率 WL_{Max} 和 T_g 数值列入表 9-13 中。对于未老化的 FPU 涂层,WL_{Max} 值对应的温度大约是 339.68 ℃。对于紫外和盐雾老化后的 FPU 涂层,T_{Max} 值分别增大到 341.56 ℃ 和 345.42 ℃,对应的 WL_{Max} 值为 69.94% 和 72.33%(590 ℃)。此外,紫外老化的 WL_{Max} 值随着老化时间增加逐渐减小,而盐雾老化对 WL$_{Max}$ 值影响较小。

将图 9-39(b)中 DSC 曲线解析数据列入表 9-13 中。未老化 FPU 涂层 T_g 值为 29.9 ℃,小于老化 1885 h 后的 T_g 值($T_{g\text{-}UVA}=44.43$ ℃,$T_{g\text{-}SST}=38.63$ ℃),而且紫外老化后涂层的 T_g 值比盐雾老化后的更高,这表明紫外老化可能通过后固化效应引起涂层交联度增大,使涂层脆性增强。然而,盐雾老化条件对涂层热性能影响较小,反映了盐雾老化对涂层化学性能影响较弱。

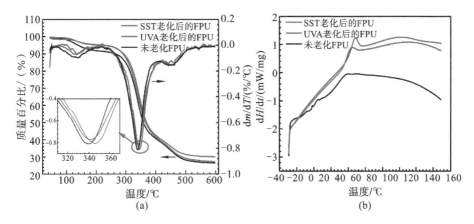

图 9-39　FPU 涂层老化前后的 TGA 和 DSC 曲线

表 9-13　热分析参数

样品		TGA			DSC		
		WL$_{Max}$/(%)	T_{Max}/℃	T_{Onset}/℃	T_{End}/℃	T_g/℃	
FPU		72.82	339.68	23.62	34.31	29.90	
UVA	200 h	72.16	339.97	24.32	36.12	30.52	
	900 h	71.56	340.12	30.65	43.21	36.84	
	1500 h	70.85	341.33	36.81	44.32	41.23	
	1885 h	69.94	341.56	41.27	46.48	44.43	
SST	200 h	72.92	340.26	24.12	34.91	30.12	
	900 h	72.36	343.52	27.81	36.29	32.61	
	1500 h	73.01	344.18	32.31	39.33	36.01	
	1885 h	72.33	345.42	35.41	41.10	38.63	

3. 表面形貌分析

涂层老化 1800 h 后表面 SEM 形貌如图 9-40 和图 9-41 所示。紫外老化后的涂层表面可以观察到大量的凸起和褶皱,而且 F 元素分布也相应减小,涂层表面粗糙度增大,侵蚀性离子可以优先吸附并沿着这些缺陷渗透到涂层内部。与此相反,盐雾老化后涂层表面出现较大的孔隙(约 15 μm),元素分布测试表明:Al 和 F 元素沿着孔隙呈环形分布,说明了此孔已经穿透涂层到达铝合金基体,引起涂层的剥离并降低涂层的防护性能。

AFM 是一种对涂层微观形貌非常敏感的测试技术。图 9-42 是 FPU 涂层经历不同紫外老化时间后的 AFM 3D 形貌。在 60 h,涂层表面不均匀地分布一些直径较小的凸起。当

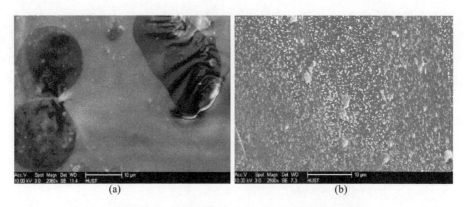

图 9-40　FPU 涂层紫外老化 1800 h 后的 SEM 图

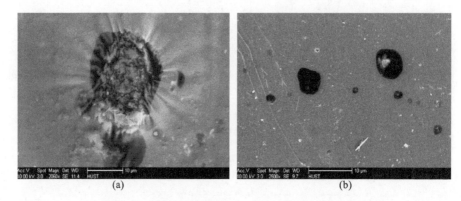

图 9-41　FPU 涂层盐雾老化 1800 h 后的 SEM 图

老化 500 h 后,这些凸起扩展并占据了更大的面积。1000 h 以后,凸起的直径和数量进一步增大。出现这种现象的原因可能是涂层中可溶性老化产物引起的渗透压不均衡。在老化后期,可以观察到一些微观缺陷,这是由于凸起破裂引起的内应力释放造成的涂层裂痕。另外,长时间的紫外辐射还会造成涂层交联和收缩,进一步促进涂层的破裂,降低涂层防护性能。

　　FPU 涂层在不同盐雾老化时间后的 AFM 3D 形貌如图 9-43 所示。可以观察到由于涂层水解引起的涂层孔隙;在 1000 h 后,大量的微孔缺陷出现在涂层表面,而 1800 h 后出现了直径大于 2 μm 的微孔洞,这是由于渗透到涂层内部的电解液促进和加速了涂层自身水解。

　　图 9-44 显示了涂层老化后在更小尺度上的 AFM 微观形貌(1 μm×1 μm),可明显看到紫外老化引起的涂层褶皱和凸起、盐雾老化造成的涂层微孔。对于紫外老化,紫外光引起的光氧化降解使涂层表面变得粗糙。然而,对于盐雾老化,涂层中易水解官能团与渗入的水发生水解反应,使涂层表面产生大量的孔隙,这反过来又为侵蚀性离子向涂层/金属基体界面迁移提供了通道。

　　4. 接触角分析

　　FPU 涂层中含有的氟甲基官能团能影响涂层表面的润湿性,因此,含氟官能团越多,涂层表面能越小,接触角越大。所以接触角随老化时间的变化也可以反映涂层老化过程中是否发生化学键断裂,尤其是含氟官能团是否受到老化方式的影响。图 9-45 是接触角分别随紫外和盐雾老化时间的变化曲线。盐雾老化初期,涂层表面接触角为 79°,210 h 后,接触角

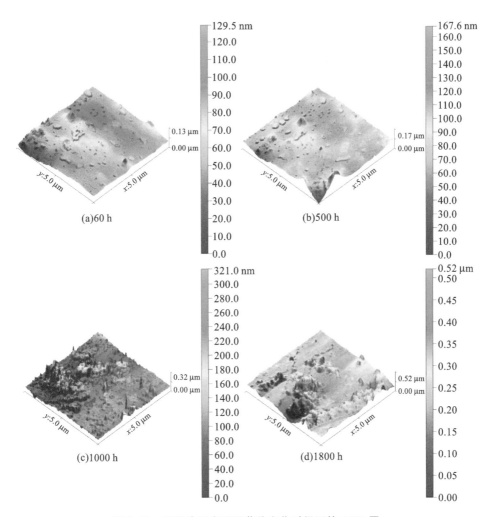

图 9-42 FPU 涂层在不同紫外老化时间下的 AFM 图

缓慢降低到 75°, 然后随老化时间几乎保持不变。然而, 对于紫外老化, 接触角在老化初期至 1200 h 呈快速下降趋势, 由 79° 快速降低到 53°, 表明涂层表面亲水性增强, 随后接触角在 52° 波动。紫外和盐雾对涂层表面接触角的影响差异说明这两种老化方式对涂层化学结构的改变不同, 紫外老化可能造成了 FPU 涂层表面化学键断裂, 引起含氟官能团浓度减少, 从而降低涂层表面接触角; 而盐雾老化并不会导致涂层表面含氟官能团浓度的显著变化。

5. 涂层阻抗传感器测试结果

EIS 测试过程需要一个稳态的环境, 由于盐雾箱内部是喷雾与停息交替, 为了 EIS 测试结果的可靠性, 所有的 EIS 测试数据都是在非喷雾状态下进行的。图 9-46 和图 9-47 分别是涂层传感器和涂层试样阻抗测试结果。

评价涂层的保护性能的重要指标是涂层阻抗值。一般公认低频 0.01 Hz 阻抗模值可以作为涂层性能的快速评价参数。图 9-46 所示为涂层传感器测试的三种典型聚氨酯类涂层在盐雾老化下的阻抗谱随时间变化过程, 可以发现三种聚氨酯类涂层在老化前期, 低频阻抗 $|Z|_{0.01\ Hz}$ 都大于 $10^9\ \Omega \cdot cm^2$, 表现出纯电容特性。随着盐雾时间延长, 水逐步渗入到涂层中, 电容弧半径开始收缩, 但是在盐雾实验的前 264 h, 阻抗模值降低较慢, 相位角在较宽频

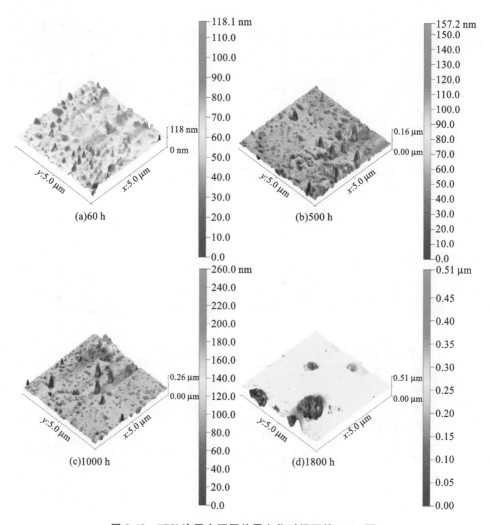

图 9-43　FPU 涂层在不同盐雾老化时间下的 AFM 图

率范围仍然保持－90°。对于 PU 涂层,在 384 h 后,可以在 Nyquist 图中发现第二个半圆弧(图 9-46(a)),这是由于水和侵蚀性离子扩散到 PU/铝合金界面,引起基底发生电化学腐蚀造成的。此时,Bode 图中$|Z|_{0.01\,Hz}$降低到 $10^8\,\Omega\cdot cm^2$ 左右(图 9-46(b)),低频(0.01～10 Hz)相位角降低到 20°。当老化 504 h 后,$|Z|_{0.01\,Hz}$降低到 $10^6\,\Omega\cdot cm^2$ 以下,表明 PU 涂层失去了对基底的防护作用。

　　基于传感器测试的 FPU 涂层阻抗(图 9-46(d)、(e)、(f)),在盐雾老化 744 h 后出现了两个半圆弧,同时$|Z|_{0.01\,Hz}$仍大于 $10^6\,\Omega\cdot cm^2$。而对于 APU 涂层,可以发现在 624 h 时,Nyquist 图出现两个半圆弧(图 9-46(g)),且 Bode 图中$|Z|_{0.01\,Hz}$也大于 $10^6\,\Omega\cdot cm^2$(图 9-46(h))。可见涂层传感器能监测到三种不同聚氨酯类涂层在盐雾条件下的老化变化,而且,FPU 涂层由于存在氟甲基侧链,是三种涂层中防护性能最好的。

　　为了验证涂层传感器的可靠性,同样老化条件下的涂层试样通过传统三电极体系在 3.5% NaCl 溶液中进行测试,测试结果如图 9-47 所示。涂层试样和传感器测试的三种涂层的阻抗谱变化趋势相同。在最初老化的 384 h,可以发现阻抗弧直径逐渐收缩,最后到 $10^6\,\Omega\cdot cm^2$。而且,基于电化学工作站测试涂层试样和基于微型阻抗仪测量传感器获得的

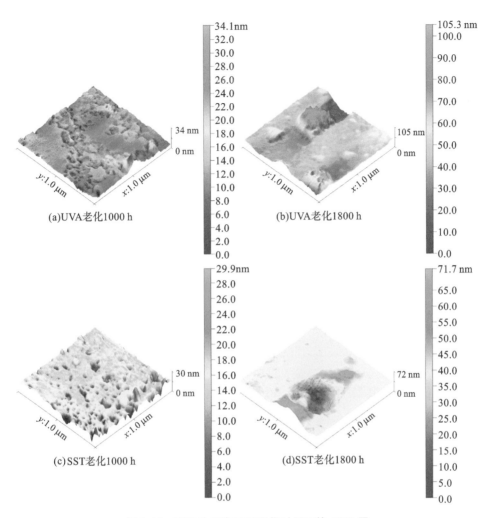

图 9-44　FPU 涂层在不同老化时间下的 AFM 图

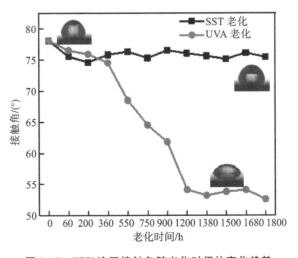

图 9-45　FPU 涂层接触角随老化时间的变化趋势

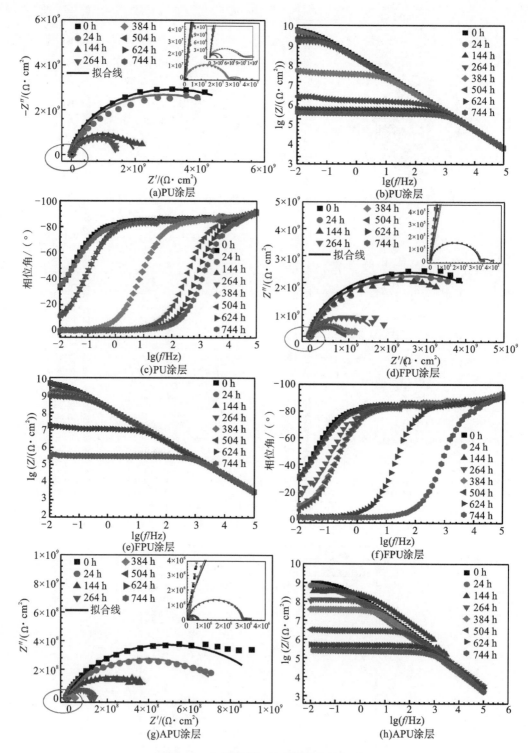

图 9-46 全通三电极测试聚氨酯类涂层的
EIS 随盐雾时间的变化

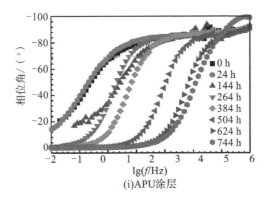

(i)APU涂层

续图 9-46

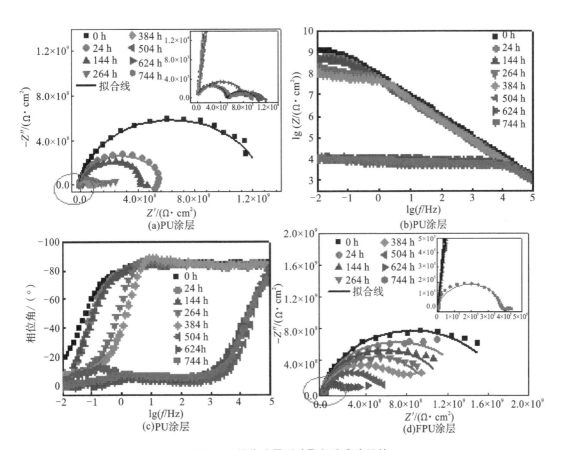

(a)PU涂层

(b)PU涂层

(c)PU涂层

(d)FPU涂层

图 9-47 阻抗传感器测试聚氨酯类涂层的
EIS 随盐雾时间的变化

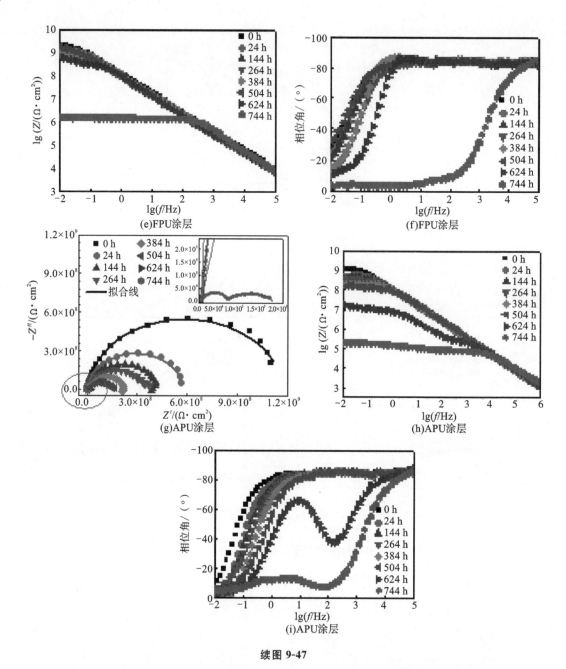

续图 9-47

涂层失效时间基本相同。

对涂层传感器和涂层试样测试的 EIS 谱采用图 9-48 所示的等效电路进行拟合。当涂层阻抗谱只有一个半圆弧时可以认为涂层比较完整,金属基底没有发生腐蚀。当 NaCl 溶液和可溶解氧扩散到涂层/铝合金界面后,阻抗谱会在低频出现第二个半圆弧。为了简化阻抗分析过程,定义了涂层/金属基体体系的总电阻 R_{sum} 和总电容 C_{sum},对于单容抗弧阻抗谱,可采用图 9-48(a)中的等效电路进行拟合,此时 $R_{sum} = R_c$,$C_{sum} = C_c$;对于双容抗弧阻抗谱,采用图 9-48(b)中的等效电路进行拟合,此时 $R_{sum} = R_c + R_{ct}$,$C_{sum} = C_c \parallel C_{dl} \cong C_{dl}$(即总电容 C_{sum} 等于涂层电容 C_c 与双电层电容 C_{dl} 的并联值,而 C_{dl} 一般远大于 C_c)。涂层传感器和涂层试样

的 R_{sum} 和 C_{sum} 随时间变化趋势如图 9-49 所示。两种阻抗测试方法表明：三种聚氨酯类涂层在盐雾实验最初的 264 h，R_{sum} 都大于 10^8 Ω·cm²。但是随着涂层的不断吸水，涂层阻抗会缓慢降低，电容逐渐增大，说明聚氨酯类的涂层有较好的隔绝侵蚀性离子渗透的能力，当涂层吸水达到饱和，涂层电容也逐渐增大趋于稳定。盐雾老化 500 h 后，Cl^- 传递扩散到涂层/金属基体界面，引起铝合金发生电化学腐蚀，此时阻抗谱中出现了第二个半圆弧，且 R_{sum} 显著减小，C_{sum} 快速增大，表明涂层遭受到严重损坏。

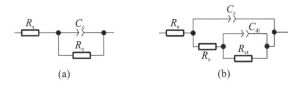

图 9-48　EIS 拟合过程中的等效电路模型

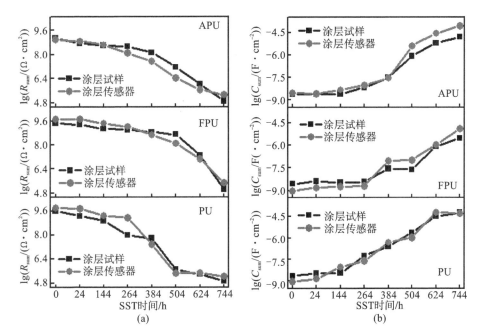

图 9-49　涂层总电阻 R_{sum} 和涂层总电容 C_{sum}
随盐雾老化时间的变化

从图 9-49(a) 中可以发现 FPU 涂层和 APU 涂层比 PU 涂层有着更好的防护性能，且比 PU 涂层在更长的时间内保持更高的阻抗。但当老化 624 h 后，R_{sum} 快速减小，C_{sum} 也明显增大。说明侵蚀性离子已经扩散到铝合金表面。经过对 EIS 谱分析，可以认为，涂层传感器即使不浸泡在电解液中，也能监测到涂层的老化过程。

实验室内的 EIS 测试需要将涂层电极浸泡到电解液中进行，不适合在户外实际环境中进行涂层在线评价。而对于自制的涂层传感器，EIS 分析表明其能准确监测涂层的早期老化，并可以在无电解液浸泡的大气环境下进行测试，其测试灵敏度可保证在肉眼可见的缺陷出现前就能感知到涂层的失效程度。

盐雾老化 744 h 后，涂层传感器表面形貌变化如图 9-50 所示。可以发现传感器表面的涂层出现了不太显著的缺陷，且 PU 涂层表面缺陷最多。图 9-51 是三种聚氨酯类涂层老化

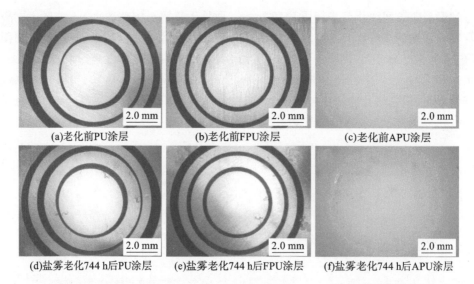

(a)老化前PU涂层　　(b)老化前FPU涂层　　(c)老化前APU涂层

(d)盐雾老化744 h后PU涂层　(e)盐雾老化744 h后FPU涂层　(f)盐雾老化744 h后APU涂层

图 9-50　阻抗传感器表面涂层老化前和盐雾老化 744 h 后的宏观形貌图

(a)老化前PU涂层　　(b)老化前FPU涂层　　(c)老化前APU涂层

(d)盐雾老化744 h后PU涂层　(e)盐雾老化744 h后FPU涂层　(f)盐雾老化744 h后APU涂层

图 9-51　涂层老化前和盐雾老化 744 h 后的 AFM 图

前后 AFM 形貌图。老化前,涂层表面相对比较光滑,但是不均匀固化过程使其表面产生了凸起,测试的 PU、FPU 和 APU 三种涂层的粗糙度均方根值分别为 3.36 nm、5.86 nm 和 5.62 nm。当老化 744 h 后,由于侵蚀性离子的进一步深入,在三种涂层表面都能观察到缺陷和裂痕,而且 PU 涂层表面的老化程度明显大于其他两种涂层,其粗糙度为 15.26 nm,大于 FPU(11.34 nm)和 APU(12.46 nm)的粗糙度。老化后涂层表面粗糙度越大,可以认为涂层的老化程度越高。从表面形貌和 EIS 数据结果分析,可以认为 FPU 和 APU 涂层比 PU 涂层有着更好的耐蚀性,这是由于 FPU 涂层中的-CFHn 基团和 APU 涂层中的丙烯酸基团可以增强涂层抗降解能力。

通过不同表征方法研究了紫外和盐雾老化条件下氟聚氨酯涂层的老化过程。EIS 数据分析发现：紫外老化早期会引起涂层发生后固化过程，涂层会发生严重降解，导致涂层阻抗增大，但是盐雾老化和紫外老化后期，涂层阻抗都由 10^{10} $\Omega \cdot cm^2$ 降低到 10^4 $\Omega \cdot cm^2$，涂层电容则由 10^{-10} $F \cdot cm^{-2}$ 增大到 10^{-4} $F \cdot cm^{-2}$。形貌分析表明，紫外老化引起涂层表面产生大量的凸起和褶皱，而盐雾老化会促进涂层表面出现孔隙，这两种形貌缺陷都为侵蚀性离子提供快速渗透到涂层内部的通道。基于 EIS 和微电子技术研制了一款新型的涂层老化无损监测仪和圆环式阻抗传感器，通过监测盐雾加速老化下三种聚氨酯类涂层的老化过程，发现该涂层传感器比传统三电极体系在监测涂层老化方面具有更高的敏感性，证明涂层阻抗传感器可在真实服役状态下诊断涂层的早期失效。

9.7.4 纳米涂层的应用领域和展望

和传统涂层相比，经过纳米复合的涂层具有优异的力学性能，如更低的孔隙率，更高的结合强度、硬度、抗氧化性、耐腐蚀性，将大大拓宽表面涂层的机构零件修复、强化和保护领域的应用。

除此之外，纳米涂层还具有许多优异的物理化学性能。在建材产品如卫生洁具、玻璃表面运用纳米涂层，可产生保洁和杀菌的效果；利用纳米结构多层膜的巨磁阻效应，有望获得新型的读取磁头；纳米涂层具有良好的微波吸收能力，在电视广播、雷达技术及隐形兵器方面将得到广泛应用。在玻璃表面上涂敷的纳米氧化钇涂层反射热的效率很高，可作为红外屏蔽涂层，减少光的透射和热传递，产生隔热作用。

纳米涂层及其制备技术正随着纳米材料的发展而发展。在纳米材料的制备技术不断取得进展和基础理论研究日益深入的基础上，纳米涂层将会有更快、更全面的发展，制备方法也将不断创新和完善，其应用将遍及多个领域，并将迅速形成相关的庞大产品群和企业群，不仅在高科技领域有不可替代的作用，而且能为传统产业带来生机和活力。

参 考 文 献

［1］ 徐滨士，刘世参. 表面工程[M]. 北京：机械工业出版社，2000.

［2］ 潘颐，吴希俊. 纳米材料制备、结构及性能[J]. 材料科学与工程，1993，11（4）：16-25.

［3］ Haanappel V A C, Van Corbach H D, Fransen T, et al. The preparation of thin alumina films by metal-organic chemical vapour deposition: a short review [J]. High temperature materials and processes, 1994, 13(2): 149-158.

［4］ 韩修训，阎鹏勋，阎逢元. 两种物理气相沉积氮化钛涂层的结构及摩擦性能的研究[J]. 摩擦学学报，2002，22（3）：175-179.

［5］ 张溪文，韩高荣. 特种化学沉积法制备大面积纳米硅薄膜的微结构和电学性能研究[J]. 真空科学与技术学报，2001，21（5）：381-385.

［6］ 梁志芳，李午申，王迎娜. 热喷涂制备纳米涂层的研究现状与展望[J]. 焊接学报，2003，（6）：94-96.

［7］ Liu Y, Fischer T E, Dent A. Comparison of HVOF and plasma-sprayed alumina/titania coatings-microstructure, mechanical properties and abrasion behavior [J].

Surface and Coatings Technology, 2003, 167 (1): 68-76.

[8]　左敦稳, 张春明, 王珉. 等离子喷涂技术研究与发展现状[J]. 机械制造, 1998, (9): 4-6.

[9]　Wittmann K, Blein F, Coudert J F, et al. Control of the injection of an alumina suspension containing nanograins in a dc plasma[J]. Thermal Spray 2001: New Surfaces for a New Millennium (Singapore), 2001: 375-382.

[10]　徐龙堂, 徐滨士, 周美玲. 电刷镀镍/镍包纳米 Al_2O_3 颗粒复合镀层微动磨损性能研究[J]. 摩擦学学报, 2001, 21 (1): 24-27.

[11]　黄新民, 吴玉程, 郑玉春, 等. 表面活性剂对复合镀层 TiO_2 纳米颗粒分散性的影响[J]. 表面技术, 1999, 26(6): 10-12.

[12]　侯耀永, 李理, 杨静漪, 等. 高分散高稳定 Al_2O_3 和纳米 SiC 单相及混合水悬浮液的制备[J]. 硅酸盐学报, 1998, 26(2): 171-176.

[13]　徐龙堂, 周美玲, 徐滨士, 等. 含纳米粉镀液的电刷镀复合镀层试验研究[J]. 中国表面工程, 1999(3): 7-10.

[14]　徐龙堂, 徐滨士, 马世宁, 等. 电刷镀镍基 Ni 包纳米 Al_2O_3 粉复合镀层的组织性能[J]. 兵器材料科学与工程, 2000, 23(4): 7-11.

[15]　刘福春, 韩恩厚, 柯伟. 纳米氧化硅复合环氧和聚氨酯涂料耐磨性与耐蚀性研究[J]. 腐蚀科学与防护技术, 2009, 21(5): 433-438.

[16]　孙志华, 章妮, 蔡建平, 等. 航空用氟聚氨酯涂层加速老化试验研究 [J]. 材料工程, 2009(10): 57-60.

[17]　王鹏, 金平, 谭晓明, 等. 基于失光率的飞机涂层自然曝晒与室内加速老化试验当量加速关系 [J]. 航空材料学报, 2015, 35(6): 77-82.

[18]　Maia F, Yasakau K A, Carneiro J, et al. Corrosion protection of AA2024 by sol-gel coatings modified with MBT-loaded polyurea microcapsules [J]. Chemical Engineering Journal, 2016, 283: 1108-1117.

[19]　Grigorev D, Shchukina E, Tleuuova A, et al. Core/shell emulsion micro-and nanocontainers for self-protecting water based coatings [J]. Surface and Coatings Technology, 2016, 303:299-309.

[20]　Mu C, Zhang L, Song Y, et al. Modification of carbon nanotubes by a novel biomimetic approach towards the enhancement of the mechanical properties of polyurethane [J]. Polymer, 2016, 92: 231-238.

[21]　Song D, Yin Z, Liu F, et al. Effect of carbon nanotubes on the corrosion resistance of water-borne acrylic coatings [J]. Progress in Organic Coatings, 2017, 110: 182-186.

[22]　Ruoff R S, Lorents D C. Mechanical and thermal properties of carbon nanotubes [J]. Carbon, 1995, 33 (7): 925-930.

[23]　Thostenson E T, Ren Z, Chou T W. Advances in the science and technology of carbon nanotubes and their composites: a review [J]. Composites Science and Technology, 2001, 61 (13):1899-1912.

[24]　Park S, Shon M. Effects of multi-walled carbon nano tubes on corrosion

protection of zinc rich epoxy resin coating [J]. Journal of Industrial and Engineering Chemistry，2015，21：1258-1264.

[25] Jeon H，Park J，Shon M. Corrosion protection by epoxy coating containing multi-walled carbon nanotubes [J]. Journal of Industrial and Engineering Chemistry，2013，19（3）：849-853.

[26] Wernik J M，Meguid S A. On the mechanical characterization of carbon nanotube reinforced epoxy adhesives [J]. Materials & Design，2014，59：19-32.

[27] Asmatulu R，Mahmud G A，Hille C，et al. Effects of UV degradation on surface hydrophobicity，crack，and thickness of MWCNT-based nanocomposite coatings [J]. Progress in Organic Coatings，2011，72（3）：553-561.

[28] Ling X，Wei Y，Zou L，et al. Functionalization and dispersion of multiwalled carbon nanotubes modified with poly-l-lysine [J]. Colloids and Surfaces A：Physicochemical and Engineering Aspects，2014，443：19-26.

[29] Thomassin J M，Huynen I，Jerome R，et al. Functionalized polypropylenes as efficient dispersing agents for carbon nanotubes in a polypropylene matrix：application to electromagnetic interference（EMI）absorber materials [J]. Polymer，2010，51（1）：115-121.

[30] Kumar A，Ghosh P K，Yadav K L，et al. Thermo-mechanical and anti-corrosive properties of MWCNT/epoxy nanocomposite fabricated by innovative dispersion technique [J]. Composites Part B：Engineering，2017，113：291-299.

[31] Pegel S，Potschke P，Petzold G，et al. Dispersion，agglomeration，and network formation of multiwalled carbon nanotubes in polycarbonate melts [J]. Polymer，2008，49（4）：974-984.

[32] Ma P C，Siddiqui N A，Marom G，et al. Dispersion and functionalization of carbon nanotubes for polymer-based nanocomposites：a review [J]. Composites Part A：Applied Science and Manufacturing，2010，41（10）：1345-1367.

[33] Chung M H，Chen L M，Wang W H，et al. Effects of mesoporous silica coated multi-wall carbon nanotubes on the mechanical and thermal properties of epoxy nanocomposites [J]. Journal of the Taiwan Institute of Chemical Engineers，2014，45（5）：2813-2819.

[34] Subramanian A S，Ju N T，Zhang L，et al. Synergistic bond strengthening in epoxy adhesives using polydopamine/MWCNT hybrids [J]. Polymer，2016，82：285-294.

[35] Cui M，Ren S，Qiu S，et al. Non-covalent functionalized multi-wall carbon nanotubes filled epoxy composites：effect on corrosion protection and tribological performance [J]. Surface and Coatings Technology，2018，340：74-85.

[36] Ma P C，Mo S Y，Tang B Z，et al. Dispersion，interfacial interaction and re-agglomeration of functionalized carbon nanotubes in epoxy composites [J]. Carbon，2010，48（6）：1824-1834.

（董泽华　蔡光义　姜　丹）